ullstein

Anfang der Sechzigerjahre befindet sich der Kalte Krieg auf seinem Höhepunkt. Im geteilten Berlin nimmt das Wettrüsten bizarre Formen an: West-Berlins Regierender Bürgermeister Willy Brandt besorgt dem Zoodirektor Heinz-Georg Klös neue Elefanten, damit der seinem Rivalen, dem Ost-Berliner Tierparkdirektor Heinrich Dathe, weiterhin die Stirn bieten kann.

Ob Brillenbär-Spende durch die Stasi, Staatsgäste im Zoo oder der Fluchtversuch eines Tierpflegers in einer Elchkiste – die beiden Berliner Zoos verraten vieles über das geteilte Deutschland. Mit großer Sympathie für Tier und Mensch erzählt Jan Mohnhaupt erstmals ihre gemeinsame Geschichte.

JAN MOHNHAUPT wurde 1983 im Ruhrgebiet geboren. Er ist als freier Journalist und Autor für verschiedene Magazine und Zeitungen wie *Spiegel Online*, *Zeit Online* und die *Frankfurter Allgemeine Sonntagszeitung* tätig. Im *Tagesspiegel* berichtete er jahrelang regelmäßig über die beiden Berliner Zoos. Für dieses Buch besuchte er ein Jahr lang Tierparks von Stuttgart bis Chemnitz, mistete Gehege aus und durchforstete Archive.

Jan Mohnhaupt

DER ZOO DER ANDEREN

Als die Stasi ihr Herz
für Brillenbären entdeckte &
Helmut Schmidt mit Pandas
nachrüstete

Ullstein

Besuchen Sie uns im Internet:
www.ullstein.de

MIX
Papier
FSC® C083411

Lizenzausgabe im Ullstein Taschenbuch
1. Auflage März 2021
Lizenzausgabe mit freundlicher Genehmigung der
Carl Hanser Verlag GmbH & Co. KG, München

Umschlaggestaltung: zero-media.net, München, unter Verwendung
einer Vorlage von Anzinger und Rasp, München
Gesetzt aus der Franziska
Druck und Bindearbeiten: CPI books GmbH, Leck
ISBN 978-3-548-06312-6

Für Juliane

Inhalt

Prolog:

ÜBER TIERMENSCHEN

Großstädter im allgemeinen und Berliner im besonderen lieben Tiere mehr als ihresgleichen.
Wolfgang Gewalt, im Interview mit der *Zeit*, 1966

Es gibt diese Anekdote aus den späten Achtzigern, jener Zeit, als sich die Welt auf ein Leben am Abgrund eingerichtet hatte. Als die Berliner Mauer noch mindestens hundert Jahre vor sich zu haben schien und der Zoo im Westen sowie der Tierpark im Osten nicht nur die beliebtesten Freizeiteinrichtungen, sondern auch die Statussymbole zweier Systeme waren: Die Stadt ist seit fast 30 Jahren geteilt, nur die beiden Zoodirektoren sind vereint – in inniger Abneigung gegeneinander. Ob es nun ein Rempler oder nur ein angedeuteter Schubser war und wer von beiden angefangen hat, lässt sich nicht mehr sagen, auf jeden Fall ging es wie so oft darum, wer den größten hat – in diesem Fall Elefanten.

Schauplatz ist der Zoo, wo Direktor Heinz-Georg Klös vor kurzem erst das Gehege seiner Elefanten vergrößert und aus diesem Anlass gleich ein paar neue Tiere gekauft hat, die er nun präsentiert. Klös ist ein leidenschaftlicher Tiersammler und sein Zoo der artenreichste der Welt. Er legt viel Wert darauf, mehr Elefanten als sein Gegenüber im Osten zu haben. Denn in der Zoo-Welt sind Elefanten Prestigeobjekte. Und mehr davon zu besitzen bedeutet für Klös, »eine Schlacht gewonnen« zu haben. Damit ist er nicht allein. Bereits in den sechziger Jahren soll ihm West-Berlins damaliger Bürgermeister Willy Brandt über den Kopf seines Finanzsenators hinweg das nötige Geld für weitere Elefanten besorgt haben, nur um dem Ost-Berliner Tierpark und dessen Direktor die Stirn bieten zu können. Zumindest ist das die Erinnerung von Klös.

Die Höflichkeit gebietet es, dass Heinrich Dathe, der Direktor des Ost-Berliner Tierparks, ebenfalls eingeladen ist. Doch dessen Anwesenheit bringt Klös einen ganz eigennützigen Vorteil – so kann er sichergehen, dass Dathe auch sieht, wie sehr er übertrumpft worden ist. Immerhin kämpft dieser drüben schon seit mehr als zehn Jahren gegen die Mühlen der Mangelwirtschaft für ein neues Elefantenhaus.

Dathe hält nicht allzu viel von Klös – fachlich nicht und menschlich schon gar nicht. Und der um 16 Jahre Ältere lässt den Jüngeren das durchaus spüren, mal unbewusst, mal bewusst – etwa wenn er sich bei einem Treffen in seinem Tierpark einen Spaß daraus macht, zum Essen »Klößchen« aufzutischen.

Nun bemängelt Dathe, dass die neuen Elefanten »doch ein bisschen mickrig« aussähen. Das kann Klös wiederum nicht auf sich sitzen lassen, so ergibt ein Wort das andere, bis schließlich die beiden älteren kleinen Herren – beide kaum größer als 1,70 Meter – anfangen, sich zwischen den grauen Riesen zu schubsen.

Im Rückblick stellt sich die Frage, was die beiden Direktoren mehr entzweit hat – ihre Ähnlichkeiten oder ihre Unterschiede? Beide kamen in den fünfziger Jahren in das geteilte Berlin. Heinrich Dathe 1954 aus Leipzig, um in der Hauptstadt der DDR den modernsten und größten Tierpark der Welt zu erschaffen. Klös folgte drei Jahre später aus Osnabrück, um im Westteil dem ältesten Zoo Deutschlands zu neuem Glanz zu verhelfen. Der Tierpark und der Zoo wurden ihre Lebensaufgaben, und schon bald entwickelte sich eine angestrengte Konkurrenz zwischen den beiden Tiergärtnern. Der langjährige Leiter des Berliner Aquariums und spätere Zoodirektor Jürgen Lange hat das Verhältnis zwischen ihnen einmal so beschrieben: »Wenn der eine einen Zwergesel kauft, dann kauft der andere einen Riesenesel.«

Dathe war eine Art Volkserzieher, ein kleiner untersetzter Mann mit rundlichem Kopf und Hornbrille, dem schon früh die Haare ausgegangen waren. Die Glatze versuchte er zu kaschieren, indem er die Strähnen, die ihm noch geblieben waren, über die kahle Stelle oberhalb seiner Stirn kämmte. Seine sächsische Herkunft verbarg er gar nicht erst, wenn er von »Gagadus« und »Gamelen« sprach. Dathe war nicht nur in der Bevölkerung beliebt, sondern auch international hoch angesehen – wegen seiner Fachkenntnisse und weil er die zentrale Quarantänestation für Tiertransporte aus dem Ostblock ins westliche Europa besaß. Zudem gab er die Fachzeitschrift *Der Zoologische Garten* heraus. An ihm kam man kaum vorbei.

Auf Dathe gingen daher alle zu – alle wollten etwas von ihm. Auf der anderen Seite der Mauer leitete Klös zwar den reichsten und bedeutendsten Zoo der Bundesrepublik, der für seinen Tierbestand bewundert wurde. Aber der Persönlichkeit

Dathes war er nicht gewachsen. Während Dathe scheinbar alles zuflog und leichtfiel, wirkte Klös stets bemüht und doch irgendwie gehemmt.

Klös versuchte dennoch, überall mitzumischen. Wenn er erfuhr, dass irgendeine neue Organisation gegründet werden sollte, begann er sich ins Spiel zu bringen.

Klös' Nachteil war, dass er »nur« Tierarzt war – und die hatten es in der Welt der Zoodirektoren traditionell etwas schwerer als studierte Zoologen. Denn was heute nicht mehr unüblich ist, galt damals mitunter als ein gewisser Makel – auch in Dathes Augen. All das muss Klös noch mehr angestachelt haben. Andererseits war er ein glänzender Organisator und Manager, der Politikern und Wirtschaftsbossen das Geld förmlich aus der Tasche herausquatschen konnte. »Setz dich bei einem Festessen niemals neben Klös, sonst bist du ein Vermögen los«, hieß es damals in West-Berlin. Manch einer behauptete gar, Klös könne einem im Laufen die Socken ausziehen. So abgezockt war er, wenn es darum ging, Vorteile für seinen Zoo herauszuholen. Klös wollte die wirtschaftliche und politische Bedeutung seiner Einrichtung steigern und den Anschluss zur Bundesrepublik halten; so hatte er sich vorgenommen, dass jeder Bundespräsident mindestens einmal seinen Zoo besuchte. Er kriegte sie alle, selbst den Tiermuffel Gustav Heinemann. »Darauf kam es im Westen an«, sagt Lothar Dittrich, langjähriger Zoodirektor in Hannover und eng mit Heinrich Dathe befreundet. »Im Osten brauchte man das nicht so sehr.«

Für Dathe im Osten hingegen war es wichtig, Freiräume für sich und seinen Tierpark über die DDR hinaus zu schaffen. Da war es viel wert, wenn man mit den Männern im Rathaus und im Politbüro gut konnte – umso besser, wenn sie auch noch Tierfreunde waren wie Friedrich Ebert oder Günter Schabowski. »Dathe hätte nicht im Westen und Klös nicht im Osten funktioniert«, sagt Dittrich. »Sie waren zwei Platzhirsche – jeder für sich am richtigen Platz.« In der Welt des Anderen wären sie kläglich gescheitert.

Die Mauer war der Schutz zwischen ihren Revieren, in denen sie konkurrenzlos herrschten. Die Existenz des jeweils anderen Zoos war dabei die Daseinsberechtigung jedes einzelnen von ihnen. Nur unter den Umständen der deutschen Teilung und der besonderen Situation Berlins konnten sie sich so entwickeln und ihre Direktoren sich so entfalten. Beide Zoos waren Symbole ihrer Stadt und verkörperten das jeweilige System: Der »Zoo« war der Schatz der Insel West-Berlin, ein Arten-Sammelsurium, in dem an jeder Ecke die räumliche Enge der Mauerstadt spürbar wurde. Auf der anderen Seite des Eisernen Vorhangs war der »Tierpark« eine Idee von Großzügigkeit und Weite. Am Reißbrett geplant, aber nicht in einem Guss entstanden und nie vollendet. Die sozialistische Utopie als Provisorium.

Der politische und gesellschaftliche Einfluss, den die beiden Zoodirektoren in ihren Stadthälften besaßen, war wohl nur im geteilten Berlin des Kalten Krieges möglich, hing jedoch grundsätzlich mit der besonderen Beziehung der Berliner zu ihren Zoos zusammen. Denn die Berliner sind nicht tierlieb. Sie sind tierbesessen. In kaum einer Stadt haben es so viele Tiere zu Persönlichkeiten des öffentlichen Lebens gebracht wie hier. Egal, ob »Bobby«, der Gorilla, der Ende der zwanziger Jahre als Erster seiner Art in den Zoo kam, oder das Flusspferd »Knautschke«, das als eines von wenigen Tieren den Zweiten Weltkrieg überlebte. Oder »Knut«, der Eisbär, nach dessen Tod vor dem Haupteingang des Zoos beinah so viele Blumen, Beileidskarten und Plüschtiere lagen wie am Londoner Buckingham Palace nach dem Unfalltod von Prinzessin Diana.

Nach Ansicht der Historikerin Mieke Roscher, die an der Universität Kassel zu Mensch-Tier-Beziehungen forscht, hat »die Isolation Berlins dazu beigetragen, dass eigene kulturelle Merkmale besonders stark hervorgehoben wurden«. Zwar existieren international zahlreiche Zoos, in denen es ähnliche Tierpersönlichkeiten gibt, und meist sind es Innenstadtzoos. Aber im geteilten Berlin war dies besonders ausgeprägt, da hier die »Umgebenheit von Grenze überall spürbar war«, sagt Roscher. »Sowohl West- als auch Ost-Berlin waren in gewisser Weise selbst zwei Zoos.« Tiergärten waren – damals noch mehr als heute – Rückzugsorte, an denen den Besuchern ein Stück heile Welt geboten wurde. Doch innerhalb dieser vermeintlichen Paradiese herrschten starre Hierarchien. Und jene, die sie von innen kannten, sagen, dass es in einem Rathaus, Gericht oder Krankenhaus nicht strenger zugehe.

Der Zoo als politischer Ort

Obwohl Dathe und Klös das Spiel mit den großen Tieren in ihren Systemen jeweils bestens beherrschten, waren beide in gewisser Weise politisch naiv: So glaubte Dathe noch bis zum Ende der DDR, nie von der Stasi beobachtet worden zu sein. Und Klös hatte sich ähnlich unbedarft gezeigt, als er in den siebziger Jahren seinen Vorgänger Lutz Heck, einen alten Nazi und Duzfreund Hermann Görings, als Ehrenmitglied des deutschen Zooverbands vorschlug.

Politik interessierte sie dann, wenn sie für ihre Tiere relevant war. Dathe und Klös waren »Tiermenschen« – eine Beschreibung, die unter Zoo- und auch Zirkusleuten oft gewählt wird, wenn man ausdrücken will, dass jemand besser mit Tieren als mit Menschen umgehen kann.

Auge in Auge. Tierparkdirektor Heinrich Dathe (links) und sein West-Berliner Widerpart Heinz-Georg Klös bei einem Treffen in Friedrichsfelde 1984. Im Hintergrund (v. l.) Rudolf Reinhardt, Vogelkurator des Zoos, Falk Dathe, Reptilienkurator des Tierparks, und Hans Frädrich, lange Jahre der zweite Mann im Zoo hinter Klös.

Für Klös wie für Dathe galt: Zuerst kommt der Zoo, danach alles Andere, auch die eigene Familie. Genau genommen war der Zoo die Familie. Frau und Kinder waren nur ein Anhängsel. Es war eine Zeit, in der Zoodirektor nicht nur ein Beruf war, den man morgens beginnt und abends beendet, sondern eine Lebensaufgabe. Weder Klös noch Dathe kannten so etwas wie Feierabend. Nur Platz für wilde Tiere.

1

KRIEG UND KROKODIL-SCHWANZSUPPE

Sie kommen heute nicht mehr. Früh am Abend ist Nebel aufgezogen, dichte Wolken verhüllen den Himmel über Berlin. Niemand rechnet an diesem 22. November 1943 noch mit Fliegeralarm – wie sollten die feindlichen Bomberpiloten bei diesem Wetter auch ihr Ziel finden? Im Zoologischen Garten ist es dunkel und ruhig, die Besucher sind längst gegangen, die Pforten geschlossen. In den vergangenen Monaten haben die Angriffe der britischen Luftwaffe auf Berlin zwar zugenommen, doch bis auf sechs Bombentreffer vor zwei Jahren ist der Zoo bislang glimpflich davongekommen.

Lutz Heck ist dennoch vorbereitet. Mehrfach hat der Direktor seine Belegschaft üben lassen, was zu tun ist, wenn der Zoo von Brandbomben getroffen wird. Auch für den Fall, dass Tiere ausbrechen, hat er vorgesorgt und zwei Elefantenbüchsen angeschafft, Kaliber elf Millimeter. In einigen anderen Zoos sind vorsorglich die Raubtiere erschossen worden, aber das hat Heck hier verhindern können.

Dabei haben ihm auch seine Kontakte in die höchsten politischen Ebenen geholfen. Heck, seit 1933 Förderndes Mitglied der SS und seit 1937 in der NSDAP, ist eng mit Deutschlands oberstem Jäger befreundet, Hermann Göring. Der zweite Mann im Dritten Reich hält auf seinem Landsitz Carinhall in der Schorfheide bei Berlin stets ein zahmes Löwenjunges, das ihm Heck aus dem Zoo mitbringt. Wenn die Raubkatze zu groß und gefährlich für den Privathaushalt geworden ist, lässt Heck sie wieder abholen und besorgt Göring prompt Nachschub.

Unter Zoologen ist Heck nicht unumstritten. Gemeinsam mit seinem Bruder Heinz, dem Direktor des Münchner Tierparks Hellabrunn, hat er das ausgerottete europäische Wildrind, den Ur, rückgezüchtet, indem er verschiedene Hausrinder so lange kreuzte, bis die Jungtiere irgendwann wieder der Wildform ähnlich sahen. Viele Kollegen kritisieren das als unwissenschaftlich und nennen die beiden Brüder daher abschätzig »Urmacher«. Doch Lutz Heck weiß, dass er seine Gegner schnell mundtot machen kann, indem er ihnen zur Not mit dem Reichsjägermeister droht. Denn Göring ist begeistert von den Zuchtprojekten, weil er sich davon neue, außergewöhnliche Jagdtrophäen verspricht. Zum Dank hat er Lutz Heck 1938 mit der Leitung der Abteilung Naturschutz im Reichsforstamt beauftragt und ihm am 20. April desselben Jahres – am Führergeburtstag – den Professorentitel verliehen. Darüber hinaus hat Göring ihm einige Jahre zuvor einen erheblichen Geländegewinn nördlich des Zoos ermöglicht, wo daraufhin der »Deutsche Zoo« entstanden ist: Von Birkhühnern über Biber bis zu Braunbären sind dort nur Tiere aus dem Reich zwischen Maas und Memel zu sehen. Eichen säumen die Gehege, und auf den Tierschildern prangen kleine Hakenkreuze.

Seit 1931 ist Heck Direktor des Berliner Zoos – und das ist nicht irgendein Zoo: 1844 gegründet, ist er der älteste Deutschlands und mit mehr als 4000 Tieren in 1400 Arten der artenreichste der Welt obendrein. Zudem ist er ein Aktienverein, dessen 4000 Anteile in der Berliner Bürgerschaft breit verteilt sind. Statt einer Gewinnauszahlung erhalten die Aktionäre und ihre Familien freien Eintritt. Der Zoo gehört also seinen

Besuchern – zumindest denen, die sich eine Aktie leisten können oder eine solche vererbt bekommen haben.

Lutz Heck hat das Amt von seinem Vater übernommen. Geheimrat Ludwig Heck, der den Zoo erst berühmt gemacht hat, gab schon früher damit an, dass er bereits Nationalsozialist gewesen sei, bevor es diese Bezeichnung überhaupt gegeben habe. Sein Sohn führt den Zoo ganz im Sinne der nationalsozialistischen Vorgaben. Dies trifft zuerst die jüdischen Aktionäre; ab Juli 1938 haben sie ihre Anteile meist deutlich unter Wert an den Zoo verkaufen müssen, der sie wiederum teurer weiterverkauft hat. Seit Ende des Jahres 1938 dürfen sie den Zoo nicht mehr besuchen.

Heck hat zudem versucht, alle deutschen Zoos in seine Gewalt zu bringen. Das ist den Nazis jedoch zu viel der Ämterhäufung, sodass er damit nicht durchkommt. Die Nähe der Familie Heck zu den Nazis bringt allerdings auch den anderen deutschen Zoos Vorteile. Gerade in Kriegszeiten gibt es häufig Probleme mit der Futterversorgung, was Lutz Heck meist schnell auf dem kurzen Dienstweg beheben kann – anders noch als im Ersten Weltkrieg, als zahlreiche Zootiere verhungert sind. Vom Krieg profitiert zunächst aber vor allem sein eigener Zoo, indem Heck dort Zwangsarbeiter einsetzt und infolge des Russlandfeldzugs Tiere aus osteuropäischen Zoos übernimmt.

Doch um Expansion geht es im November 1943 nicht mehr. Der Krieg ist längst heimgekehrt. »Werden wir davonkommen?« – Diese Frage glaubt Heck aus den Blicken seiner Tierpfleger herauslesen zu können, wenn sie ihre Tiere ansehen. Vorsorglich hat er einen Teil des Bestandes – rund 750 Tiere in 250 Arten – in andere Zoos evakuieren lassen: Nach Frankfurt am Main ging ein Beutelteufel, eine Giraffe nach Wien, Knochenhechte aus dem Aquarium kamen nach Leipzig, Wildesel und Löwen nach Breslau. Als weitere Schutzmaßnahmen hat Heck auf dem Gelände des Zoos Stahlkästen mit Sehschlitzen in den Boden bauen und mit Erde abdecken lassen; wie übergroße Maulwurfshügel sehen sie aus. In diesen Unterständen sollen die Wärter bei Luftangriffen ausharren, bis die Gefahr vorübergezogen ist. Zudem entstand am Eingang Budapester Straße ein unterirdischer Luftschutzbunker.

Ein mulmiges Gefühl bereitet ihm »Gustav«. Wie eine mittelalterliche Trutzburg thront der Koloss aus Stahlbeton an der Nordwest-Grenze des Zoos. Der Flakbunker, wegen seiner Lage auch Zoo-Bunker genannt, ist eigentlich dazu gedacht, den Soldaten und der Zivilbevölkerung aus der Umgebung bei Luftangriffen Zuflucht zu bieten. Doch Heck fürchtet, dass er ein allzu leichtes Ziel für die britischen und amerikanischen Bomber sein und dadurch dem Zoo zum Verhängnis werden könnte. »Werden wir davonkommen?« – Das fragt sich Heck mittlerweile auch selbst.

Aber zumindest dieser Montag mitten im Krieg, so scheint es, wird ohne große Vorkommnisse zu Ende gehen. In einer Betriebswohnung am Rande des Zoos feiern einige Wärter den Geburtstag eines Kollegen mit ein paar Mollen Bier. Außerhalb der Zoomauern versuchen sich die Menschen auch an diesem Abend vom Kriegsalltag abzulenken. Viele strömen in die Volksoper an der Kantstraße; den Hinweis auf dem Programmplan zum Verhalten bei Fliegeralarm beachten sie nicht weiter. Andere gehen in eines der nahegelegenen Kinos, um dort »Münchhausen« zu schauen – einen dieser neuen Farbfilme, in dem Hans Albers auf einer Kanonenkugel durch die Luft fliegt – oder »Großstadtmelodie«. Später einmal wird es über diesen Film heißen, er sei der letzte, der das unzerstörte Berlin in seiner ganzen Pracht zeige. Aber das weiß an diesem nebligen Novemberabend 1943 um kurz nach sieben noch niemand.

Um fünf vor halb acht schrillt im Pförtnerhaus des Zoos das Telefon – ein Anruf aus der Luftwarnzentrale: »Starke Kampfverbände im Anflug von Hannover, Kurs Ost. Mehrere Wellen folgen.« Der Pförtner gibt die Nachricht sofort weiter. Wenige Minuten später sind alle Reviere im Zoo informiert. Die Wärter schicken ihre Frauen und Kinder in den benachbarten Zoo-Bunker, in dem auf fünf Etagen rund 20 000 Menschen Platz finden, und beziehen dann ihre Maulwurfshügel. »Wird nicht viel heute Nacht«, rufen sie sich noch zu, »bei dem nebligen Wetter – unmöglich!«

Eine halbe Stunde später haben die ersten Flugzeuge die Stadt erreicht. Weitere 20 Minuten später ist die erste Welle vorbei, 753 britische Bomber haben ihre Last von 2500 Tonnen Sprengstoff über Berlin abgeworfen. 21 Großbrände wüten in dieser Nacht im Zoo. Das Dach der Elefantenpagode ist eingestürzt und hat ein Breitmaulnashorn und sieben Elefanten erschlagen. Einer liegt unter einem Dachträger begraben. Wie zusammengerollte Matratzen hängen die Gedärme aus seinem Bauch heraus. Nur »Siam«, der Elefantenbulle, hat überlebt. Von den 2000 im Zoo verbliebenen Tieren sind 700 tot.

Mit rußgeschwärzten Gesichtern machen sich die übernächtigten Wärter samt einer Gruppe Kriegsgefangener tags darauf ans Aufräumen – sie löschen Brände und räumen die Trümmer weg, unter denen sie immer wieder verendete Tiere finden. Die nächste Nacht bringt erneut Angriffswellen, die Charlottenburg und das nahegelegene Hansaviertel innerhalb von zwei Stunden verwüsten.

In Trümmern. Die Bomben auf Berlin haben vom Aquarium kaum etwas übrig gelassen. Nur die Reste des Saurierreliefs an der Außenwand sind noch zu erahnen. Mithilfe einer Schuttrutsche wird das Gröbste aus der Ruine entfernt. Es soll noch fast ein Jahrzehnt dauern, bis das Gebäude wieder eröffnet wird.

Trümmerfrau mit Doktortitel

Nachdem die Angriffe vorüber sind, eilen die Pfleger und Angestellten des Zoos aus ihren Unterschlupfen und versuchen, die Brände zu löschen. Die Bomben haben zahlreiche Wasserleitungen zerstört, sodass an manchen Stellen das Löschwasser in Wannen und Eimern herbeigeschafft werden muss. Alle packen mit an. Auch Katharina Heinroth, die vor einem roten Ziegelbau, dem Flusspferdhaus, steht und versucht, mit einem mehr oder weniger intakten Schlauch das brennende Dach zu löschen. Neben ihr im Außengehege kreisen die Flusspferde nervös und mit weit aufgerissenen Augen durchs Becken. Darunter ist auch »Knautschke«, das sechs Monate alte Jungtier, das seiner Mutter nicht von der Seite weicht, während Heinroth weiterhin den Wasserstrahl Richtung Dach richtet. Wie lange sie braucht, bis der Brand gelöscht ist, weiß Katharina Heinroth nicht, irgendwann am frühen Morgen hat sie es endlich geschafft. Von den verkohlten Dachbalken tropft das Löschwasser auf die Flusspferde, die sich wieder einigermaßen beruhigt haben.

Katharina Heinroth, geboren 1897 in Breslau als Katharina Berger, ist die zweite Ehefrau des Aquariendirektors Oskar Heinroth. Beide sind bereits einmal geschieden, als sie 1932 bei ihm als Sekretärin anfängt und ihm beim Abtippen des Manuskripts zu seinem Buch *Die Vögel Mitteleuropas* behilflich ist. Auch wenn Oskar Heinroth das Aquarium mit aufgebaut und zu Weltruhm geführt hat, so ist er in erster Linie einer der angesehensten Ornithologen seiner Zeit. Über die Arbeit kommen sie sich bald näher, 1933 heiraten sie. Auf der Dachterrasse ihrer Wohnung über dem Aquarium halten sie Brieftauben und untersuchen zusammen deren Orientierungssinn. Katharina Heinroth hat zu dieser Zeit selbst bereits eine beachtliche Laufbahn vorzuweisen: Obwohl die Berufsaussichten schlecht waren, hatte sie 1919 angefangen, in Breslau Zoologie, Botanik, Paläontologie, Geologie und Geografie zu studieren. Auch privat lebte sie nicht gerade so, wie man es von einer jungen Frau erwartete. Vier Heiratsanträge, beinahe so viele wie Studienfächer, sammelte sie in dieser Zeit, ihr Doktorvater sorgte sich des Öfteren, dass sie bei ihrem »großen Männerverbrauch«, wie er es nannte, nicht mehr genügend Zeit fürs Studium fand. Doch nach vier Jahren schließlich erhielt sie – als erste Frau an der Breslauer Universität – die Doktorwürde in Zoologie mit der Auszeichnung »summa cum laude«. Danach forschte sie nachts auf eigene Faust an Bienen und Springschwänzen – wenige Millimeter großen Gliedertieren, die sich von verrottenden Pflanzenteilen ernähren – und verdiente tagsüber ihr Geld als Sekretärin, Bibliothekarin oder Assistentin. Mehr wurde einer Frau in dieser Zeit nicht zugetraut.

In der Berliner Bevölkerung machen bald Gerüchte die Runde, dass einige Tiere aus dem Zoo entflohen seien; Elefanten irrten über den Ku'damm, Löwen streunten um die Ruine der Kaiser-Wilhelm-Gedächtniskirche, erzählt man sich. Ein Tiger soll es sogar bis zum Potsdamer Platz geschafft haben, wo er im zerbombten Café Josty ein Stück Bienenstich gefressen habe, an dem er dann verendet sei. Doch die Tiere, die das Inferno im Zoo überlebt haben, sind zu verängstigt, um zu fliehen, und kauern in den Ruinen. Auch die Geier und Adler fliegen nicht davon, sondern bleiben sitzen auf den Ästen ihrer zerschossenen Käfige, die keine mehr sind. Ein Tapir – ein tropischer Verwandter des Nashorns, der aber eher einem Schwein ähnelt – hat sich ganz nah ans Gehegegitter gedrückt, um sich an einem davorliegenden und noch schwelenden Kokshaufen zu wärmen. Am nächsten Morgen liegt am Eingang des Aquariums an der Budapester Straße ein Krokodil. Die Druckwellen der Explosionen haben es aus der Tropenhalle geschleudert. Sofern es danach überhaupt noch lebte, hat es der nächtliche Frost hinweggerafft. Da das Fleisch durch die Kälte noch frisch ist, gibt es in den folgenden Tagen Krokodilschwanzsuppe für die ausgehungerte Zoobelegschaft, die eine zusätzliche Fleischration in diesen Zeiten dankend annimmt.

Die Luftangriffe nehmen unterdessen weiter zu. Tagsüber bombardieren die US-Amerikaner Berlin, nachts die Briten. Zudem rückt die Rote Armee von Osten immer näher an die Reichshauptstadt heran.

Es geht bereits auf Ostern 1945 zu, als sich Oskar Heinroth langsam von einer Lungenentzündung erholt. Die langen Aufenthalte im kalten Luftschutzkeller haben dem 74 Jahre alten Aquariendirektor arg zugesetzt. Um wieder auf die Beine zu kommen, bekommt er Spritzen. Eine Krankenschwester trifft dabei aus Versehen einen Nerv, sodass sein rechtes Bein gelähmt wird. Katharina Heinroth, die ihren Mann bislang vor allem in seinen Forschungen unterstützt hat, versucht, ihn wieder gesund zu pflegen. Als sich bei ihm ein Hungerödem bildet, bittet sie Heck um eine tägliche Ration Ziegenmilch. Doch Nahrungsmittel sind knapp und Heinroths Taubenforschungen sind dem Zoodirektor nie recht gewesen. Ganz zu schweigen von dessen Kontakten zu jüdischen und regimekritischen Wissenschaftlern.

»Herr Heinroth hätte sich besser mal um seine eigentliche Aufgabe kümmern sollen, ums Aquarium«, sagt er in scharfem Ton. »Aber in Zukunft werde ich dafür sorgen, dass jedem sein Forschungsplan vorgeschrieben wird.«

So eine Ungeheuerlichkeit kann und will Heinroth sich nicht bieten lassen. Zurückhaltung ist ohnehin nie ihr Ding gewesen, und nun erst recht nicht, da ihr Mann mit dem Tod kämpft: »Dann können Sie alle künftigen Erfindungen in den Rauch schreiben«, entgegnet sie Heck. »Im Beamtentum ist noch nie etwas Geniales entstanden!«

Eine ganze Weile geht der Streit hin und her, bis Heck schließlich nachgibt und ihr die Sonderration für ihren Mann gewährt. »So lange habe ich mich noch mit niemandem auseinandergesetzt«, sagt er sichtlich beeindruckt. Widerspruch ist er nicht gewohnt, schon gar nicht von einer Frau.

Diese Zukunft, von der Lutz Heck gesprochen hat, das wird allmählich klar, wird es nicht geben. Einige Unbelehrbare, die noch an den Endsieg glauben, versuchen, die vorrückende Rote Armee vom Zoo-Bunker aus mit Flakgeschützen in Schach zu halten – der riesige Turm des Hochbunkers ist ein dankbares Ziel. Zahlreiche Geschosse, die auf ihn abgefeuert werden, explodieren im angrenzenden Zoo. Einige sowjetische Panzer haben sich bereits bis zu dessen Mauern durchgekämpft. Lutz Heck hat seine Frau und seine Söhne evakuieren lassen und in Richtung Westen geschickt. Auch Katharina Heinroth überlegt, sich und ihren Mann in Sicherheit zu bringen. Doch Oskar ist zu schwach, er kann nicht mehr laufen. Und selbst wenn er fliehen könnte, würde es ihm nicht in den Sinn kommen, den Zoo und vor allem sein Aquarium zu verlassen. Mehr als 30 Jahre lang hat er es geleitet, nun liegt es wie ausgehöhlt da. »Lass uns doch hierbleiben«, bittet er sie leise, »lieber möchte ich mit allem untergehen.«

In den letzten Apriltagen verläuft die Ostfront mitten durch den Zoo. Die verbliebenen Tierpfleger sind zum Volkssturm verdonnert worden und müssen auf dem Zoogelände Schützengräben ausheben. In den Gefechtspausen versorgen sie die wenigen Tiere, die noch am Leben sind.

Am späten Abend des 30. April 1945 deutet alles darauf hin, dass es nur noch eine Frage der Zeit ist, bis die Rote Armee den Zoo stürmen wird. Bevor es Gewissheit wird, setzt sich Lutz Heck ab. Er ahnt, was ihn erwartet; die Russen suchen ihn, weil er Tiere aus osteuropäischen Zoos beschlagnahmt haben soll. Zudem soll er eine Herde Wildpferde aus der Ukraine verschleppt haben.

Da es kaum noch intakte Fahrzeuge gibt, flieht Heck auf

einem Fahrrad. Es gelingt ihm tatsächlich, aus dem belagerten Berlin herauszukommen und sich unbemerkt bis nach Leipzig durchzuschlagen. Sein Ziel ist der dortige Zoo und das Haus des Direktors Karl Max Schneider.

Schneider ist ziemlich verwundert, als er seine Tür öffnet und sieht, wer da vor seinem Haus steht. Ohne sich lange zu erklären, sagt Heck zu ihm: »Ich fordere Sie als Kollegen auf, mich eine Nacht bei sich aufzunehmen.«

Schneider, ein Mann von 58 Jahren, hat als Leutnant im Ersten Weltkrieg gedient und dabei seinen linken Unterschenkel verloren. Ein alter Sozialdemokrat, der erst 1938 auf Druck von oben in die NSDAP eingetreten ist. Mit skeptischem Blick mustert er den fünf Jahre jüngeren Heck von oben bis unten, greift dann langsam in seine Hosentasche und zieht einen Schlüsselbund heraus: »Hier ist der Schlüssel zu meiner Wohnung, aber ich werde die Nacht nicht mit Ihnen unter einem Dach verbringen. Wenn ich morgen um sechs Uhr wiederkomme, sind Sie weg.« Schneider geht fort, um bei Bekannten zu übernachten. Als er am nächsten Tag zurückkehrt, ist Heck verschwunden. Er wird es für längere Zeit bleiben.

Rings um den Berliner Zoo sind die Häuser zerbombt, Rauch liegt über der Stadt. Als das dumpfe Geräusch der Explosionen verstummt und der Qualm verzogen ist, sind auf dem Zoogelände nur noch Trümmer übrig. Wie stumme Wächter thronen zwei steinerne Elefanten am Eingang Budapester Straße. Das Portal ist zerstört, nur ein schmaler brüchiger First balanciert zwischen den beiden zerschossenen Säulen. Das Antilopenhaus, einst im maurischen Stil erbaut, ist nur mehr ein Schutthaufen, aus dem zwei Minarette und ein Schornstein herausragen. Die Maulwurfshügel sind schon lange verwaist. Ein junges Pferd sucht zwischen aufgeschütteten Ziegeln nach einem Hauch von Grün. Ein ausgemergelter Wolf blickt von seiner Freianlage hungrig herüber, zu schwach, um dem Pferd nachzujagen.

Nachdem sich Direktor Lutz Heck kurz vor dem drohenden Untergang abgesetzt hat, kümmert sich Katharina Heinroth im Luftschutzbunker des Zoos sowohl um ihren Mann, der mittlerweile im Sterben liegt, als auch um die übrigen verletzten Anwohner und Zooangestellten. Sie hat ein weißes Tuch mit einem roten Kreuz darauf an die Bunkertür gehängt und hofft, dass sie dadurch vor Kampfhandlungen verschont bleiben. Noch vom Krankenbett aus gibt Oskar ihr Anweisungen, wie sie Schusswunden behandeln und Verbände anlegen muss. Wenige Stunden später dringen die ersten Rotarmisten in den Zoo ein. Oskar Heinroth ist mit seinen Kräften am Ende und bittet seine Frau um einen letzten Gefallen. »Die Giftkapseln«, flüstert er, »hol sie mir bitte, ich will nicht mehr.« Doch die Kapseln befinden sich in einer Schublade in Oskars Arbeitszimmer in der zerstörten Wohnung. Wie soll sie da nun hingelangen? Überall wimmelt es von Soldaten, und außerdem will sie ihren Mann auf keinen Fall hier allein zurücklassen. Also versucht sie, ihn zu beruhigen: »Wir werden das schon irgendwie durchstehen«, sagt sie sanft zu ihm. Er seufzt nur enttäuscht.

Am nächsten Morgen treiben die Soldaten die Menschen aus dem Luftschutzkeller. Katharina Heinroth schleppt ihren schwerkranken Mann in einen ruhigen und trockenen Winkel im Untergeschoss des Aquariums. Doch auch hier bleiben sie nicht lange unbehelligt. Täglich ziehen wechselnde Trupps von Soldaten durch das zerstörte Gemäuer, auf der Suche nach Essbarem, Alkohol oder auch nur einer Gelegenheit, um den Deutschen zu zeigen, wer jetzt das Sagen hat. Männer, die nicht gehorchen, sich anbiedern oder versuchen, ihre Frauen zu beschützen, werden erschossen – die Frauen anschließend vergewaltigt. Mehrmals wechselt Heinroth mit ihrem Mann von einer Etage der Ruine in eine andere. Immer wieder werden sie aufgespürt. »Raboti, raboti!«, rufen die Soldaten, als sie Katharina Heinroth sehen; sie bekommt sofort zu spüren, dass es ihnen nicht ums Arbeiten geht. Die Männer halten sie fest und vergewaltigen sie.

Nach dem zweiten Mal schafft sie es endlich, ihren Mann aus dem Aquarium zu bringen. Da sie ihn kaum allein stützen kann, legt sie ihn in eine Schubkarre und macht sich auf die Suche nach einem Unterschlupf. Die meisten Keller in der Umgebung sind jedoch überfüllt, alle paar Tage müssen sie weiterziehen.

Erst nachdem die sowjetischen Truppen den Zoo verlassen haben, kehrt Katharina Heinroth dorthin zurück und richtet in ihrer alten Wohnung ein Zimmer notdürftig her. Dann holt sie ihren Mann mithilfe zweier Tierpfleger aus dem bisherigen Versteck zurück nach Hause.

Am 31. Mai 1945 stirbt Oskar Heinroth. Katharina Heinroth ist nun völlig auf sich allein gestellt. Aus zerbombten Türen lässt sie vom Zootischler einen Sarg zimmern und ihren Mann im Krematorium einäschern. Erst Wochen später, am 15. August, kann sie ihn auf dem Zoogelände beisetzen.

Irgendwie muss es dennoch weitergehen, und so erinnert sich Katharina Heinroth wieder an den Leitspruch ihres Breslauer Doktorvaters: »Tu was, dann wird dir besser.« Daran hat sie sich immer gehalten, und es hat ihr geholfen, über Schicksalsschläge und düstere Phasen in ihrem Leben hinwegzukommen. Mit der restlichen Belegschaft des Zoos macht sie sich daran, das Chaos zu beseitigen. Bei den Aufräumarbeiten finden sie 82 Leichen in den Trümmern und Gräben. Sie werden, wie die verendeten Tiere zuvor, in Massengräbern beerdigt.

Nur 91 Tiere haben den Krieg überlebt. Darunter sind ein Rentier, ein seltener Japanischer Schwarzschnabelstorch, ein Schuhschnabel – ein grau gefiederter, kranichgroßer Vogel aus den Nilsümpfen, dessen Schnabelform an einen Holzschuh erinnert – sowie der Elefantenbulle »Siam« und das junge Flusspferd »Knautschke«. In den letzten Kriegstagen haben Bomben das Außenbecken des Flusspferdhauses zerstört und seine Mutter dabei so schwer verletzt, dass sie verendet ist. Die Tierpfleger übergießen »Knautschke« mehrmals am Tag mit Wasser, damit seine Haut nicht austrocknet. Einige andere Tiere verschwinden bald darauf – mitgenommen und geschlachtet von hungrigen Berlinern. Die übrigen Tiere bekommen provisorische Gehege; der Schuhschnabel wird in einem der wenigen unbeschädigten Badezimmer des Zoos untergebracht. Mit der Giraffe »Rieke« aus Wien kehrt nur eines der während des Krieges evakuierten Tiere später nach Berlin zurück.

Nach Hecks Verschwinden ist der Zoo nun führungslos. Zuerst versucht der ehemalige Geschäftsdirektor Hans Ammon, die Leitung zu übernehmen, wird aber von einem früheren Chauffeur des Zoos als Parteimitglied enttarnt und vom Hof gejagt. Dieser Chauffeur wiederum hat sich von der sowjetischen Kommandantur als Leiter der Aufräumarbeiten einsetzen lassen und organisiert erst einmal 200 Trümmerfrauen. So kann der provisorisch hergerichtete Zoo bereits am 1. Juli 1945 wieder eröffnet werden. Einige Wochen später taucht jedoch ein weiterer Mann auf, ein ehemaliger Aushilfskellner des Zoorestaurants, der behauptet, mit der Führung des Zoos beauftragt worden zu sein. Da weder Telefon noch Post funktionieren, wissen die Besatzer nichts davon. Wochenlang schallen die Streitereien der beiden »Direktoren« durch den Zoo, die sich wie Gutsherren benehmen. Katharina Heinroth schicken sie zu den anderen Trümmerfrauen, allenfalls darf sie ein paar Gehegeschilder anfertigen.

Als die sowjetische Besatzungsmacht vom Führungschaos erfährt, beauftragt sie den neu gegründeten Großberliner Magistrat damit, endlich für klare Verhältnisse zu sorgen. Bald darauf erhält Katharina Heinroth vom Magistrat eine schriftliche Einladung, dass sie am 3. August ins Alte Stadthaus in der Parochialstraße kommen möge. Worum es geht, erfährt Heinroth aus dem Schreiben nicht.

Auch Werner Schröder hat Post vom Magistrat erhalten und sich am Morgen des 3. August auf den Weg gemacht, die acht Kilometer weite Strecke von seiner Wohnung in Berlin-Wilmersdorf nach Mitte zurückzulegen. Er soll sich in der Abteilung Volksbildung melden. Auch er wird über den Zweck der Einladung im Unklaren gelassen.

Werner Schröder hat bereits während seines Zoologie-Studiums mit Oskar Heinroth zu tun gehabt. Katharina Heinroth kennt er bisher jedoch noch nicht. An diesem Tag begegnen sie sich zum ersten Mal. Josef Naas, Leiter der Kulturabteilung beim Magistrat, teilt ihnen mit, dass Heinroth kommissarische Leiterin des Zoos und Werner Schröder Geschäftsführer und ihr Stellvertreter werden soll.

Dass sie diese Chance nur den besonderen Umständen dieser Zeit verdankt, ist Heinroth bewusst. Es gibt nicht genügend politisch unbelastete Männer für diesen Posten. Später einmal, wenn in ihrem Freundeskreis über ihre Ernennung zur Direktorin gesprochen wird, scherzt sie: »Die dachten bestimmt, ich sei Oskar, als sie mich ins Rathaus bestellt haben.«

Gemeinsam machen sich Katharina Heinroth und Werner Schröder an den Wiederaufbau des Zoologischen Gartens. Weil die Begrenzungsmauern immer noch zerstört sind, verläuft der Straßenverkehr anfangs mitten durch das Gelände. Nachts ziehen Banden plündernd hindurch. Mit Trillerpfeifen versuchen die Pfleger, sie zu vertreiben. Ein Silberfuchs, ein Wildschwein sowie ein Reh fallen ihnen dennoch zum Opfer.

Im ersten Jahr nach der Wiedereröffnung ist vom Aufbau kaum etwas zu sehen, zunächst einmal müssen das Kanalnetz und die Stromversorgung wieder in Betrieb genommen werden, zudem mangelt es an Futter. Auf den Brachflächen werden Gemüsebeete angelegt und Tabak angepflanzt, denn Zigaretten sind ein unverzichtbares Tauschmittel. Heinroth lässt außerdem erste Wegweiser anbringen, damit die Besucher im Wirrwarr der zerbombten Käfige und Gehege auch diejenigen finden, in denen überhaupt noch Tiere leben. Eines Tages erwischt sie einen Dieb, der versucht, Holzteile eines zerstörten Stalls mitgehen zu lassen. Als sie ihn zur Rede stellt, blafft der sie nur an: »Das ist mein gutes Recht als Zoo-Aktionär!«

Ende September 1945 wird sie offiziell zur Direktorin ernannt. Gut einen Monat später erkennt die Alliierte Kommandantur offiziell den kulturellen Wert des Zoos an. Damit ist er gerettet. Zumindest vorerst. Im Januar 1946 schreibt die Nachrichtenagentur *Associated Press* über den Zoo: »Nur noch etwa 200 Tiere sind es, die nun in den tristen Ruinen dieser einst so bunten und beliebten Einrichtung leben.«

Dabei ist es schon ein Fortschritt zum Vorjahr. Viele Berliner haben ihre Haustiere, vor allem Papageien, hierher gebracht, weil sie glauben, dass sie hier besser versorgt werden können. Geld, um neue Tiere anzuschaffen, ist keins da. Um wenigstens ein paar zu erwerben, werfen alle Mitarbeiter ihre Monatsgehälter zusammen. Von dem Geld kauft Heinroth Pinguine. Nebenbei bietet sie zudem eine Sprechstunde an, in der besorgte Tierhalter sie fragen können, wieso ihr Papagei sich die Federn ausrupft oder warum ihr Hund nicht auf sie hört.

Ende August 1947 wird der Zoo erneut von Explosionen erschüttert. Britische Pioniere haben versucht, den nahegelegenen Zoo-Bunker zu sprengen. 20 Tonnen Sprengstoff wurden ins Gebäude gebracht. Zuvor mussten die mittlerweile 649 Tiere einzeln in Holzkisten gelockt und aus dem Zoo gebracht werden. Doch der Bunkerbau ist zu massiv, die Sprengung misslingt und muss im Jahr darauf wiederholt werden.

Vor ganz neue Probleme stellt die fast einjährige Blockade West-Berlins den Zoo: Die Westmächte haben im Juni 1948 die Währungsreform in ihren Sektoren umgesetzt, ohne die Sowjets einzubeziehen. Seit Jahren streiten sich die Besatzer über eine einheitliche deutsche Währung, und nun künden die Westmächte an, auch in den drei Westsektoren Berlins die neue D-Mark einzuführen. Die Sowjets reagieren prompt. In der Nacht auf den 24. Juni 1948 gehen im Westteil der Stadt die Lichter aus, die Stromzufuhr ist abgedreht, alle Straßen und Schifffahrtswege sind von der Roten Armee abgeriegelt. Die Insel Berlin, die von der Versorgung von außen abhängig ist, ist bis auf den Luftraum von der Außenwelt abgeschnitten. Über die Luftbrücke versorgen die Alliierten die zwei Millionen Einwohner mit Lebensmitteln.

Auch für den Zoo ändert sich einiges. Der neue britische Kommandant des Bezirks Tiergarten befiehlt Katharina Heinroth, was nun zu tun ist: alle Bäume fällen, auf den Freiflächen Spinat anpflanzen, alle Tiere abschaffen und stattdessen Hühnerkäfige errichten.

Heinroth ist geschockt, vor ihrem inneren Auge sieht sie schon die großen, bis zu 400 Jahre alten Eichen fallen. Aber vor allem würde das bedeuten, dass der Zoo schließen müsste. Und sie weiß, dass es beinah aussichtslos ist, einen einmal geschlossenen Zoo wieder zu eröffnen. Das Beispiel aus Düsseldorf ist ihr noch allzu präsent, wo der 1876 gegründete Zoologische Garten während des Zweiten Weltkrieges zunächst vorübergehend geschlossen wurde, seine Pforten aber nie wieder öffnete. Das will sie ihrem Zoo, Oskars Zoo, ersparen.

Heinroth versucht, Zeit zu schinden, und widersetzt sich dem Befehl. Stattdessen beschwert sie sich beim Hauptquartier der britischen Streitkräfte sowie beim Berliner Grünplanungsamt. Damit hat der Kommandant nicht gerechnet. Er lenkt ein und besucht Heinroth erneut im Zoo. Mit dabei hat er diesmal eine Karte, auf der der Baumbestand des Gartens eingezeichnet ist. Er bittet sie, diejenigen Bäume zu markieren, die unbedingt erhalten bleiben sollen. Ein großer Teil der Bäume ist im Krieg beschädigt worden, viele Baumkronen sind abgeschossen. Doch Katharina Heinroth markiert alle Bäume. Ohne Ausnahme. Nun versucht er, sie einzuschüchtern, und droht ihr mit dem Gesetz. Doch Heinroth bleibt hart. Sie hat sich schon mit ganz anderen Typen angelegt. Einige Zeit danach bekommt sie Besuch von einem Offizier aus dem Hauptquartier: »Vergessen Sie das mit den Bäumen«, sagt er nur. Kein einziger muss schließlich gefällt werden.

Auch für »Knautschke« geht es voran. Während der Blockade haben die Berliner ihren tierischen Star mit Kohlköpfen durchgefüttert, die sie sich vom Munde abgespart haben. Nun soll er Damenbesuch bekommen. Aus dem Osten. Denn nach dem Krieg sind Flusspferde selten in den europäischen Zoos. Katharina Heinroth besitzt »Knautschke«, und Leipzigs Zoodirektor Karl Max Schneider die Kühe »Grete« und »Olga«. Schneider und Heinroth tauschen schon seit längerem Tiere miteinander. Dass ihre beiden Zoos seit 1949 in zwei verschiedenen und verfeindeten Ländern liegen, hält sie nicht davon ab. Von politischen Grenzen lassen sie sich nicht aufhalten –

Frau der ersten Stunde. Zoodirektorin Katharina Heinroth, hier bei der Grundsteinlegung des neuen Flusspferdhauses im Mai 1956.

schließlich geht es um viel mehr, die Arterhaltung! –, und so schicken sie die Tiere nun auf Hochzeitsreise. Das geschieht nach uralter Bauerntradition, die besagt: Die Kuh geht zum Bullen, das erste männliche Jungtier bekommt der Besitzer der Kuh.

Mehrfach reisen die Weibchen »Grete« und »Olga« per Güterzug nach West-Berlin, wo sie vorübergehend ins notdürftig wiederhergerichtete Flusspferdhaus einziehen. Das Haus ist nur ein Provisorium, notdürftig gedeckt. »Pinkelbude« nennen es die britischen Soldaten. Aber den Tieren reicht es.

Unterdessen versucht Schröder, die noch immer schlechte finanzielle Lage in den Griff zu bekommen. Der Zoo nimmt kaum genug Geld ein, um die Pfleger zu bezahlen und die Futterkosten zu decken. Irgendwie muss er Besucher in den Zoo locken. Er muss sich etwas einfallen lassen. Da erinnert er sich an seinen Lieblingssport. Schröder ist ein großer Boxfan, als Student war er sogar zweimal Deutscher Meister, und so organisiert er Box- und Ringkämpfe in einer kleinen Arena auf dem

Gelände des Zoos. Außerdem lässt er Tiermessen veranstalten und schafft es, die Zirkus-Unternehmen »Astra« und »Busch-Aeros« für Vorstellungen auf einer Freifläche nahe des Antilopenhauses anzuwerben. Als weitere Einnahmequelle hat er sich überlegt, ein Oktoberfest zu veranstalten. Katharina Heinroth ist davon allerdings nicht begeistert:

»Was ist denn mit den ganzen Tieren? Diesen Lärm, diesen Rummel werden sie bestimmt nicht verkraften.«

Auch Schröder ist sich deswegen nicht sicher, aber er kennt die Zahlen des Zoos, und die sind erschreckend.

»Uns steht das Wasser bis zum Hals«, sagt er mit ernster Miene, und seine dunklen Augenränder tun ihr Übriges dazu. »Wir müssen es versuchen.«

Anfangs sind die Berliner wohl ein wenig verwirrt, als sie die neuen Werbeplakate des Zoos sehen. Darauf sind zwei Nilpferde gemalt, die sich breit grinsend mit zwei Bierkrügen zuprosten. Um den Hals tragen sie jeweils ein Lebkuchenherz. »Gretchen« steht auf dem einen, »Knautschke« auf dem anderen. Über beiden prangt in Schreibschrift: »Oktoberfest im Zoo«. Zwischen Rentieren, Papageien und Bären sollen bald also Schießbuden und Karussells stehen? Doch allzu lange dürften sie sich nicht gewundert haben, denn das Fest wird ein voller Erfolg. Mehr als eine halbe Million Besucher kommen in den vier Wochen und sichern dem Zoo erhebliche Zusatzeinnahmen und somit das Überleben. Anders als Heinroth es befürchtet hat, nehmen die Tiere von alledem kaum Notiz.

Auch die beiden Werbe-Ikonen haben sich davon nicht beeindrucken lassen. Im Mai 1950 kommt ein männliches Flusspferd zur Welt – »Schwabbel« –, das wie vereinbart nach Leipzig zieht. Im April 1952 wird mit »Bulette« eine neue Partnerin für »Knautschke« geboren. Dass es eine inzestuöse Verbindung ist, ist erst einmal egal. Flusspferde sind Publikumsmag-

Familienangelegenheiten. Die Nilpferde »Knautschke« (rechts) und »Bulette« werden später Eltern einer blühenden Zuchtfamilie. Da stört es die Berliner Zoobesucher auch nicht, dass sie Vater und Tochter sind.

neten und zu dieser Zeit rar, da darf man nicht allzu wählerisch sein.

In dieser Zeit erhält der Zoo auch eine weitere Attraktion; vier Jahre lang gab es hier keine Elefanten. 1947 war der alte Bulle »Siam«, der einzige Elefant, der die Bombenangriffe im Krieg überlebt hatte, gestorben. Aber ein Zoo ohne Elefanten, da ist Heinroth überzeugt, kann kein richtiger Zoo sein. Genug Geld, um einen neuen zu kaufen, hat sie aber auch nicht. Irgendwann liest sie in der Zeitung, dass Indiens Staatschef Pandit Nehru einem ausländischen Zoo einen jungen Elefanten geschenkt haben soll. Sofort nimmt sie Kontakt zum Schulradio des Rundfunks im Amerikanischen Sektor (RIAS) auf. Sie hofft, dass ihr Anliegen größere Erfolgschancen hat, wenn die Berliner Kinder einen Brief an Nehru schreiben, als wenn sie darum betteln würde. Heinroths Plan geht tatsächlich auf, und schon bald ist eine junge Elefantenkuh gefunden – »Dathri«, drei Jahre alt, 1,60 Meter groß, die bald in »Shanti« umgetauft wird.

Zunächst wohnt sie im sogenannten Einhuferhaus, einem reetgedeckten Fachwerkbau, neben Pferden und Zebras, weil es kein Elefantenhaus mehr gibt. Doch irgendetwas stimmt nicht mit ihr. Wenn sie morgens auf die Anlage gelassen wird, ist sie so erschöpft, dass sie sich nur noch in den Sand wirft und den Tag verschläft. So hat Heinroth sich das nicht vorgestellt, die Leute kommen schließlich nicht in den Zoo, um dort dann einen Elefanten zu sehen, der immer nur herumliegt. »Shantis« Pfleger schiebt daraufhin eine Nachtwache nach der anderen, um herauszufinden, was den jungen Elefanten die ganze Nacht wachhält. Vielleicht eine Maus oder eines der anderen Tiere neben ihr im Stall? Aber er findet nichts.

Irgendwann fällt Katharina Heinroth das Foto wieder ein, das sie damals aus Bombay erhalten hat – war »Shanti« darauf nicht angekettet? Als sie es findet, ist sie erleichtert: Mit zwei Füßen ist der Elefant darauf an einen Baum gekettet. Das könnte die Lösung des Problems sein, hofft sie. Kaum dass »Shanti« nachts angekettet wird, schläft sie durch und tobt tagsüber herum.

Mobbing im Zoo

Nun, da der Zoo einigermaßen solide dasteht, kann Werner Schröder sich endlich um ein Projekt kümmern, das ihm seit Jahren am Herzen liegt – der Wiederaufbau des zerstörten Aquariums. Alles, was kriecht und schwimmt, ist Schröders große Leidenschaft. Schon als kleiner Junge hat er im Wilmersdorfer Fenn Frösche und Molche, Käfer und Fische gefangen und daheim in Einmachgläsern gehalten. Während seine Mutter das geduldig mit ansah, versuchte sein Vater, ihm die »Viecherei«, wie er das Hobby seines Sohnes nennt, auszutreiben, und schleppte ihn zu kaiserlichen Militärparaden. Ohne Erfolg.

Als Student ist Schröder oft im Aquarium gewesen und hat Reptilien aus Griechenland und Nordafrika von seinen Reisen mitgebracht. Nach dem Krieg hat er, wenn Dienstschluss war, oft in der verfallenen Ruine gestanden, in der mittlerweile Bäume wuchsen, und in den Abendhimmel geschaut.

Im September 1952, nach zwei Jahren Bauzeit, wird das Berliner Aquarium mit insgesamt eintausend Tieren wieder eröffnet. Ermöglicht haben das unter anderem die alljährlichen Oktoberfeste, die finanziell ein voller Erfolg waren. In den nächsten 25 Jahren wird es Schröders Lebensaufgabe sein, dem Haus zu neuem Glanz zu verhelfen und es zu einer der bedeutendsten Einrichtungen seiner Art in Europa zu machen.

Während Schröder das Aquarium wieder aufbaut, soll nun auch der erste Neubau im Zoo entstehen - ein neues Elefantenhaus. Doch Katharina Heinroth spürt, dass ihre Kritiker nur darauf warten, dass sie einen Fehler macht. Dies ist ihr erstes Großprojekt. Bisher war sie vor allem mit Reparaturen am historischen Antilopenhaus und Ausbesserungen der zahlreichen Provisorien beschäftigt. Deshalb zeigt sie die Pläne zuerst ihrem befreundeten Kollegen in Leipzig, Karl Max Schneider. Aber der hat nichts zu beanstanden.

Nach zwei Jahren Bauzeit wird das Elefantenhaus 1954 eröffnet. Neben »Shanti« und zwei weiteren Elefanten ziehen ein Nashorn, das erste seit elf Jahren im Zoo, ein Tapir sowie ein Faultier in das lang gezogene Gebäude mit der hohen Glasfront und den grünen Innenfliesen ein.

In den Jahren des Wiederaufbaus hat sich gezeigt, dass sich Katharina Heinroth und Werner Schröder gut ergänzen. Während sie stets mit anpackt, wenn ein Baum gepflanzt werden muss, und, falls nötig, die Tierpfleger zusammenstaucht, bleibt Schröder im Hintergrund. »Lass sie mal machen«, denkt er dann und grinst in sich hinein. Er ist für die leisen Töne zuständig. Wenn ein Tierpfleger Probleme hat, vertraut er sich lieber dem ruhigen Herrn Schröder als der extrovertierten Frau Heinroth an. Heinroth hat lernen müssen, sich als Frau in einer Männerwelt durchzusetzen. Schröders Credo hingegen lautet: »Nach oben kann man treten, wenn es nötig ist, aber niemals nach unten.« Beide können sich aufeinander verlassen; sie mögen sich. Manche behaupten sogar, dass Katharina Heinroth ein bisschen verliebt ist in ihren hageren Kollegen mit der ernsten Miene und den dunklen Augenringen.

Obwohl Katharina Heinroth den Zoo gemeinsam mit Werner Schröder erfolgreich durch die ersten Aufbaujahre geführt hat, wird sie immer wieder angefeindet: Bereits 1945, kurz nach Kriegsende, legte ihr der Aufsichtsrat auf einer seiner ersten Sitzungen einen Brief vor. Darin forderte der ehemalige Geschäftsführers des Zoos, Hans Ammon, der zuvor schon mit seiner Rückkehr in den Zoo gescheitert war, ihre Absetzung. Man könne es ihr zwar »nicht übelnehmen, wenn sie keinen Überblick hätte«, schrieb er, »aber da gehört eben ein Mann hin«.

Als sie sich 1949 für einige Zeit zur Kur ins Krankenhaus begeben musste, traten einige Herren aus dem Aufsichtsrat an Werner Schröder heran. Sie drucksten herum, sprachen davon, dass die Leitung des Zoos für eine Frau auf Dauer wohl zu anstrengend sei. Man sehe es ja an ihrem Gesundheitszustand. Schröder wusste, was sie von ihm wollten. Noch bevor sie ihn direkt fragen konnten, ob er die Stelle des Zoodirektors übernehmen wolle, beendete er das Gespräch mit den Worten: »Wir sind ein gutes Gespann und unsere Temperamente ergänzen sich zum Wohle des Zoos. Außerdem will ich das Aquarium aufbauen.«

In der Fachwelt hingegen genießt Heinroth seit Jahren einen sehr guten Ruf. Als 1950 die ersten vier deutschen Zoodirektoren wieder in den Internationalen Zoodirektoren-Verband aufgenommen wurden, gehörte sie neben ihrem Leipziger Kollegen Karl Max Schneider, Bernhard Grzimek, der nach dem Krieg den Frankfurter Zoo wiederaufbaute, und Richard Müller aus Wuppertal zu den Auserwählten.

Trotz aller Entbehrungen hat Heinroth die Aufbaujahre im Zoo genossen. Demnächst soll in der Nähe der Robben-Anlagen im Nordosten des Zoos eine neue Unterkunft für die Flusspferde entstehen. Auch das kulturelle Leben in der noch immer zerstörten Stadt erwacht allmählich; im wiederhergerichteten Zoo-Restaurant und im Festsaal werden erste Tagungen und Bälle ausgerichtet. Doch mehr als ein Jahrzehnt nach Kriegsende ist auch das Anspruchsdenken wieder gewachsen. Berlin soll – wenn es schon nicht mehr gesamtdeutsche Hauptstadt ist – wenigstens etwas von seinem alten Glanz zurückerhalten. Die Aufbruchszeit des Wirtschaftswunders erreicht West-Berlin. Und der Baugrund in der City-West ist besonders beliebt; direkt an der Ecke Hardenbergplatz/Budapester Straße soll ein 57 Meter hohes, 16-geschossiges Bürohaus entstehen. Skeptisch betrachtet Heinroth die Pläne. Denn so wie das Gebäude dort angelegt ist, würden weite Teile des Zoos bald im Schatten liegen.

Heinroth vereinbart ein Treffen mit dem Architekten Paul Schwebes. Bei den Verhandlungen ist auch ein neues Aufsichtsratsmitglied anwesend – der ehemalige Wilmersdorfer Bezirksbürgermeister Walter Rieck. Als Heinroth versucht, den Architekten davon zu überzeugen, das Hochhaus nicht in Ost-West-, sondern in Nord-Süd-Ausrichtung zu bauen, damit es dem Zoo nicht zu viel Sonnenlicht wegnimmt, fällt ihr Rieck ins Wort: »Wie Sie wissen, gute Frau, gehen die Belange der Stadt nun mal vor. In diesem Fall muss der Zoo wohl zurückstehen.« Heinroth dreht sich zu ihm herum und entgegnet barsch: »Dann sind Sie in diesem Fall wohl der falsche Mann für den Zoo!«

Das Haus wird schließlich nach Heinroths Wunsch um 90 Grad gedreht gebaut. Doch im Aufsichtsrat hat sie sich mit ihrem Auftreten einmal mehr unbeliebt gemacht. Mittlerweile melden sich auch jene Männer wieder zu Wort, die nach dem Krieg klammheimlich abgetaucht waren: wie Lutz Heck, der ehemalige Zoodirektor, der mittlerweile in Wiesbaden lebt und sich nun in der West-Berliner Tageszeitung *Der Tagesspiegel* zu den Vorgängen im Zoo äußert. Dort erzählt Heck davon, wie schwer es gewesen sei, den Zoo nach dem Krieg vor dem Aus zu retten. Als Heinroth dies liest, platzt ihr der Kragen. Das kann und will sie nicht so stehen lassen und schreibt darauf einen Leserbrief, der Ende Mai 1954 in der Rubrik »Demokratisches Forum« neben Lesermeinungen zu Flüchtlingen in der Bundesrepublik und Fremdwörtern in der deutschen Sprache erscheint:

> »Bei seiner Darstellung der Vorgänge beim Kriegsende irrt Herr Heck. Er verließ nicht am 2. Mai, sondern in den späten Abendstunden des 30. April den Zoo, einige Stunden vor dem Eindringen der russischen Soldaten, die noch in der gleichen Nacht alle Männer im Zoo wegführten. Mit Heck verschwanden beide Assistenten und die Assistentin sowie der damalige Prokurist! Der letztere versuchte nach einigen Tagen, die Leitung des Zoo in die Hand zu nehmen, wurde aber von den unterdessen zurückgekehrten Tierwärtern und Angestellten daran

gehindert. Dann entbrannte unter den Angestellten ein politischer Kampf um die Leitung; einige Angestellte traten für den früheren Geschäftsdirektor ein, der aber nach einigen Tagen aus politischen Gründen aus der Leitung des Zoo verdrängt wurde. Schließlich griff das neue Volksbildungsamt in diese Fehde ein und beauftragte mich mit der kommissarischen Leitung des Zoo. Die schwierigste Zeit für den Zoo war nicht, wie Heck meint, die ersten Monate nach dem Kriege, sondern der Herbst und Winter des ersten Jahres (1945/46) und die Zeit nach der Währungsreform mit der Blockade.«

Aber was in der Vergangenheit geschehen ist, spielt nur noch eine untergeordnete Rolle. Die Frauen, die die Stadt wiederaufgebaut haben – ob als Trümmerfrau, Bürgermeisterin oder als Zoodirektorin –, haben ausgedient. Louise Schroeder, die bis vor wenigen Jahren Bürgermeisterin Berlins und eine enge Vertraute Heinroths war, ist aus dem Aufsichtsrat des Zoos ausgeschieden. Im Umfeld des Zoos wird ununterbrochen an Heinroths Stuhl gesägt. Im Juni 1954 schreibt das Wochenmagazin *Der Spiegel*: »Noch vor Ablauf dieses Monats wird sich entscheiden, ob Frau Dr. Käthe Heinroth – der einzige weibliche Zoodirektor Deutschlands – weiterhin Chef-Direktorin des Berliner Zoologischen Gartens bleiben darf.«

Anlass zu diesem Artikel ist ein Aufruf des Berliner Kaufmanns Otto Radke, Sprecher der Zoo-Aktionäre und – rein zufällig – ein alter Freund von Lutz Heck. Für die nächste Aktionärsversammlung hat er einen Drei-Punkte-Plan aufgestellt: dem Vorstand die Entlastung verweigern, den Aufsichtsrat neu wählen und die Direktorin scharf angreifen. Vor einigen Wochen schon hat er erklärt, dass die Leitung des Zoos »in die Hände eines Mannes von internationalem Ruf gehört«. Heinroth kanzelt er lapidar als »gelernte Bienenzüchterin« ab. Als sie davon liest, tobt sie vor Wut. Gegen die Vorwürfe will sie gerichtlich vorgehen, aber einer der Aufsichtsräte, ein Jurist, hält sie davon ab und versichert ihr: »Im Zweifel werden wir hinter Ihnen stehen.«

Obwohl sie promovierte Zoologin ist, sieht man Katharina Heinroth in der Altherrenriege der Funktionäre immer noch nur als eine bessere Sekretärin und die Witwe Oskar Heinroths an. Eine Zwischenlösung – mehr nicht.

Nur eine Woche später berichtet *Der Tagesspiegel* über »oppositionelle Äußerungen« unter den Aktionären, die Heinroth vorwerfen, dass »der Berliner Zoo neun Jahre nach Kriegsende noch immer einen ›provinziellen Eindruck‹ macht«.

Auch mancher Besucher, der in dieser Zeit von außerhalb nach Berlin kommt und noch den Ruf des altehrwürdigen Zoos im Gedächtnis hat, ist mitunter enttäuscht von den wenigen exotischen Tieren. Abgesehen von dem neu erbauten Elefantenhaus und Flusspferd »Knautschke« gibt es nur wenige Attraktionen – dafür lohnt es sich nicht, nach Berlin zu reisen.

»Allerdings muss dabei bedacht werden«, heißt es im *Tagesspiegel* weiter, »dass kaum einem anderen Zoo das zahlungskräftige Hinterland so fehlt wie Berlin seit 1945.«

Doch Heinroths Gegnern ist das egal. Sie werden es nicht bei den bisherigen Angriffen belassen. Obwohl die Direktorin gemeinsam mit Schröder den Zoo vor dem Aus gerettet und ihn langsam wieder in sichere Bahnen gelenkt hat, mehren sich die Forderungen, endlich wieder einem Mann die Macht über Deutschlands einstmals wichtigsten Zoo zu übertragen.

2

TIERPARKFIEBER

Langsam fährt der Zug in den Bahnhof Treptower Park ein und hält wie gewöhnlich an dem gepflasterten Bahnsteig. Treptow, wie der Bahnhof im Volksmund genannt wird, ist der letzte Halt vor der Zonengrenze, dahinter beginnt der Amerikanische Sektor. West-Berlin.

Deutschland ist seit 1949 in zwei Staaten geteilt, doch in Berlin gilt noch der Viermächtestatus. Die Grenzen zwischen den Sektoren bestehen nur auf dem Papier; von den meisten Berlinern werden sie weder akzeptiert noch gemieden. Doch das Regime sieht es nicht gern, wenn die Ost-Berliner in den kapitalistischen Westen reisen.

Mehrere Menschen steigen ein oder aus, dann rollt der Zug wieder an. Wer glaubt, dass er unbehelligt bleibt, weil er nicht kontrolliert worden ist, hat sich getäuscht. Schon nach wenigen Metern hält der Zug an einem langen Holzsteg erneut an. Niemand steigt hier aus. Durchs Zugfenster sieht Werner Philipp, dass draußen bereits einige Transportpolizisten warten, zusammen mit Männern in langen dunkelbraunen Ledermänteln. Sie steigen ein und gehen langsam durch die Sitzreihen, die »Mäntel« bleiben im Hintergrund.

Die Transportpolizisten, Trapos genannt, überwachen die Berliner Bahnhöfe und das Schienennetz. Philipp kennt dieses Spielchen schon. Wenn man auf die Frage nach dem Reiseziel antwortet, man wolle zum Ku'damm, um konditern oder ins Kino zu gehen, sagt der Trapo oberlehrerhaft: »Kino und Kuchen gibt's auch in der Hauptstadt der DDR.« Aber Philipp weiß, wie man sie austrickst. Vor kurzem hat er drüben eine neue Druckmaschine besorgt für seinen Vater, der im Osten als Steuerberater arbeitet. Auf keinen Fall wollte er sich damit von den Trapos erwischen und unnötige Fragen gefallen lassen. Das könnte gefährlich werden. Zumal sein Vater wegen seines Berufes als Kapitalist gilt. Also kaufte Philipp sich vorher die neueste Ausgabe der Parteizeitung *Neues Deutschland*, schob die Transportkiste im Zugabteil neben sich unter den Tisch und schlug demonstrativ die Seite mit der Rede Walter Ulbrichts auf. Während der gesamten Fahrt ließen sie ihn in Ruhe.

Jetzt steht einer der Trapos direkt vor ihm: »Und wohin wollen Sie?«, fragt er.

»Na, ick will in' Zoo«, antwortet Philipp.

Der Polizist rümpft die Nase. Dagegen kann er nichts sagen. Denn wenn es etwas in der Hauptstadt der DDR nicht gibt, dann ist es ein Zoo.

Von Kindesbeinen an zieht es Werner Philipp dorthin, mehrere Paar Schuhe hat er im Zoo schon durchgelaufen. Als Kind war er oft krank und hatte Fieber. Wenn aber sein Vater unter der Woche mal etwas Zeit hatte und vorschlug: »Morgen könnten wir mal wieder in den Zoo gehen«, dann war das Fieber wie weggeblasen. Ende der dreißiger Jahre war der Zoo noch eine der kulturellen Hauptattraktionen der Stadt, hier trafen sich die Familien zum Wochenendausflug und trugen Sonntagsstaat. »Der Zoo braucht nie gefegt zu werden, weil die feinen Damen mit ihren langen Kleidern den Staub von den Wegen aufwischen«, scherzten manche. Werner Philipp wurde von seinen Eltern in einen Matrosenanzug gesteckt, dazu musste er Kniestrümpfe tragen, die entsetzlich kratzten. Aber das nahm er in Kauf – Hauptsache, es ging in den Zoo. Die Familie Philipp wohnte damals schon in Berlin-Friedrichshain in der Nähe der Frankfurter Allee. Lange bevor die S-Bahn in den Bahnhof Zoologischer Garten einfuhr, sah Philipp von weitem die Elefantenpagode. Ein massiger Bau, der an einen indischen Tempel erinnerte. Jedes Mal, wenn er die rötlich-golden verzierten Türme erblickte, spürte er, wie die Vorfreude in ihm aufstieg. Umso schlimmer war es, wenn seine Eltern mal ausnahmsweise nicht mit ihm ausstiegen, sondern einfach weiterfuhren. Nach Potsdam! Enttäuscht sah er den Türmen nach, bis sie hinter den Häuserfronten verschwunden waren. Am nächsten Tag war er meist wieder krank.

Schon damals gab es für Werner Philipp nur eines – er wollte Zoodirektor werden. Mittlerweile ist er 19 Jahre alt, doch seine Eltern können es sich nicht leisten, ihrem Sohn ein Studium zu finanzieren. Außerdem gibt es im Frühjahr 1953 wichtigere Dinge.

Die DDR ist gerade einmal dreieinhalb Jahre alt und steckt schon in ihrer ersten Wirtschaftskrise. Der junge Staat, der so schnell wie möglich den »Aufbau des Sozialismus« nach Stalins Vorbild vorantreiben will, hat vor allem die Schwerindustrie gefördert. Nun mangelt es an Lebensmitteln und Konsumgütern. Der selbst ernannte Arbeiter- und Bauernstaat reagiert, indem er die Bauern zwangskollektiviert und auf den Baustellen die Arbeitsnorm um zehn Prozent erhöht. Die eigentlichen »Feinde« vermutet man jedoch im Mittelstand: Unternehmer, Einzel- und Großhändler werden enteignet und die Steuern erhöht.

Auch Werner Philipps Vater ist betroffen. Vor kurzem hat das Finanzamt bei ihm eine der in dieser Zeit so berüchtigten »Betriebsprüfungen« durchgeführt und festgelegt, dass er fürs abgelaufene Jahr Steuern in Höhe von einer Million Mark nachzahlen muss. Dabei macht er jährlich nur rund 90 000

Mark Umsatz und muss davon noch drei Buchhalter bezahlen. Am Ende bleiben ihm rund 25 000 Mark für sich und seine Familie übrig. Damit wäre er bankrott. Doch das Finanzamt unterstellt ihm »Wirtschaftsverbrechen« und droht mit der Stasi sowie drei Jahren Zuchthaus. Die Familie lässt daraufhin alles stehen und liegen und flieht, wie so viele im Frühjahr 1953, mit dem Nötigsten auf getrennten Wegen in den Westen. Auch wenn er zunächst andere Sorgen hat – die Leidenschaft für den Zoo wird Werner Philipp nicht aufgeben. Er wird uns später wieder begegnen.

Der Gegen-Zoo

Immer mehr Menschen verlassen nun täglich die DDR, seit dem Vorjahr sind bereits 300 000 über die Grenze geflohen. In Moskau erkennt man, dass die DDR mit ihren Aufbauplänen völlig überfordert ist und die Bevölkerung dabei zusehends auf der Strecke bleibt. Deshalb fordert die Sowjetunion von der SED-Führung eine Kursänderung. Diese verkündet Anfang Juni, »einige Fehler« begangen zu haben: Zwangsenteignungen sollen rückgängig gemacht, Eigentum zurückgegeben, die Verhaftungen und Urteile wegen »Wirtschaftsverbrechen« überprüft und die Lebensmittelversorgung verbessert werden. Doch an der Arbeitsnorm hält die Parteiführung fest, sodass es Mitte Juni zu Aufständen unter den Bauarbeitern auf der prestigeträchtigsten Baustelle des Landes kommt – der Stalinallee, der neuen Prachtstraße der Hauptstadt. Polizei und Staat sehen hilflos zu. Die Regierung flüchtet sich ins Hauptquartier der sowjetischen Besatzungsmacht, die schließlich die Aufstände mit Panzern und Soldaten gewaltsam niederschlägt.

Allmählich wächst auch im Politbüro in Ost-Berlin die Erkenntnis, dass es so nicht weitergehen kann. Es reicht nicht, immerzu das Plansoll zu erhöhen, man muss den Menschen auch etwas bieten.

Im Oktober 1953 erhält Leipzigs Zoodirektor Karl Max Schneider in Berlin den Nationalpreis der DDR für »hervorragende schöpferische Arbeiten auf den Gebieten der Wissenschaft«, wie es sperrig heißt. Am Rande der Feierlichkeiten nehmen ihn Ministerpräsident Otto Grotewohl und der sowjetische Botschafter Michail Perwuchin beiseite und weihen ihn in die neuesten Planungen ein: Im Ostteil der Stadt soll bald ein repräsentativer Zoo errichtet werden.

Der Berliner Magistrat will nicht, dass die Ost-Berliner in den britischen Sektor reisen, um dort in den Zoo zu gehen, wo sie Westkontakte pflegen und dem Kapitalismus ihr Geld in den Rachen werfen. DDR-Staatsangestellte müssen sich sogar vom Ministerium des Innern einen Besuch genehmigen lassen. Mit einem eigenen Zoo im Osten wären diese Probleme ein für alle Mal gelöst, erklären die beiden Männer Schneider.

Zurück in Leipzig berichtet er seinem Assistenten Heinrich Dathe von dieser Idee. Weder Schneider noch Dathe halten etwas davon, einen weiteren Zoo zu gründen. Beide sind der Meinung, dass es schon genug in den drei bestehenden Tiergärten der DDR zu tun gibt: Während der Zoologische Garten in Halle an der Saale den Krieg einigermaßen unbeschadet überstanden hat, sind im Leipziger Zoo viele Gehege und Gebäude bislang nur provisorisch wiederhergerichtet worden. Ganz zu schweigen vom Zoo in Dresden, mit knapp hundert Jahren der älteste im Land: Der ist im Februar 1945, als nach britischen Bombardements der Feuersturm durch die Stadt fegte, so stark verwüstet worden, dass er erst mehr als ein Jahr nach Kriegsende wieder eröffnet werden konnte. Doch sollten die Herren in Berlin es tatsächlich ernst meinen, ist beiden klar, was das bedeuten würde. Dann gäbe es eigentlich nur einen fachlich geeigneten Mann für diesen Posten: Schneiders rechte Hand – Heinrich Dathe.

Der 43-jährige Dathe ist ein leidenschaftlicher Zoologe, schon als Kind zog er in seiner sächsischen Heimat im Vogtland umher, um mit dem Opernglas Vögel zu beobachten. Wenn er einmal reich wäre, schrieb er als Zwölfjähriger in einem Schulaufsatz, ließe er sich eine große Halle bauen, in der »Schlangen, Eidechsen, Kolibris, Insekten, Faultiere, Affen und fliegende Hunde« leben sollten. Den klassischen Zoo hält er damals nur für »ein Gefängnis, in dem man Tiere einsperrt«.

Als er 13 Jahre alt war, zogen seine Eltern mit ihm nach Leipzig, wo der Vater eine Stelle als Bürovorsteher antrat. Heinrich Dathe legte sein Abitur ab und begann Anfang der dreißiger Jahre, an der Leipziger Universität Zoologie, Botanik und Geologie zu studieren. Oft besuchte er den dortigen Zoo, um Tiere zu zeichnen. Bereits während seines Studiums fing er an, im Leipziger Zoo als Assistent zu arbeiten, und stieg rasch bis zum Vertreter von Direktor Schneider auf. Die Laufbahn schien vorgezeichnet, doch dann wurde er aufgehalten.

Von selbst würde er nie auf die Idee kommen, Leipzig und seinen Zoo zu verlassen. Es war schon schwer genug, nach dem Krieg überhaupt dorthin zurückzukehren. Bis 1950 hat es gedauert, ehe er wieder im Zoo arbeiten konnte. Beinahe wäre ihm die Vergangenheit – die deutsche wie die eigene – zum Verhängnis geworden.

Schon 1932 ist Heinrich Dathe mit 21 Jahren in die NSDAP eingetreten. An der Leipziger Universität herrscht damals eine deutsch-nationale Stimmung, da treffen die Parolen der Nationalsozialisten auf breite Sympathie. Zudem sind viele Professoren in der Partei. Dathe ist ein Kind der zwanziger Jahre; er hat die Folgen des Versailler Vertrags - den er, wie so viele, als ein Diktat ansieht - ebenso erlebt wie die Inflation und die anschließende Weltwirtschaftskrise. Deshalb hat er sich vorgenommen, auf seinem Fachgebiet dazu beizutragen, Deutschland wieder zu seinem alten Ansehen in der Welt zu verhelfen. Allerdings kollidiert sein Eifer, möglichst schnell das kostspielige Studium hinter sich zu bringen und endlich Geld zu verdienen, mit seinem politischen Engagement. Bis Mitte der dreißiger Jahre ist der Vogelliebhaber Dathe daher als Blockwart tätig. Der Blockwart ist der unterste Rang in der Parteihierarchie der Nationalsozialisten und dafür zuständig, Mitgliedsbeiträge für die Partei zu kassieren. Dathe soll ein umgänglicher Vertreter dieser Art gewesen sein, wie später Nachbarn zu Protokoll geben werden.

Zwei Tage nach Kriegsbeginn wird er zur Wehrmacht einberufen und an die Westfront geschickt, wo er 1940 in Nordfrankreich am rechten Arm schwer verwundet wird. Im Lazarett lernt er seine spätere Frau Elisabeth kennen, eine Krankenschwester aus dem Vogtland. Ihm gefällt es, dass sie das »Rrrr« so schön rollt. Nach längerem Heimataufenthalt, während dem seine Tochter Almut geboren wird, muss er 1945 wieder an die Front, diesmal nach Italien. Dort gerät er kurz vor Kriegsende in amerikanische Gefangenschaft und wird anschließend nacheinander in verschiedene Lager der britischen Armee verlegt. Als »genehmigter Ausgänger« verbringt er dort seine Zeit vor allem damit, zoologische Vorträge vor anderen Gefangenen zu halten und weiterhin Vögel zu beobachten.

Schon kurz nach seiner Rückkehr bekommt er Angebote von westdeutschen Zoos, aber zu Hause in Leipzig wartet seine Frau auf ihn mit der dreijährigen Tochter und dem zweijährigen Sohn Holger, der während seiner Gefangenschaft zur Welt gekommen ist. Die Angebote schmeicheln ihm, aber genau genommen will Heinrich Dathe nirgendwo anders hin als zurück nach Leipzig und in seinen Zoo. Doch nach seiner Rückkehr muss er feststellen, dass das Leben ohne ihn weitergegangen ist. Seine Kinder wünschen sich anfangs, dass der fremde Mann, der ihr »Papi« sein und sie erziehen will, am besten so schnell wie möglich wieder geht. Außerdem ist Dathe wegen seiner Parteimitgliedschaft nach Kriegsende in Abwesenheit aus dem Zoo entlassen worden. Als er sich als Lehrer an einer Kürschnerschule bewirbt, wird er aus demselben Grund abgelehnt. Um seine Familie irgendwie zu ernähren, arbeitet er vorübergehend als Lektor und Vogelstimmenimitator beim Rundfunk. Er, dem es schon unangenehm ist, jemanden um einen Gefallen zu bitten oder nur nach dem Weg zu fragen, tut sich erst recht schwer in dieser Zeit, in der bestechen »handeln« und stehlen »hamstern« heißt. Auch sein alter Chef, Karl Max Schneider, kann ihm zunächst nicht helfen, denn auch er ist aus dem Zoo entlassen worden. Dathes Karriere scheint beendet, ehe sie richtig begonnen hat.

Erst nachdem Schneider in den Zoo zurückgekehrt ist, weil zwei seiner Nachfolger sich als unfähig erwiesen haben, gibt es Hoffnung. Der neue und alte Zoodirektor will seine alte Mannschaft wieder zusammentrommeln. Schneider braucht jeden Mann, und erst recht seinen früheren Vertreter. Auf Dauer ist es unmöglich, auf alle Männer zu verzichten, die in der Partei gewesen sind. Um herauszufinden, ob er ein überzeugter Nazi ist, muss sich Dathe einer Begutachtung stellen. Ein Verleger und einer seiner Weggefährten aus gemeinsamen Kriegstagen bezeugen seine menschlichen und wissenschaftlichen Qualitäten. Schließlich nimmt sich Heinz Keil seiner an. Keil ist Verwaltungsleiter des Zoos und KZ-Überlebender; er soll über Dathes politische Vergangenheit entscheiden. Nach mehreren Gesprächen kommt er schließlich zu dem Schluss, dass Dathe die Nazi-Ideologie nicht verinnerlicht habe, und gibt eine Unbedenklichkeitserklärung für ihn ab. Damit ist für Dathe der Weg zurück in den Zoo frei, sodass er dort im Juli 1950 wieder als wissenschaftlicher Assistent anfängt.

Nach diesen Erfahrungen fasst Dathe einen Entschluss: Nie mehr will er einer politischen Partei angehören, denn das hat ihn beinahe seine Karriere gekostet. Und die geht ihm über alles.

Ein gutes Dreivierteljahr dauert es, bis sich das Hirngespinst vom neuen Zoo in der Hauptstadt wieder bemerkbar macht. Anfang Juni 1954 teilt der Magistrat auf einer außerordentlichen Sitzung der Volksvertretung seine Vorschläge mit, wie man das Programm »Unser Berlin noch schneller voran im neuen Kurs« zu verwirklichen gedenke. Dazu zählen neben verstärktem Wohnungsbau, einer neuen Poliklinik in Treptow und Stadtrundfahrten für westdeutsche Besucher auch die Einrichtung von Tiergehegen in allen Bezirken sowie der »Aufbau eines Tierparks im demokratischen Sektor«, weil der Zoo im Westsektor nicht den »Ansprüchen der größer und schöner werdenden Hauptstadt« entspreche. Dass der Zoo aus Sicht des Magistrats schlicht und einfach im falschen Teil Berlins liegt, wird nicht erwähnt. Bald darauf erhält Karl Max Schneider eine Einladung des Stellvertretenden Oberbürgermeisters, Herbert Fechner, um über die Neugründung zu sprechen. Doch

Schneider weilt zu dieser Zeit auf einem Kongress der Zoodirektoren in Kopenhagen, sodass sein Stellvertreter für ihn einspringen muss.

Widerwillig macht sich Heinrich Dathe am frühen Morgen des 21. Juni 1954 auf den Weg zum Leipziger Hauptbahnhof. Schon früh ist es drückend an diesem Montag, der Zug nach Berlin ist überfüllt mit Menschen, die alle den Eindruck machen, als würden sie zum ersten Mal in ihrem Leben mit dem Zug fahren. Niemand braucht einen zweiten Zoo in Berlin, und er schon gar nicht.

Drei Standorte stehen zur Auswahl: der Plänterwald, ein sumpfiges Waldgebiet, das sich im Südosten an den Treptower Park anschließt, der Volkspark Wuhlheide in Köpenick und der Schlosspark Friedrichsfelde, eine verwilderte Parkanlage in Lichtenberg. Friedrichsfelde soll das erste Ziel der kleinen Gruppe sein. Es wird auch das einzige bleiben, und das liegt vor allem an Heinrich Dathe, aber das ahnt zu diesem Zeitpunkt noch niemand, am wenigsten wohl er selbst.

Mit dem Auto geht es über die Stalinallee Richtung Osten. Dathe sieht durch die Seitenscheiben die neuen Arbeiterpaläste vorbeiziehen, der fünf Meter hohe Bronze-Stalin lächelt von seinem Sockel milde in die Ferne. Vor einem Jahr waren hier noch Unruhen, sowjetische Panzer rollten auf, Steine flogen, es gab Tote. Wie Ameisen wirken die Bauarbeiter auf den Gerüsten, sie haben ihre Arbeit längst wieder aufgenommen. Nichts erinnert mehr an den Aufstand, als habe es diesen 17. Juni nie gegeben.

Allmählich wird die Bebauung lockerer. Statt Altbauten säumen nun Lauben die Straße. Friedrichsfelde. Dort hatte der preußische Gartenbaumeister Carl Lenné im Jahre 1821 einen Schlosspark um das Anwesen der Adelsfamilie von Treskow herum angelegt. Das Schloss war im Zweiten Weltkrieg nur leicht beschädigt worden, danach aber verstaatlicht und mitsamt dem Park sich selbst überlassen worden. Noch immer ist Dathe skeptisch, doch als der Wagen auf das verwilderte Parkgelände fährt, weicht seine Abneigung allmählich leichter Euphorie. Später schreibt er über diesen Moment in seinem Tagebuch: »Fast feierlich wurde mir zumute, als wir die platanenbestandene Allee zum alten Schlösschen entlangfuhren.« Eine Stunde läuft die Gruppe über das Gelände. Dathe lauscht den verschiedenen Vogelarten in den Bäumen und im Unterholz, das den einstigen Park überwuchert. Je tiefer er in das Gelände eintaucht, desto mehr weicht seine anfängliche Abneigung einem neuen Gefühl, das er so noch nie empfunden hat, einer Aufbruchsstimmung. »Daraus könnte man etwas machen«, denkt er sich. Vor seinem inneren Auge sieht er schon Gehege zwischen den Bäumen entstehen. Auf einmal spürt er ganz deutlich, dass er hier einen Zoo ganz nach seinen eigenen Vorstellungen entwerfen und gestalten könnte. »Das ist die Chance deines Lebens«, sagt er sich, »die hast du nur einmal!«

So entschlossen er auch vorher gewesen sein mag, dass Berlin keinen weiteren Zoo bräuchte, so entschieden ist er nun, dass er diesen Zoo hier aufbauen will. Aber Heinrich Dathe wäre nicht Heinrich Dathe, wenn er dies den anderen Teilnehmern sofort kundtun würde. Innerlich mag er sich längst entschieden haben, aber als Bürgermeister Fechner ihn fragt, was er davon hält, bittet er sich Bedenkzeit aus.

Doch dem Rest der Gruppe ist sein Blick nicht entgangen, mit dem er das weitläufige Gelände durchforstet hat. Die anderen beiden Standorte werden an diesem Tag gar nicht erst besucht. Später wird sich herausstellen, dass sie ohnehin keine Alternativen gewesen wären: Der Plänterwald ist zu sumpfig und müsste aufwendig trockengelegt werden. Und die Wuhlheide ist verkehrstechnisch schlecht zu erreichen, sie liegt, wie man in Berlin sagt, »jwd« – janz weit draußen.

Aber das ist Heinrich Dathe im Moment völlig egal, er hat nur noch diesen verwilderten Park im Kopf. Als er gegen ein Uhr nachts zu Hause ankommt, weckt er als Erstes seine Frau, weil er ihr sofort von seinem Sinneswandel erzählen muss. Noch etwas verschlafen hört sie ihm zu, was soll sie anderes tun, umstimmen kann sie ihn ohnehin nicht mehr. Bis um vier Uhr morgens schwärmt er ihr von Friedrichsfelde vor. Am Morgen, nach einigen Stunden Schlaf, schickt er seinem Chef ein Telegramm nach Kopenhagen: »Besprechung in Berlin doch stattgefunden. Ergebnis wie prophezeit. Gruß Dathe.« Darüber hinaus erzählt er vorerst niemandem von seinem Entschluss. Er hat Gewissensbisse, dass er den Leipziger Zoo und vor allem seinen Förderer im Stich lassen würde, wenn er nach Berlin ginge. Doch als er Schneider nach dessen Rückkehr seinen Entschluss mitteilt, reagiert dieser anders, als Dathe es erwartet hätte. Schneider sorgt sich lediglich darum, was aus dem *Zoologischen Garten* wird – nicht dem Leipziger, sondern der Zeitschrift. Und weil Dathe schlecht Nein sagen kann, sagt er Schneider zu, auch in Berlin die Redaktionsarbeit weiterzuführen. Sobald das geklärt ist, stürzt sich Dathe voller Tatendrang in die neue Aufgabe.

Der alte Plan vom zweiten Zoo

Schon bald steht das nächste Treffen in Berlin mit Bürgermeister Fechner, Schneider und ihm an, bei dem Schneider eine Bedingung an Fechner stellt: »Bevor die Presse davon erfährt, möchte ich Frau Dr. Heinroth darüber informieren.« Denn der neue Tierpark soll auf keinen Fall in Konkurrenz zum altehrwürdigen Zoo im Westteil der Stadt treten. Fechner ist einverstanden, denn eine Rivalität mit dem Zoo würde dem noch wackeligen Projekt wohl nicht gut bekommen.

Noch am Nachmittag besuchen Schneider und Dathe Katharina Heinroth in ihrem Arbeitszimmer im Zoo. An der Wand hinter dem Schreibtisch hängt ein Wochenkalender mit farbigen Riesenschmetterlingen, der mit Terminerinnerungen übersät ist. Daneben prangt eine Porträtmaske des Gorillas »Bobby«, der Ende der zwanziger Jahre quasi zur Berliner Prominenz zählte. Neben dem Schreibtisch steht ein großer Vogelkäfig, in dem ein schwarzer Beo umherhüpft und »Herein« ruft. Katharina Heinroth sitzt, wie sie das für gewöhnlich tut, etwas schief auf ihrem Stuhl, den linken Ellbogen auf den Schreibtisch abgestützt. Um sie herum herrscht geordnetes Chaos: Haufen aus geöffneten Briefen und angefangenen Manuskripten liegen neben Bergen von Fachbüchern.

Zunächst beredet Schneider einige geschäftliche Dinge mit ihr, die große Neuigkeit hebt er sich auf: »Nun noch eins, was Sie durch uns erfahren sollen«, sagt er zum Schluss, »Ost-Berlin soll einen Zoo bekommen.«

Nach fast zehn Jahren Aufbauarbeit im Berliner Zoo bringt Heinroth so schnell nichts mehr aus der Fassung. Sie hat sich schon mit ganz anderen Dingen herumschlagen müssen. Also legt sie den Kopf nun etwas schräg, drückt ihr Kinn in die linke Hand. »Ach«, sagt sie, während sie langsam die Augenbrauen hochzieht, »das ist schon so oft gesagt worden.« Tatsächlich hat es in der Vergangenheit mehrfach Pläne für einen zweiten Zoo in Berlin gegeben: Bereits 1909 wollte der Hamburger Tierhändler Carl Hagenbeck einen Volks-Tierpark im Norden Charlottenburgs errichten. Erst zwei Jahre zuvor hatte er in Stellingen bei Hamburg mit seinem gitterlosen Tierpark samt Freianlagen und pompösen Felskulissen für Aufsehen gesorgt – so einen Tierpark hatte es noch nie gegeben. So etwas plante er auch in Berlin. Den Kaiser hatte er schon auf seiner Seite, doch bevor es konkret werden konnte, starb Hagenbeck 1913. Im Jahr darauf brach der Erste Weltkrieg aus, sodass die Pläne wieder verworfen wurden. Ende der zwanziger Jahre griff der aus Rom vor den Faschisten geflohene Zoodirektor Theodor Knottnerus-Meyer die Idee eines Volkstierparks wieder auf. Diesmal hatte Lutz Heck etwas dagegen. Der Direktor fürchtete, dass es seinem Berliner Zoo wie dem alten Hamburger Zoo in der Innenstadt gehen würde. Dem waren nämlich bald nach der Eröffnung Hagenbecks die Besucher weggelaufen, sodass er 1913 schließen musste. Außerdem plante Heck zusammen mit seinem guten Freund, dem Reichsmarschall Hermann Göring, selbst am Stadtrand eine weitläufige Zoo-Dependance zu errichten.

Und schließlich hat auch Katharina Heinroth kurz nach Kriegsende 1945 selbst ein Angebot bekommen, als zwei russische Tierärzte ihr vorschlugen, einen Zoo im Treptower Park anzulegen. Doch Heinroth lehnte ab: »Mein Zoo beschäftigt mich schon mehr als genug.«

Auch wenn Karl Max Schneider nicht gerade ein großer Menschenkenner ist, kennt er seine Amtskollegin doch lange genug, um sie einschätzen zu können. Deshalb grinst er nur verschmitzt und sagt: »Aber diesmal wird es ernst.«

»Na ja«, entgegnet Heinroth, ohne dabei abfällig zu klingen, »selbst wenn man unsere Zerstörung rechnet, sind wir 50 Jahre voraus.«

Karl Max Schneider geht auf diese Spitze gar nicht ein, sondern schiebt gleich nach: »Und den Direktor soll Herr Dathe machen.«

Nun ist Heinroth tatsächlich überrascht und setzt sich erst einmal gerade hin: »Na, so was, da hätte er auch zu mir kommen können«, sagt sie, »ich hätte ihn gern als Assistenten gehabt.«

Aber in der zweiten Reihe hat Heinrich Dathe schon viel zu lange gestanden.

Für den Aufbau des Tierparks bekommt Dathe von Hermann Henselmann, dem Staats-Architekten der DDR, einen jungen Kollegen empfohlen: Heinz Graffunder. Am 27. August 1954 beschließt der Berliner Magistrat offiziell den Bau des Tierparks. Der Einzige, der davon nichts weiß, ist der zukünftige Direktor. In einem Brief an Graffunder schreibt Dathe am 4. September 1954: »Ich gestehe Ihnen offen, daß ich über den Gang der Dinge enttäuscht bin.« Die Planung geht ihm viel zu schleppend voran. Noch immer hat er nichts von der Regierung aus Berlin gehört, wie es nun um den Tierpark steht. Bisher weiß er nur, dass bereits ein Kuratorium sowie ein Förderverein gegründet worden sind. Es ärgert ihn, »daß man nur dort Tempo zeigt, wo es sich darum handelt, eine Menge von Leuten, die alle gar nichts von der Sache verstehen, dann aber umso eifriger hineinreden werden, auf die Beine zu bringen, das Nächstliegende aber nicht tut«.

Denn auch jetzt ist es noch nicht sicher, wie der Tierpark aufgebaut werden soll und vor allem womit. Alle Bauvorhaben fürs kommende Jahr sind bereits beschlossen. Es stehen weder Gelder noch Materialien und vor allem keine Arbeitskräfte zur Verfügung. Ohne zusätzliche Mittel und Unterstützung aus der Bevölkerung wird es nicht gehen, weiß Dathe. Diese »Zottelei«, wie er es nennt, regt ihn auf. Noch immer hadert er damit, dass er bald seine Heimatstadt verlassen und »in das Häusermeer der Riesenstadt Berlin übersiedeln« soll. In solchen Momenten überlegt er sogar, einfach alles hinzuschmeißen und in Leipzig zu bleiben.

Eine knappe Woche später besucht ihn Bürgermeister Fechner, erst jetzt erfährt Dathe, dass er offiziell Direktor des neuen Berliner Tierparks ist. Nun gibt es kein Zurück mehr – es geht nach Berlin. Auch Heinz Graffunder erhält endlich vom Ost-Berliner Magistrat den Auftrag, mit seinem Stab auf dem Gelände des Schlossparks Friedrichsfelde den neuen Tierpark zu planen. 160 Hektar soll er groß werden, mehr als fünfmal so groß wie der alte Zoo im Westen.

In der Woche darauf reist Dathe nach Berlin. Tags zuvor hat er noch in Cottbus Station gemacht, um sich dort ein Parkgelände anzusehen, in dem, wie an mehreren Orten zu der Zeit, einer dieser neuen Heimattiergärten entsteht. Meist sind das einfache Gatter mit einheimischen Wildtierarten, die oft von örtlichen Förstern, Berufsschulgruppen oder Tierfreunden in Eigenregie errichtet wurden.

In Berlin steht ihm eine ganz andere Aufgabe, vielleicht seine schwerste, bevor: Er muss die Berliner Bevölkerung vom Sinn eines Tierparks überzeugen. Nun sind die Berliner zwar neugierig auf alles Neue und Unbekannte, aber umso sturer, wenn es darum geht, sich von liebgewonnenen Traditionen zu trennen. Drüben, im Westsektor, gibt es schon einen Zoo. Außerdem bekommen die Ost-Berliner dort wegen der Währungsunterschiede zwischen Ost- und D-Mark von vier zu eins beträchtliche Preisnachlässe. Sie brauchen keinen zweiten Zoo. Und einen Sachsen als Direktor schon mal gar nicht.

Rund 200 Menschen sind an diesem Septemberabend ins Schulgebäude in der Rüdersdorfer Straße in Friedrichshain gekommen. Als Dathe den Saal betritt, erkennt ihn niemand. In kleinen Grüppchen sitzen die Besucher da: vorne ein paar ältere Damen, die sich fest vorgenommen haben, das Projekt noch an diesem Abend zu erledigen, weiter hinten einige Kleingärtner, die bereit sind, um ihre Lauben zu kämpfen, die sie am Rande des verwilderten Schlossparks illegal errichtet haben. Irgendwie muss er all diese Leute auf seine Seite kriegen, denkt sich Dathe, während er vor ihnen an einem langen Tisch Platz nimmt. Neben ihm sitzen der Bürgermeister Herbert Fechner, Tierpark-Architekt Heinz Graffunder und der Leipziger Zoodirektor Karl Max Schneider.

Zunächst zeigt Dathe den Besuchern einen kurzen Film über den Leipziger Zoo, um die Gemüter etwas zu beruhigen. Tiere gehen immer. Und der Leipziger Zoo hat auch hier einen guten Ruf. Das unterschwellige Murmeln weicht langsam einem anerkennenden Raunen. Nun ist er an der Reihe, seine Pläne vorzustellen.

Tiere auf der Bühne

In den rund zwei Jahrzehnten, die er nun schon in der Tiergärtnerei verbringt, hat sich Dathe eine eigene Zoo-Philosophie zurechtgelegt. Man baut für den Besucher, nicht für den Fachmann. Dabei ist es ihm egal, ob der Besucher merkt, warum es schön ist. Wichtig ist nur, dass er merkt, dass es schön ist. Belehrung und Erholung sind dabei für ihn die entscheidenden Kriterien. Er will weg vom klassischen Zoo, mehr noch, er will einen neuen Zoo-Geschmack formen. Genau genommen will er den Besuchern das zeigen, was der enge Innenstadtzoo im Westen nicht bieten kann – einen ausgedehnten Park mit geräumigen Gehegen für größere Tiergruppen. Aber so darf er das hier nicht verkünden, sonst kann er gleich wieder einpacken. Deshalb versucht er die Leute einzubinden und lässt sie eigene Vorschläge machen. Zudem betont Dathe immer wieder, dass der Tierpark den Zoo im Westen in seiner Gestaltung und Tierauswahl ergänzen soll. Die Tiere will er dabei wie auf Theaterbühnen präsentieren. Kein Stall, kein Gitter, aber auch nicht allzu viel Gehegegestaltung – nichts soll vom Blick auf das Tier ablenken. Neu ist das nicht; Carl Hagenbeck hat so schon Anfang des Jahrhunderts die Menschen in seinen Tierpark gelockt. Auch in anderen Zoos – wie in Leipzig und auch in Berlin – wird längst nach diesem Prinzip gebaut. Aber so viel Platz wie Dathe hat noch kein Zoodirektor zuvor zur Verfügung gehabt.

»Aber erwarten Sie nicht, dass wir zaubern! Es wird sich über Jahre hinziehen.« Dann lässt er Graffunder die ersten Zeichnungen der zukünftigen Gehege präsentieren, damit die Menschen sich ein Bild machen können und Lust auf mehr bekommen. Schließlich ist Schneider an der Reihe. Er setzt zunächst zu einer Lobhudelei auf Dathe an, dass er ihn nur schweren Herzens gehen lasse. Dathe hört solche Töne zum ersten Mal von seinem Chef und schaut reichlich verdutzt drein. Zum Schluss wickelt Schneider auch noch das nicht mehr ganz so skeptische Berliner Publikum ein: »Eigentlich kann man nur durch Selbstmord der Tatsache entgehen, von Leipzig einen Löwen geschenkt zu bekommen«, scherzt er. Seit den zwanziger Jahren ist der Leipziger Zoo berühmt für seine erfolgreiche Löwenzucht. »Die Löwenfabrik« wird er deswegen genannt. Mehrere Tausend Jungtiere sind in dieser Zeit geboren worden, die sogar bis nach Südafrika exportiert werden. Das Publikum ist gespannt. Was muss das für ein Tier sein, das Leipzig vorsieht? Mit einem breiten Lächeln setzt Schneider seine Rede fort: »Aber zum Berliner Wappentier passt besser ein Bär«, verkündet er, »und deshalb durchbrechen wir diese Tradition und werden Berlin den ersten Bären aufbinden.« Das kommt an, der Saal applaudiert.

Still grinst Schneider in sich hinein und setzt sich wieder hin. Wenn man ihn fragen würde, was ein Löwe kostet, würde er nur antworten: »Kommt ganz darauf an, ob Sie ihn kaufen oder verkaufen wollen.« In der Zoologie wie im Tierhandel macht ihm so schnell niemand etwas vor. Dass es bei seinem großzügigen Geschenk nicht nur um die Originalität geht, sondern auch um den Preis, weiß außer ihm hier im Saal wohl nur Dathe. Ein Bär ist deutlich billiger als ein Löwe.

Nun erhebt sich einer der Kleingärtner aus der hintersten Reihe und macht sich auf den Weg nach vorn. »Jetzt geht's los«, raunt Fechner Dathe zu, der bis eben noch erleichtert war, wie ruhig alles bislang verlaufen ist. Doch die Sorge ist unbegründet: »Det hört sich alles janz jut an, wat Se uns hier unterbreitet ham', werte Herr'n. Und deshalb verspreche ick Ihnen im Namen des Kreisverbandes der Kleentierzüchter, Kleenjärtner und Siedler, den Tierpark zu unterstützen. Und damit Se sehen, dass ick's ernst meine, stifte ick die ersten hundert Mark für Spaten.« Ein anderer verpflichtet sich daraufhin zu zehn Aufbaustunden, ebenso ein anwesender Student der Hochschule für Planökonomie. Es ist der entscheidende Schritt, auch die Presse – wie soll es anders sein – zieht mit und wirbt in der Berliner Bevölkerung fortan um Unterstützung.

Ende Oktober 1954 beginnen die Planungen. Graffunders Architekten und Zeichner in ihren weißen Arbeitskitteln ziehen ins Schloss Friedrichsfelde ein. »Entwurfsbüro Hochbau II, Groß-Berlin, Gruppe Tierpark«, steht auf einem weißen Schild neben dem Eingangsportal. Weil die Feuerwehr aus Brandschutzgründen die Ofenheizung stilllegt, frieren sie bald in dem zugigen Gemäuer.

Unter den Architekten ist auch der 23-jährige Heinz Tellbach. Graffunder kennt ihn bereits aus dem Studium an der Bauakademie in Neukölln und hat ihn deshalb in sein Kollektiv geholt. Die Bedingungen sind günstig für junge Architekten zu dieser Zeit – die meisten alten sind im Krieg gefallen oder in den Westen geflohen. Für ihren »neuen Kurs« braucht die junge DDR frische Kräfte mit frischen Ideen. Doch während Graffunder sich in europäischen Zoos Anregungen holen darf, müssen sich seine Untergebenen mit den Tierhäusern in Leipzig und Halle zufrieden geben. Für sie ist das alles völliges Neuland. Und nicht nur für sie. Auch Dathe hat keine praktischen Erfahrungen darin, wie man Gehege plant und baut. In seiner Zeit in Leipzig sind höchstens einmal ein paar Dächer neu gedeckt oder Gitter ausgetauscht worden. Nun muss er gleich einen ganzen Tierpark gestalten, einen Zoo der Zukunft, nicht mehr und nicht weniger.

Entsprechend kurios verlaufen die ersten Begehungen des Geländes mit dem Planungsstab: Außer der wilden Laubenkolonie, die sich dort angesiedelt hat, liegt im Süden ein Übungsplatz der Roten Armee, auf dem noch scharf geschossen wird. Zunächst sollen im Tierpark vor allem robuste Huftiere wie Hirsche, Kamele und Büffel gezeigt werden, die keine aufwendigen Warmhäuser benötigen. Da die Architekten nicht wissen, wie groß die einzelnen Tiere sind oder noch werden, geht Dathe mit ihnen die Orte ab, an denen die einzelnen Ställe und Gehege entstehen sollen. Oft geschieht es dann, dass Dathe irgendwo unvermittelt stehen bleibt und seine Arme vor seiner Brust anwinkelt, so als wolle er mit bloßen Händen etwas abmessen. »Wie viel ist ein Meter?«, fragt er dann in die Runde, woraufhin es ihm einer der Architekten anhand eines Maßbandes zeigen muss. »Ne, das ist zu wenig«, sagt Dathe daraufhin meist, breitet die Arme etwas weiter aus und sagt, während er wieder per Augenmaß abschätzt: »Da muss noch mal so viel dazu.« Wie viel es jeweils ist, müssen die Architekten schnell am Abstand seiner Hände nachmessen. So entsteht der erste Lageplan.

Dathe mag Tellbach. Er nennt ihn bei dessen Spitznamen

»Teddy«, so als kenne Dathe ihn schon eine Ewigkeit. Er mag auch Tellbachs Frau, mit der er gerne mal flirtet, wenn sie ihren Mann abholt. Dann zwinkert er ihr zu. Ihrem Mann zwinkert er auch manchmal zu, allerdings nur dann, wenn Chefplaner Heinz Graffunder bei einem Treffen mal wieder zu viel über Politik redet. Als Tellbachs erste Tochter geboren wird, schickt Dathe ihnen ein Telegramm: »Herzlichen Glückwunsch zum ersten Zuchterfolg des Tierparks«, steht darauf geschrieben. Heinrich Dathe findet, dass das ein gelungener Scherz ist, denn noch ist der Tierpark gar nicht eröffnet. Und wenn er der Meinung ist, dass ihm ein guter Scherz eingefallen ist, dann muss er ihn bringen, er kann gar nicht anders.

Seine eigene Familie sieht ihn in dieser Zeit selten. In Berlin wohnt Dathe anfangs zur Untermiete oder in heruntergekommenen Pensionen. Und jeden Morgen verflucht er die Stadt aufs Neue: Nachdem sein Fahrer ihn gegen sieben Uhr abgeholt hat, müssen sie sich erst einmal auf die Suche nach einem Lokal machen, in dem sie frühstücken können. Kaum eine Gaststätte in Berlin hat zu dieser Zeit geöffnet. Meist landen sie deshalb in irgendeiner verrauchten und düsteren Bahnhofskneipe, in der die restlichen Gäste vom Vorabend übrig geblieben sind.

Um in Berlin alles für den Aufbau des Tierparks in die Wege zu leiten, bleiben ihm stets nur zwei, höchstens drei Tage am Stück. Dann muss er schon wieder zurück nach Leipzig, denn Schneider erwartet, dass Dathe seine Aufgaben in Leipzig nicht vernachlässigt. Außerdem muss er dort seinen Nachfolger einarbeiten.

Lothar Dittrich ist erst vor kurzem als wissenschaftliche Hilfskraft in den Zoo gekommen – unbezahlt, wie es damals üblich ist. Statt Geld zu verdienen, darf der 22-Jährige Erfahrungen sammeln, zum Jahreswechsel soll er zum Assistenten aufrücken. Dittrich kennt Dathe bereits aus der Universität, wo dieser als Dozent die Vorlesung über die »Systematik der Wirbeltiere« hält. Ein furchtbar dröges Fach, in dem jedes Tier einzeln durchgenommen wird. Doch Dathe weiß so bildhaft zu erzählen, dass einige seiner Tierbeschreibungen seinem Studenten Dittrich nie mehr aus dem Kopf gehen werden. Über den Aal etwa, der sich dank seiner Schleimschicht auch über Land fortbewegen kann, um zu seinen Laichplätzen im Meer zu gelangen, berichtet Dathe seinen Studenten: »Wer einmal einen Aal in der Hand gehalten hat, der weiß, was schlüpfrig bedeutet.« Den typischen »Zickzack-Flug« der Bekassine, eines amselgroßen Vogels, beschreibt er ihnen wie folgt: »Zielt der Jäger bei ›zick‹, ist sie schon bei ›zack‹.« Diese lockere Herangehensweise kommt bei den Studenten gut an.

Mit der Zeit wird zwischen ihnen eine Freundschaft entstehen, aber zunächst einmal ist Dathe sein Vorgesetzter, der Dittrich in seine zukünftigen Aufgaben als Assistent einweist. Neben der Morgenrunde und dem Verfassen von Berichten über die neuesten Entwicklungen in den Revieren macht er ihn auch mit dem Tierbestand vertraut. Er informiert ihn über die individuellen Eigenheiten jedes Tieres - welcher Tiger nervös und welche Robbe schnell mal gereizt ist.

Als ob das alles noch nicht genug wäre, schreibt Dathe in seiner Freizeit - die es genau genommen gar nicht gibt, weil alles in seinem Leben mit seiner Arbeit zu tun hat - an seiner Habilitation.

Irgendwann in dieser Zeit steht Heinrich Dathe auf dem Balkon des baufälligen Schlosses und spricht in ein Aufnahmegerät, das ihm Karin Rohn vor die Nase hält. Rohn, eine junge Radioreporterin, interviewt ihn zum ersten Mal für eine neue Rundfunksendung, in der Dathe über die Entwicklungen im

Tierpark berichten soll. Mit den Journalisten ist das so eine Sache; Dathe kann es nicht ausstehen, wenn jemand über den Tierpark berichtet, ohne mit ihm persönlich gesprochen zu haben. Karin Rohn mag er auf Anhieb. Vielleicht, weil sie ihn mit ihrem rollenden »Rrrr« an seine Frau Elisabeth erinnert. Er erzählt ihr von seiner Vision eines weitläufigen Tier- und Landschaftsparks mit Wassergräben, ohne Zäune und Gitter. Dann holt er einen Zettel aus der Jackentasche, faltet ihn auseinander und deutet in Richtung des Weges, der vom Schloss nach Südosten führt. »Sehen Sie, hier wird es einmal eine Allee mit Rhododendron-Büschen geben, und auf Schaukeln werden dort große, bunte Papageien sitzen. Und auf den Wiesen von Lenné werden Kamele grasen.«

Rohn weiß nicht, wem sie weniger trauen soll – ihren Ohren oder ihren Augen. Sie sieht kahle Bäume und einen überwucherten Weg. Hinter ihr bröckelt der Putz vom Schloss, das an eine verlassene Raubritterburg erinnert. Während des Interviews muss sie ständig an die Fleischmarken in ihrer Tasche denken. »Berlin ist doch noch völlig kaputt«, denkt sie, »und da redet der von einem Landschaftspark?«

Während die Architekten noch im Schloss zeichnen, beginnen Anfang April 1955 endlich die Bauarbeiten an Tierhäusern, Gehegen und Wegen. Gleitende Projektierung nennen die Planer das. Der Winter 1954/55 ist, auch für Berliner Verhältnisse, besonders streng und lang gewesen. Nun drängt die Zeit, denn schon am 2. Juli soll die Eröffnungsfeier sein.

In drei Monaten einen Tierpark aufzubauen scheint fast unmöglich. Um es irgendwie zu schaffen, wird in der Bevölkerung dafür geworben, mit anzupacken. »Nationales Aufbauwerk« – kurz: NAW – nennt sich diese vom Staat ins Leben gerufene Freiwilligenarbeit, die vor zwei Jahren erdacht worden ist, um den Bau der Stalinallee voranzutreiben. Man schaufelt Sand,

Freiwillige für Friedrichsfelde. In den Anfangsjahren sind Dathe und seine Belegschaft auf die Hilfe von Aufbauhelfern aus der Bevölkerung angewiesen, wie hier beim Bau der Kamelanlagen 1958.

zieht Gräben, planiert Wege oder rodet das Unterholz. Für geleistete Aufbaustunden gibt es Aufkleber für die Einsatzkarte – wer genügend Aufkleber gesammelt hat, bekommt Anstecknadeln. Aber darum geht es nicht. Es geht darum, selbst den Aufbau des Sozialismus mitzugestalten – so wird es zumindest offiziell propagiert.

Doch das Konzept kommt an. In rund 100 000 Arbeitsstunden helfen zahlreiche Baubetriebe und Freiwillige nach Feierabend und an Sonntagen mit, den Tierpark aufzubauen. Schulkinder ziehen mit Blechbüchsen durch die Straßenbahnen, um Geld zu sammeln, oder suchen in der Wuhlheide nach Bucheckern und Eicheln als Futter für die Wildschweine und Hirsche im Tierpark. Wer irgendwo einen Ziegelstein findet, bringt ihn her, denn in Friedrichsfelde wird alles gebraucht. Der Einsatz im Tierpark gehört zu den beliebtesten dieser unbezahlten Gemeinschaftsprojekte. Heinrich Dathe kommt es manchmal so vor, als sei ein regelrechtes Tierparkfieber ausgebrochen.

Anders sehen das die westdeutschen Medien. Ein Autor der Wochenzeitung *Die Zeit* gibt sich gar nicht erst die Mühe, seine Häme zu verstecken, als er seine Eindrücke im Mai 1955, wenige Monate vor der Eröffnung, schildert: »Rentner, Schulkinder, FDJ'ler und nur wenige Arbeiter buddeln zur Zeit in Friedrichsfelde, um die ersten Gehege bezugsfertig zu machen. Von Aufbau-Elan ist nichts zu spüren. Initiative entwickelt nur das einzige tierische Lebewesen, das den ›größten Tierpark der Welt‹ bis jetzt bevölkert: der ständig bellende Wachhund des Dr. Dathe.«

Brillenbären von der Stasi

Die ersten Tiere werden vom Güterbahnhof Lichtenberg zum Tierpark gebracht. Hunderte Schaulustige säumen die Straßen, denn das haben sie in Berlin auch noch nicht gesehen, dass ein Kamel an der Leine durch die Straßen geführt wird. Der erste Tierbestand setzt sich aus Geschenken von anderen Zoos und DDR-Betrieben zusammen: Der Zoo Halle schenkt ein Trampeltier und einen Schwarzstorch. Ein Bettenhersteller spendet Störche, die Stadt Strausberg Strauße, die Kinderzeitschrift *Bummi* sammelt unter ihren Lesern Geld für zwei Giraffen, das Ministerium für Schwerindustrie und die Zeitung *Neues Deutschland* stellen je einen Elefanten, der »VEB Kälte« und die »Konsumgenossenschaft Köpenick« Eisbären. Volkskammerpräsident Johannes Dieckmann stiftet eine indische Nilgau-Antilope, der »VEB Malerei und Glaserei« fünf Guanakos. Und das Wachregiment Berlin des Ministeriums für Staatssicherheit zwei Brillenbären. »Unsere Genossen meinten, ein Brillenbär würde sich langweilen, und so fand dieser Aufruf einen solchen Widerhall, daß das Ergebnis das Dreifache der geplanten Summe ausmachte«, heißt es im offiziellen Schreiben.

Am Morgen des 2. Juli 1955 schiebt sich eine Menschentraube mit Dathe, Staatschef Wilhelm Pieck und Oberbürgermeister Friedrich Ebert, der noch ein paar Schritte vorneweg geht, Richtung Schloss. Auch Katharina Heinroth und Werner Schröder vom Berliner Zoo sind darunter. Dathe ist es wichtig, dass auch sie bei der Zeremonie anwesend sind. Er will zeigen, dass die beiden Einrichtungen nicht gegeneinander arbeiten. Als man ihm verbieten wollte, die beiden einzuladen, drohte er: »Dann müssen Sie auch auf mich verzichten.« So dürfen Heinroth und Schröder schlussendlich teilnehmen. Vor einem roten Band, das über den Weg gespannt ist, bleibt der Pulk stehen. Als der 79-jährige Pieck mit einer winzigen Schere schließlich das Band zur Eröffnung des Tierparks durchschneidet und die Menge hinter ihm applaudiert, wird auf dem weitläufigen Gelände immer noch geschuftet. Das wird auch in den kommenden Monaten und Jahren so bleiben. Doch im Gegensatz zu manch anderem Projekt des Nationalen Aufbauwerks identifizieren sich die Ost-Berliner mit diesem. Dies ist keine Prachtstraße, die nie fertig wird und von deren schönstem Gebäude ohnehin nur der schon über allem schwebende Staatsarchitekt Henselmann aus seiner Turmwohnung hinab auf die Stadt schaut. Dies ist ihr Tierpark, den sie selbst mit aufgebaut haben. Ost-Berlin hat nun seinen eigenen Zoo.

Für die Staatsführung ist der neue Zoo in der Hauptstadt ein wichtiges Prestigeprojekt. Und dessen Zoodirektor ist eine Person von besonderem Interesse, vor allem wenn er so reise-

Trampeltiere im Straßenverkehr. Viele der neuen Tiere – wie diese Kamele aus dem Moskauer Zoo – werden vom Bahnhof Lichtenberg zu Fuß nach Friedrichsfelde gebracht.

und kontaktfreudig ist wie Heinrich Dathe. Kurz nach der Eröffnung des Tierparks - Dathe ist gerade wieder einmal in Leipzig zu Besuch - ruft ein Mitarbeiter der Stasi bei dessen Sekretärin Irene Engelmann an. »Wir würden uns freuen, wenn Sie uns auf dem Laufenden halten über den Tierpark. Das ist sicher alles ganz spannend«, sagt der Mann freundlich. »Und der Herr Doktor bekommt ja bestimmt viel Besuch von Kollegen aus dem Westen.«

Engelmann weiß nicht, was sie darauf antworten soll. Als Dathe zurückkommt, erzählt sie ihm als Erstes von dem ominösen Anruf. Dathe weiß, was das zu bedeuten hat. So etwas hat ihm gerade noch gefehlt. Er notiert die Telefonnummer und greift zum Hörer. Ohne abzuwarten, ob er überhaupt den Richtigen am Apparat hat, poltert er gleich drauflos: »Ich verbitte es mir, auf diese Weise beobachtet zu werden«, schimpft er und haut den Hörer wieder auf die Gabel. Sein übereifriger Eintritt in die NSDAP im Jahre 1932 hätte ihm beinahe die Karriere ruiniert. Das wird ihm nicht noch einmal passieren.

Es ist nicht der erste Versuch der Stasi. Als Dathe noch im Leipziger Zoo arbeitete, hat er bereits eine ähnliche Situation erlebt. Kurz bevor er zu einer Tagung aufbrechen wollte, rief ihn Direktor Schneider noch einmal in sein Büro. Außer dem Direktor saß dort noch ein Mann am Schreibtisch, den Dathe noch nie zuvor gesehen hatte, der sich aber sehr für dessen Reise interessierte.

»Ist es richtig, dass Sie demnächst nach Westdeutschland fahren?«, fragte der Fremde.

»Das ist richtig«, antwortete Dathe etwas skeptisch.

»Dann fahren da sicher auch noch andere Kollegen aus der DDR hin, oder?«

»Freilich«, sagte Dathe, der immer noch nicht wusste, worauf der Unbekannte hinauswollte.

»Ach«, sagte dieser dann, »mich würde ja nur mal interessieren, was da so alles geredet wird.«

Dathe war verdutzt und schaute zu Schneider hinüber. Der blickte jedoch unverändert geradeaus, als ginge ihn das gar nichts an. Erst jetzt wurde Dathe klar, worum es sich hier eigentlich handelte: »Ach, Sie meinen, ich soll Spitzeldienste leisten?«, rief er. »Wissen Sie was, ich bleibe hier.«

Nun wurde der Unbekannte unruhig. »Aber nein, nein, bitte reisen Sie.« Dathe hörte nie mehr etwas von diesem Mann.

Kein halbes Jahr ist seit der Eröffnung vergangen, als am 26. Oktober 1955 Karl Max Schneider im Alter von 68 Jahren stirbt. Er wird mit einem Ehrenbegräbnis beigesetzt, eine Ehre, die keinem Tiergärtner zuvor zuteilgeworden ist. Nun muss Heinrich Dathe neben dem Berliner Tierpark auch noch den

Mit Schleichkatze am Schreibtisch. Direktor Heinrich Dathe und Sekretärin Irene Engelmann versuchen das Chaos von Dathes Zettelwirtschaft zu überblicken. Der Larvenroller schaut neugierig zu.

Leipziger Zoo leiten. Es ist eine Ironie des Schicksals, dass er jahrelang darauf hingearbeitet hat, seinen Heimatzoo zu führen, und nun, da es so weit ist, ist es nur eine weitere Aufgabe unter vielen, die er zu erledigen hat. Sein Stellvertreter in Leipzig wird vorübergehend der erst 23-jährige Lothar Dittrich.

Für den Leipziger Zoo bedeutet der Verlust von zwei so prägenden Figuren einen Einschnitt, von dem er sich nur langsam erholen wird. Schon bald wird der neue Tierpark die bedeutendste zoologische Einrichtung der DDR sein.

In Berlin versucht Dathe derweil, den Schein einer friedlichen Nachbarschaft mit dem Zoologischen Garten im Westteil zu wahren. Zwei Tage vor der Tierpark-Eröffnung hat er im *Neuen Deutschland* noch verkündet: »In ihrer Struktur sind der Berliner Zoo und unser neuer Berliner Tierpark so grundlegend unterschiedlich, daß eine ›Konkurrenz‹, die von niemand gewünscht wird, von vornherein ausgeschlossen ist.«

Doch das hat er schon bald nicht mehr selbst in der Hand.

3

DER VIERTE MANN

An einem verregneten Vormittag im Oktober 1955 reist Katharina Heinroth nach Leipzig, um sich von einem alten Weggefährten zu verabschieden. Sie ist auf dem Weg zur Beerdigung von Karl Max Schneider. Heinroth soll die Trauerrede halten. Mit Schneider hatte sie des Öfteren Tiere getauscht und über alle politischen Grenzen hinweg eine erfolgreiche Flusspferdzucht aufgebaut. Außerdem stand Schneider ihr bei, wenn sie mal wieder von Aktionären oder dem Aufsichtsrat des Zoologischen Gartens Berlins angegriffen wurde. »Wieder ein Freund weniger«, denkt Heinroth, als sie wenig später hinter Schneiders Sarg herschreitet, der durch die gesamte Stadt bis zum Südfriedhof getragen wird. Anschließend kommt Leipzigs Oberbürgermeister Hans Erich Uhlich auf sie zu. Er ist noch immer auf der Suche nach einem Nachfolger für Schneider und bietet deshalb nun ihr den Posten an.

Vor einem Jahr hat Heinroth bereits ein Angebot aus Wuppertal bekommen. Solche Abwerbungsversuche schmeicheln ihr, denn sie zeigen, dass ihre Arbeit doch anerkannt wird. Ganz anders als in Berlin. Vor kurzem erst gab es Schwierigkeiten im Raubtierrevier; ein Tiger und zwei junge Leoparden fraßen nicht mehr, stattdessen erbrachen sie und hatten blutige Durchfälle, ohne dass die Ursache dafür gefunden werden konnte. »Es fehlte nur noch, dass wir jetzt kurz vor der Hauptversammlung einen Todesfall haben«, schrieb Heinroth an ihre Mutter, der sie regelmäßig über Neuigkeiten aus dem Zoo berichtet und der sie sich auch im fortgeschrittenen Alter anvertraut, »dann geht das Meckern wieder im vollen Umfang los.«

Katharina Heinroth ist mittlerweile 58 Jahre alt. Werner Schröder hat schon genug mit dem Aquarium zu tun; allein ist die Arbeit im Zoo jedoch kaum noch zu schaffen. Neben der Arbeit als Direktorin hält sie eine Zoologie-Vorlesung an der Technischen Universität und ist einmal wöchentlich in der Radiosendung »Freundschaft mit Tieren« zu hören. Deshalb schreibt sie an den Aufsichtsrat und bittet darum, einen Assistenten einzustellen. Einige Mitglieder legen ihr nahe, den Antrag zurückzuziehen, damit sie sich nicht weiter angreifbar mache. Aber sie ist nicht der Typ, der kuscht, und so wie bisher kann es einfach nicht weitergehen. 16 Stunden arbeitet sie täglich und schläft höchstens sechs Stunden. Es gibt Tage, an denen sie »am Schluss kaum noch reden« kann, wie sie ihrer Mutter einmal schreibt. Wenn sie spätabends endlich zur Ruhe kommt, dreht sich alles vor ihrem inneren Auge. Dabei hat sie noch so viel vor; ein Institut für Verhaltensforschung will sie im Zoo errichten, ein neues Flusspferdhaus ist bereits im Bau. Gemeinsam mit Schröder ist es ihr zudem gelungen, den Zoo durch einen Geländetausch mit der Stadt auf 29 Hektar zu vergrößern. Fast zweitausend Tiere umfasst der Bestand wieder. Trotz all der Anfeindungen will sie ihr Amt nicht aufgeben. Zu sehr hängt sie am Zoo, und so lehnt sie das Angebot aus Leipzig ab.

Heinroths erzwungener Abschied

Während Heinroth noch in Leipzig weilt, tagt in Berlin der Aufsichtsrat. Dort ist man sich einig – die Frau soll endlich weg. Wenige Tage nach ihrer Rückkehr bekommt die Direktorin Besuch von Fritz Schmidt-Hoensdorf. Anfang der dreißiger Jahre leitete er den Zoo in Halle an der Saale. Mittlerweile lehrt er Parasitologie an der Freien Universität Berlin. Obwohl er erst seit einem Jahr im Aufsichtsrat des Berliner Zoos sitzt, spürt Heinroth, dass er bereits einer ihrer ärgsten Gegner ist.

»Machen wir es kurz«, sagt Schmidt-Hoensdorf, nachdem er ihr gegenüber Platz genommen hat, »ich muss Ihnen mitteilen, dass der Aufsichtsrat beschlossen hat, sich von Ihnen zu trennen. Am besten kündigen Sie selbst, dann wird man Sie vorzeitig in Pension schicken.«

Doch Heinroth denkt gar nicht daran zurückzutreten. Das könnte denen so passen. Stattdessen entgegnet sie: »Wie ist denn der Aufsichtsrat überhaupt zu diesem Schluss gekommen?«

Schmidt-Hoensdorf druckst zunächst herum. »Natürlich wissen wir alle, was Sie für den Zoo getan haben. Und dafür sind wir Ihnen sehr dankbar. Aber der Aufsichtsrat kann den weiteren Aufbau nicht einer Frau zumuten. Wenn das schiefginge, müssten wir uns Vorwürfe machen, dass wir Sie damit ganz allein gelassen haben«, sagt er und fügt noch hinzu: »Einem Mann kann man die Schuld eher in die Schuhe schieben.«

Heinroth ahnt, dass alle weiteren Diskussionen überflüssig sind, die Entscheidung ist längst gefallen. Ein paar Wochen später bekommt sie es schriftlich: »Um eine kontinuierliche Durchführung des Wiederaufbaus des Berliner Zoologischen Gartens für einen längeren Zeitraum sicherzustellen, glaubt der Aufsichtsrat, spätestens mit Beginn des Jahres 1957 einen an Jahren jüngeren wissenschaftlichen Zoodirektor gewinnen zu müssen«, heißt es dort. Als Abgeltung für alle Ansprüche aus ihrer Tätigkeit und der ihres verstorbenen Mannes soll Heinroth eine monatliche Pension von 900 Mark brutto erhalten.

Allmählich ist sie es leid, gegen alle Widerstände anzukämpfen. Aber kündigen will sie auch nicht, dann sollen sie sie doch rauswerfen. Immerhin darf sie noch einen Nachfolger vorschlagen, und es wird ihr zugesagt, dass sie ihn ein halbes Jahr lang einarbeiten kann.

Ihre erste Wahl fällt auf Heinrich Dathe, auch wenn er gerade erst im Ostteil der Stadt den Tierpark eröffnet hat. Das ist jedoch dem Aufsichtsrat aus politischen Gründen zu heikel. Das wäre Abwerbung, heißt es offiziell. Als Zweiten schlägt sie den Frankfurter Zoodirektor Bernhard Grzimek vor, der allerdings selbst absagt. Grzimek hatte in den zwanziger und dreißiger Jahren an der Friedrich-Wilhelms-Universität Tiermedizin studiert und den Zoo oft besucht. Berlins damaliger Direktor Ludwig Heck versorgte ihn regelmäßig mit Freikarten. Die Tierpfleger, die noch aus der Zeit im Zoo sind, kennen Grzimek als Studenten. Deshalb befürchtet er, dass sie keinen Respekt vor ihm hätten, wenn er nun als Direktor zurückkäme. Außerdem ist ihm die politische Lage in der Vier-Sektoren-Stadt nicht geheuer. Auch der dritte Kandidat, Wilhelm Windecker, der seit vier Jahren den Kölner Zoo leitet, lehnt ihr Angebot ab. Langsam wird es peinlich für Heinroth, dass niemand auf ihre Empfehlung reagiert. Da erinnert sie sich an einen jungen Mann, den sie ein Jahr zuvor in Münster getroffen hat.

Wie jedes Jahr sind auch 1955 die deutschen Zoodirektoren zusammengekommen, um über aktuelle Aspekte der Tierhaltung zu sprechen. Dieses Mal haben sie sich im Zoologischen Garten Münster getroffen. Und wie es sich für ein solches Treffen gehört, muss ein Gruppenfoto geschossen werden. Als Kulisse hat der Fotograf das Denkmal des Zoogründers Hermann Landois ausgewählt. Wie eine mäßig motivierte Schulklasse stehen sie auf der Treppe vor der Bronzeskulptur, es scheint, als hätten sich alle um Katharina Heinroth gesellt. Alle grinsen, zumindest versuchen sie es. Nur Werner Schröder schaut wie immer, als wolle er alle Mühen der Nachkriegsjahre in diesem einen Blick ausdrücken. Aus der letzten Reihe grinst Heinrich Dathe gerade so über Heinroths Kopf hinweg. Vor der Treppe stehen zwei gusseiserne Kanonen. Auf die linke hat sich ein Mann im hellbraunen Tweedanzug geschwungen, seine blonde Haartolle ist von einem allzu forschen Handgriff zerzaust. Er sieht noch deutlich jünger aus, als er es mit seinen 29 Jahren ohnehin ist. Obwohl man es auf den ersten Blick nicht vermuten würde, ist der Jungspund auf der Kanone ein aufstrebender Tiergärtner: Heinz-Georg Klös hat erst vor einem Jahr die Leitung des Osnabrücker Tiergartens übernommen, als jüngster Zoodirektor Deutschlands.

Klös stammt aus Wuppertal, wo er schon als Jugendlicher während des Krieges im Zoo aushilft, weil die meisten Tierpfleger an die Front müssen. Bereits damals steht für ihn fest, dass er später einmal Zoodirektor wird. Doch bevor er das Abitur ablegen kann, kommt auch ihm der Krieg dazwischen. Mit 17 Jahren wird er zum Militär eingezogen, erst als Flakhelfer, anschließend wird er in die bespannte Artillerie versetzt. Gegen Kriegsende gerät er in Belgien in britische Gefangenschaft, aus der er jedoch schon im Juni 1945 wieder entlassen wird. Sofort macht er sich wieder daran, seinem Berufsziel ein Stück näher zu kommen, und holt sein Abitur nach. Doch an den Universitäten sind die Studienplätze rar. Und wer noch so jung ist wie Klös mit seinen 19 Jahren, muss warten. Er überbrückt

Klös auf der Kanone. Beim Verbandstreffen der deutschen Zoodirektoren in Münster 1955 entsteht dieses Gruppenfoto. Katharina Heinroth (Mitte) weiß da noch nicht, dass der junge Kollege Heinz-Georg Klös aus Osnabrück (3. v. l.) sie schon in weniger als zwei Jahren beerben wird.

die Zeit, indem er in Wuppertal weiter als Wärter im Aquarium und im Vogelhaus arbeitet. In dieser Zeit werden zwischen den Zoos wieder erste Tiere getauscht. 1946 steht ein Transport nach Frankfurt und München an, den Klös begleitet. Der Wuppertaler Zoo befindet sich in der britischen, Frankfurt und München liegen in der amerikanischen Besatzungszone. Klös soll dafür sorgen, dass die Waggons bloß nicht über Rheinland-Pfalz durch den französischen Sektor geleitet werden, denn es heißt, die Franzosen beschlagnahmen alles, was sie in die Finger bekommen. Für den Frankfurter Zoo, der erst notdürftig wiederhergerichtet ist, sind zwei indische Zeburinder vorgesehen. Weil es kaum Unterkünfte gibt, übernachtet Klös im Haus des Zoodirektors Bernhard Grzimek. In den nächsten Jahren wird er noch öfters dort zu Besuch sein, denn im Sommer 1947 kann er endlich an der Gießener Justus-Liebig-Universität ein Studium der Tiermedizin beginnen. Die Wochenenden nutzt er, um den Frankfurter Zoo zu besuchen. Grzimek ist selbst Tierarzt – und als solcher hat man es in der Tiergärtnerei gewöhnlich etwas schwerer. Die meisten Direktoren sind Zoologen, die etwas herablassend auf die Veterinäre schauen, da diese sich manches Wissen erst nachträglich aneignen müssen. In den Augen einiger Zoologen ist ein Tierarzt an der Spitze eines Zoos kein richtiger Direktor.

Grzimek kümmert sich um den jungen Studenten. Statt ihn als Tierpfleger arbeiten zu lassen, nimmt er ihn mit auf seine Rundgänge durch den Zoo und führt ihn in die Aufgaben eines Direktors ein.

In den Semesterferien kehrt Klös in seine Heimatstadt zurück und arbeitet dort nebenher im Zoo oder verdient sich mit Artikeln für den *Generalanzeiger Elberfeld-Barmen* etwas dazu.

Der Elefant in der Schwebebahn

Im Juli 1950 wird Klös zu einem Außentermin ganz in der Nähe geschickt. Er soll eine Reportage über den Zirkus Althoff schreiben, der demnächst in der Stadt gastiert. Zirkusdirektor Franz Althoff ist bekannt für seine aufsehenerregenden Werbeaktionen, deshalb soll der junge Reporter nachfragen, was diesmal ansteht. Klös kennt sich bereits etwas aus in der Zirkuswelt, im vergangenen Jahr hat er in den Semesterferien im Zirkus Hagenbeck einige Wochen lang die Pferde versorgt.

Was die Reklame für seinen Zirkus betrifft, ist Althoffs bestes Zugpferd ein Elefant: »Tuffi« heißt die vierjährige Indische Elefantenkuh, die schon als Kalb zu Althoff kam. Da sie schon damals nicht schreckhaft war und keinerlei Scheu vor Menschen zeigte, ist sie an den jeweiligen Gastspielorten für Werbezwecke eingesetzt worden: Im bayrischen Altötting trank sie einen Weihwasserbrunnen leer, in Duisburg unternahm sie eine Hafenrundfahrt und stieg in Solingen auf ein Baugerüst, um den Maurern einen Kasten Bier zu bringen. In Oberhausen fuhr sie in der Straßenbahn zum Rathaus, um dort den Bürgermeister in seinem Amtszimmer im dritten Stock abzuholen, wobei sie – anders als im Protokoll vorgesehen – eine Topfpflanze fraß und auf den Teppich pinkelte.

Helma Vogt, Althoffs Pressesprecherin, hat schon überlegt, was »Tuffi« in Wuppertal machen könnte. Die Sache mit der Straßenbahn geht eigentlich immer, findet sie. »Nur, dass ›Tuffi‹ diesmal ihre Artgenossen im Zoo besucht, was meinen Sie?«, fragt sie Klös erwartungsfroh.

»In Wuppertal fährt man aber mit der Schwebebahn«, erklärt er ihr mit belehrendem Unterton.

In den Ohren von Helma Vogt klingt sein Einwand weniger nach Belehrung, sondern vielmehr nach einer hervorragenden Idee. Nicht dass sie selbst schon mal in so einem Ding gesessen hätte, geschweige denn sich vorstellen könnte, wie ein Elefant dort hineingelangen sollte. Aber wenn in Wuppertal alle mit dieser Schwebebahn fahren, dann muss »Tuffi« das auch tun.

Am Vormittag des 21. Juli 1950 ist die Straßenkreuzung an der Haltestelle »Alter Markt« im Wuppertaler Stadtteil Barmen von Menschen verstopft; die Polizei versucht irgendwie, die Masse aus Schaulustigen und Journalisten von der Fahrbahn zurück auf den Bürgersteig zu drängen. Von weitem schon sehen sie den Tross von 15 mit weißen Ledergeschirren geschmückten Elefanten, die hintereinander der Station entgegentrotten. Und ganz am Ende der Reihe – »Tuffi«.

Wer auf diesen grandiosen Einfall gekommen ist, weiß niemand mehr so genau. Direktor Franz Althoff und der Chef der Verkehrsbetriebe sind selbstverständlich der Meinung, dass sie es waren, und verkünden das auch. Sie erhoffen sich davon eine Aufmerksamkeit für den Zirkus, den Zoo und Wuppertal, die weit über die Stadtgrenzen hinausgeht.

Während die Herde unten am Treppenaufgang zur Station wartet, kauft Althoff demonstrativ vier Fahrkarten für »Tuffi«, die sie selbst mit dem Rüssel einzeln am Schalter entgegennimmt. Dann steigt er mit ihr die steinernen Stufen hinauf, begleitet von seinem zwölfjährigen Sohn Harry, Pressesprecherin Vogt, einem Elefantenpfleger sowie einer Schar Journalisten, die pausenlos Fotos von dem etwa schulterhohen Dickhäuter schießen, der erstaunlich geschickt die steile Treppe erklimmt.

Die Schwebebahn ist an einem Stahlgerüst aufgehängt, das größtenteils in zwölf Metern Höhe über der Wupper verläuft, die sich mitten durch die Stadt schlängelt. »Tuffi« zeigt keine Spur von Höhenangst; sie ist völlig entspannt. Nur ab und zu steckt sie den Rüssel durch das Netz, das an der Bahnsteigkante über den Abgrund und den glitzernd dahinfließenden Fluss gespannt ist. Bald darauf fährt der Zug ein. Für »Tuffi« ist der Waggon mit der Nummer 13 reserviert. Eigentlich war geplant, dass die Journalisten mit einem zirkuseigenen Bus entlang der Strecke bis zur vereinbarten Haltestelle mitfahren, wo »Tuffi« dann für die Kameras mit dem Rüssel aus dem Fenster winken soll. Erst auf der Rückfahrt, und nur wenn alles gutgegangen ist, sollen die Journalisten auch mitfahren dürfen. Doch kaum hat der Elefant den Waggon bestiegen, drängen auch schon die ersten Journalisten nach. Die übrigen befürchten, dass ihre Kollegen bessere Fotos als sie bekommen werden, und so zwängen sich alle hinein, auch Klös. Den Fahrgästen in den Nachbarabteilen ist der Rummel ebenfalls nicht entgangen, einige von ihnen wechseln schnell noch das Abteil, sodass sich im Waggon »13« schließlich außer den vier Zirkusleuten noch rund 20 Journalisten sowie zahlreiche Passagiere befinden – und eben ein 700 Kilogramm schwerer Elefant. Aussteigen will und kann jetzt niemand mehr. Surrend rollt die Bahn an in Richtung Elberfeld, wo der Zoologische Garten liegt.

»Tolle Reklame, was?«, sagt Pressesprecherin Vogt erfreut zu Klös, der neben ihr steht. Bislang ist »Tuffi« die Ruhe selbst gewesen, doch hier oben ist es deutlich wackeliger als in einer Straßenbahn. Als der Zug quietschend in die erste Kurve geht, trompetet sie und schlägt mit den Ohren, was ein deutliches Zeichen für Aufregung ist. Dabei tritt sie irgendjemandem auf den Fuß, der wiederum losbrüllt: »Der Elefant wird wild!« Von hinten drängt daraufhin alles nach vorn, um zu sehen, was dort passiert ist. Klös und die anderen, die vorne stehen, drängen hingegen zurück, damit nicht noch mehr Unheil geschieht. Da Elefanten nicht nach hinten schauen können, müssen sie sich erst umdrehen, was »Tuffi« auch prompt tut. Die Menschen versuchen auszuweichen, fallen übereinander, eine Sitzbank und Fotoapparate gehen zu Bruch. Schreie. Pressesprecherin Vogt bekommt einen Tritt von »Tuffi« ab und wird ohnmächtig. Für »Tuffi« ist das alles zu viel, sie will nur noch raus und stößt mit dem Kopf gegen ein Fenster, einmal, zweimal, dann hat sie die Scheibe durchbrochen. Sie drückt weiter – und befindet sich im nächsten Augenblick auch schon im freien Fall. Franz Althoff will hinterherspringen, doch sein Sohn hält ihn zurück. Heinz-Georg Klös, der die bewusstlose Pressesprecherin stützt, nimmt das ganze Chaos auf einmal wie in Zeitlupe wahr. Während »Tuffi« zwölf Meter in die Tiefe fällt, denkt er nur: »Was machen die Passanten unten auf dem Gehweg wohl für Gesichter, wenn sie das gerade sehen?«

Endlich erreicht der Zug, der seine Fahrt ohne Unterbrechung fortgesetzt hat, den nächsten Halt »Adlerbrücke«. Alle, die noch laufen können, drängen nach draußen, eilen die Treppen hinunter und rennen am Flussufer entlang zu der Stelle zurück, an der »Tuffi« abgesprungen ist. Im Stadtgebiet ist die Wupper kaum mehr als einen halben Meter tief und das Flussbett steinig. Doch wie es der glückliche Zufall will, ist sie an diesem Abschnitt etwas tiefer und der Boden schlammig. Zudem muss der Elefant beim Sturz seitlich auf der Wasseroberfläche aufgekommen sein, denn als die ersten Journalisten eintreffen, watet »Tuffi« vergnügt durchs seichte Wasser. Wie durch ein Wunder hat sie außer ein paar Schrammen am Hintern keine Verletzungen erlitten. Helma Vogt hat es hingegen schlimmer erwischt: Mit Rippenprellungen und Schnittwunden im Gesicht wird sie ins Krankenhaus gebracht. Klös begleitet sie. »Was ist mit ›Tuffi‹?«, ist das Erste, was sie ihn fragt, als sie wieder zu sich kommt.

Es dauert eine ganze Weile, bis Franz Althoff »Tuffi« aus der Wupper locken kann. Der geplante Zoobesuch fällt im wahrsten Sinne des Wortes ins Wasser. Stattdessen staunen die Menschen am Straßenrand und an den Fenstern nicht schlecht über diese ungewöhnliche Prozession, die durch die Straßen Wuppertals zieht: Ein triefend nasser Elefant samt durchnässtem Anhang aus Zirkusdirektor und Journalisten. Denn einige von ihnen haben sich bis zum Gürtel in den Fluss vorgewagt, um endlich Fotos von »Tuffi« zu machen. Es gibt welche, die sie davor, danach und sogar während der kurzen Fahrt mit der Schwebebahn zeigen. Doch keiner der Fotografen hat es geschafft, ihren Wupper-Sprung mit seiner Kamera einzufangen. Vor lauter Schreck haben sie es in all der Hektik schlicht vergessen. Nur eine Fotomontage entsteht später, die trotzdem reißenden Absatz als Ansichtskarte findet.

Auch wenn die Aktion für »Tuffi« und die übrigen Beteiligten durchaus schlimmer hätte enden können – werbewirksam war sie allemal. Egal, wohin der Zirkus Althoff in der Folge auch zieht, überall wollen die Menschen »Tuffi« sehen und schicken ihr säckeweise Fanpost. Die Milchwerke Köln-Wuppertal benennen sogar ihre Produkte nach ihr. Die beiden Urheber der misslungenen Werbeaktion – Zirkusdirektor Franz Althoff und der Leiter der Wuppertaler Verkehrsbetriebe – müssen sich anschließend vor Gericht verantworten. Sie werden zu je 450 Mark Geldstrafe wegen fahrlässiger Transportgefährdung und Körperverletzung verurteilt.

Deutschlands jüngster Zoodirektor

So außergewöhnlich diese Geschichte auch ist, so wenig hat Klös sie wohl selbst erlebt. Tatsächlich stammt sie aus dem kaum bekannten Buch *Arche Noah – Zwischendeck* der Wuppertaler Tierillustratorin Martha Schmetz (Synonym: Marte Smeets). Rund fünfzig Jahre später wird Klös diese Passage beinahe wortwörtlich in seinen Erinnerungen *Freundschaft mit Tieren* übernehmen. Sie scheint nur allzu gut in das Bild zu passen, das er im Nachhinein von sich kreieren will.

Damals steht er allerdings noch am Anfang seiner Karriere und setzt alles daran, eines Tages Zoodirektor zu werden. 1952 schließt er sein Studium mit einer Doktorarbeit über die Wirkung von Herzmedikamenten auf die Darm- und Gebärmutter-Muskulatur des Meerschweinchens ab. Eine Zeit lang arbeitet er als Tierarzt in Holstein und anschließend als Wissenschaftlicher Assistent im Zoo seiner Heimatstadt Wuppertal. Irgendwann, das steht für ihn aber fest, will er hier selbst das Sagen haben. Zunächst bietet sich ihm im Frühjahr 1954 jedoch die Gelegenheit, nach Osnabrück zu wechseln.

Der dortige Heimattiergarten liegt eingebettet in einen hügeligen Buchenwald und wurde – wie viele seiner Art in Deutschland – Mitte der dreißiger Jahre während der Herrschaft der Nationalsozialisten gegründet, die besonders auf Natur- und Heimatverbundenheit setzten. Nun suchen die Verantwortlichen per Annonce in Fachzeitschriften nach einem neuen Direktor, der die im Krieg zerstörte Anlage zu einem modernen Zoo ausbaut. Klös ist nur einer von mehr als 50 Bewerbern. Doch der junge Tierarzt ist nicht nur zielstrebig, sondern hat auch das Glück, zur richtigen Zeit den richtigen Förderer zu haben. Diesmal kommt ihm seine Bekanntschaft mit Otto Fockelmann zugute, einem einflussreichen Hamburger Tierhändler, der ihn eines Morgens im Wuppertaler Zoo besucht. Fockelmann kennt Klös noch als Praktikanten aus einer seiner Firmen und hat dessen Werdegang verfolgt. Dabei hat er auch erfahren, dass Klös insgeheim auf den Direktorenposten in Wuppertal hofft.

»Herr Dr. Klös, wollen Sie den Posten in Osnabrück denn wirklich?«, fragt er ihn und hält dann kurz inne und fügt mit einem vielsagenden Grinsen hinzu: »Oder ist das nur eine Aktion, damit die Wuppertaler Stadtverwaltung sieht, dass Sie auch andere Möglichkeiten haben?«

»Natürlich will ich irgendwann hier Chef werden«, antwortet Klös. »Aber ich glaube, dass meine Chancen besser stehen, wenn ich zuvor woanders gezeigt habe, was ich kann. Ein Oberarzt geht ja auch an eine andere Klinik, um später als Chefarzt an seine alte Klinik berufen zu werden.«

Fockelmann gefällt diese selbstbewusste Haltung. »Dann werde ich Ihnen helfen.«

»Wie wollen Sie das denn anstellen?«, fragt Klös.

Doch Fockelmann grinst wieder nur und entgegnet ihm: »Das lassen Sie bitte mal meine Sorge sein.«

Fockelmann unterbreitet den Osnabrückern folgendes Angebot: Zwei Löwen, zwei Hyänen, zwei Zebras, zwei Bartaffen, zwei Pelikane, sechs Kraniche, sechs Geier, zehn Flamingos sowie eine bunte Mischung Enten und Gänse stellt er in Osnabrück ein. Den gesamten Kaufpreis von 35 000 Mark müssen sie erst dann zahlen, wenn sie ihn durch Eintrittsgelder eingenommen haben. Wenn ein Tier in dieser Zeit stirbt, ist das Fockelmanns Risiko. Seine einzige Bedingung ist, dass Klös Direktor wird.

Dem Aufsichtsrat fällt die Entscheidung leicht. Solche tierischen Sensationen, wie Fockelmann sie verspricht, haben die Osnabrücker noch nicht zu sehen bekommen in ihrem Heimattiergarten, dessen berühmteste Bewohner bislang der Braunbär »Teddy«, der Dachs »Tutti« und ein Fuchs namens »Frecki« waren.

Als Heinz-Georg Klös im April 1954 seinen Dienst antritt, ist er gerade 28 Jahre alt und damit der jüngste Zoodirektor Deutschlands. Fockelmann hätte Klös jedoch nicht geholfen, wenn er nicht selbst einen gewissen Vorteil von dessen Ernennung gehabt hätte. In Klös hat er einen wichtigen Abnehmer mehr, bei dem er seine Tiere günstig unterbringen kann, um sie von dort aus weiterzuverkaufen. Denn Tierhändler müssen stets zusehen, wo sie ihre »Ware« unterstellen, um Platz für neue zu schaffen.

Um vieles muss Klös sich anfangs selbst kümmern: Er muss Futtermengen kalkulieren und einkaufen, Gehege planen, Werbung sowie Pressearbeit übernehmen und vor allem neue Geldquellen erschließen. Darin ist er ein Vorreiter. So gelingt es ihm etwa, die Osnabrücker Stadtwerke davon zu überzeugen, dass sie ihm Eisbären kaufen und fortan eine Patenschaft für die Tiere übernehmen, damit ihr Futter bezahlt werden kann. Zudem krempelt er den Tiergarten grundlegend um: Er teilt das Gelände in systematische Reviere für Raubkatzen, Huftiere oder Vögel und führt Reviertierpfleger ein. Den Herren im Vorstand ist das Vorgehen des Neueinsteigers bisweilen etwas zu rasant. Dass er gleich alles auf den Kopf stellen will und schon von Elefanten redet, stößt bei ihnen auf Widerstand.

Auf Reinhard Coppenrath hingegen macht der neue Direktor schwer Eindruck. Denn obwohl Klös nur zehn Jahre älter ist und noch so jugendlich aussieht, wie es Coppenrath mit seinen 18 Jahren tatsächlich ist, lässt er sich von niemandem etwas sagen. Das imponiert ihm; für ihn ist Klös ein Vorbild. Coppenraths Vater Heinrich ist einer der Gründungsväter des Tiergartens. Von klein auf hat der Sohn beim Füttern der Tiere mitgeholfen. Wenn Nachwuchs ansteht oder eines der Tiere ausbricht, schickt sein Vater ihn meist vor, um nachzusehen. Umso mehr genießt er es, dass Klös ihn manchmal mit auf einen Spaziergang durch den Park nimmt, ihm von seinen Plänen erzählt und damit das Gefühl gibt, dass er ihn in seine Überlegungen einweiht. »Junge«, sagt Klös dann zu Coppenrath, dem dieser Satz nicht mehr aus dem Kopf gehen wird, »man muss immer Visionen haben.«

Klös wiederum schmeichelt es, dass der Heranwachsende so aufmerksam zuhört und zu ihm aufschaut – wenigstens im übertragenen Sinne. Denn von der Körpergröße her sind beide auf Augenhöhe. Klös ist zwar klein und schmächtig, aber er kann sich trotzdem behaupten und durchsetzen. Er ist beharrlich, rhetorisch gewandt und ein guter Taktiker; er weiß, wie er Leute für sich gewinnt und einsetzt. Und wenn nötig, scheut er sich auch nicht, einmal laut zu werden, um seinen Willen zu bekommen.

Klös gibt dem Tiergarten Ordnung und Hierarchie. Dies zeigt sich auch bei seinen morgendlichen Rundgängen, die dem jungen Reinhard Coppenrath wie Chefarztvisiten in einem Krankenhaus vorkommen. Der junge Zoodirektor wirkt wie ein Oberarzt, wenn er mit seiner Schar aus Tierpflegern und -ärzten morgens durch den Park schlendert.

Zwei Jahre vergehen, in denen Klös den Tiergarten zum Zoo umgestaltet. Die Besucherzahlen steigen in dieser Zeit von 120 000 auf 200 000 an. Das spricht sich auch über die Grenzen Osnabrücks hinaus herum, sodass sich eines Tages ein gewisser Herr Schmidt-Hoensdorf aus dem fernen Berlin bei Klös vorstellt und sich von ihm durch den Osnabrücker Park führen lässt. Der junge Direktor denkt sich zunächst nichts dabei, denn es ist nicht ungewöhnlich, dass so etwas vorkommt. Nach dem Rundgang essen sie beide gemeinsam zu Mittag.

»Ach, Herr Klös, was ich Sie noch fragen wollte«, sagt Schmidt-Hoensdorf irgendwann gespielt beiläufig: »Haben Sie nicht Lust, nach Berlin zu kommen? Wir brauchen dort einen jungen Mann.« Dass Klös nur vierte Wahl ist, verschweigt Schmidt-Hoensdorf geflissentlich.

Klös hat gehört, dass Katharina Heinroth seit Jahren händeringend versucht, einen Assistenten zu bekommen. Aber das käme für ihn überhaupt nicht infrage, er ist kein Mann für die zweite Reihe. Deshalb antwortet er: »Hier in Osnabrück bin ich Chef. Ich gehe nicht als Assistent nach Berlin.«

Schmidt-Hoensdorf hat mit so einer Reaktion schon gerechnet. »Herr Kollege Klös«, sagt er dann und schaut ihm dabei direkt in die Augen, »wenn Sie jetzt Ja sagen, dann kommen Sie als Direktor nach Berlin.«

Klös erschrickt, denn damit hat er nicht gerechnet. Mit 28 Jahren nach Osnabrück berufen zu werden war schon eine große Sache. Aber was Schmidt-Hoensdorf ihm nun anbietet, ist nicht mehr zu übetreffen. Vor einiger Zeit hatte er bereits ein ähnliches Angebot aus Leipzig. Aber damals sagte er wegen der politischen Lage und wegen seiner Verlobten Ursula ab. Er hat sie in Frankfurt kennengelernt, wo sie als erste weibliche Volontärin im Zoo arbeitete. Nach Leipzig wäre sie nicht mitgegangen. Klös klingen noch die Worte seines Schwiegervaters in spe in den Ohren: »In den Osten geht man nicht!« Und West-Berlin liegt nun einmal eingeschlossen mitten in der DDR.

»Dazu muss ich natürlich auch meine Braut fragen«, antwortet er, als er sich wieder einigermaßen gesammelt hat.

»Sprechen Sie in Ruhe mit ihr«, sagt Schmidt-Hoensdorf, während er sich erhebt. Zum Abschied sagt er noch: »Aber ich bin mir sicher, wir sehen uns in Berlin wieder.«

West-Berlin also. Wenn Klös Freunden davon erzählt, raten sie ihm ab. »West-Berlin«, sagen sie und machen ein sorgenvolles Gesicht, »das ist ja fast Sibirien.« Aber Bernhard Grzimek, auf dessen Meinung er schon immer viel gegeben hat, rät ihm, diese Gelegenheit zu nutzen. Auch Ursula ist einverstanden. Klös bittet daraufhin den Zoovorstand in Osnabrück um seine Freigabe. Die Herren dort hören das nicht gern, wissen aber auch, dass sie bei diesem Angebot nicht mithalten können, und lassen ihn schließlich ziehen.

Ende Juni 1956 reist Klös nach Berlin, um seinen Vertrag zu unterschreiben. Die Öffentlichkeit nimmt kaum Notiz von dem jungen blonden Mann. Da zeitgleich die Internationalen Filmfestspiele anlaufen und die Medien sich vor allem auf die Schauspieler im Hotel am Zoo stürzen, wird er »fast übersehen«, wie *Der Tagesspiegel* bemerkt. Nachdem er den Vertrag unterzeichnet hat, reist er sofort wieder nach Osnabrück. Seinen Dienst in Berlin soll er erst zum Jahresanfang beginnen.

Katharina Heinroth war davon ausgegangen, dass sie den neuen Direktor ein halbes Jahr einarbeiten darf. So hatte der Aufsichtsrat es ihr versprochen, doch nun gilt die Zusage nicht mehr: »Der Zoo hat kein Geld, um zwei Direktoren zu bezahlen«, sagt ihr Arno Weimann, der Vorsitzende des Aufsichtsrates. Heinroth ist verärgert. Auch wenn sie weiß, dass ihr baldiger Abschied feststeht, so bleibt es für sie doch immer noch ihr Zoo. Und dessen Zukunft ist ihr nicht egal: »Wie kurzsichtig sind Sie eigentlich?«, fragt sie Weimann. »Herr Klös ist noch keine 30 Jahre alt. Glauben Sie etwa, von den alten Tierpflegern lässt sich auch nur einer von heute auf morgen von einem Neuling herumkommandieren?«

Weimann blafft sie nur an: »Jeder Zoologe, der gerade frisch von der Universität kommt, muss einen Zoo leiten können. Aber wenn Ihnen wirklich so viel daran liegt, können Sie ihn später einweisen. Sie haben ja noch Wohnrecht.«

Vertraglich steht ihr zwar noch ein Vierteljahr Wohnen in ihrer Zoo-Wohnung zu. Da in Berlin aber noch viele Häuser zerstört sind und es nicht genügend Wohnungen gibt, verzögert sich ihr Auszug. Erst Anfang Juli 1957 zieht sie mit ihrer Mutter in eine noch nicht fertiggestellte Wohnung in einem Hochhaus des neu entstandenen Hansaviertels am Rande des Tiergartens. Werner Schröder stellt ihr noch einen Raum im Aquarienhaus zur Verfügung, damit sie ihre Bücher dort vorübergehend lagern kann. Als der Aufsichtsrat davon erfährt, fordert er sie auf, diesen sofort zu räumen.

Die dauernden Kämpfe haben Spuren bei Katharina Heinroth hinterlassen. Mal hat eine Lungenentzündung, mal eine Angina oder ein Hexenschuss sie außer Gefecht gesetzt. Manchmal bereut sie es, dass sie nicht eines der Angebote in den vergangenen Jahren aus anderen Städten angenommen hat, weil sie sich von ihrem Zoo nicht trennen wollte. Aber diese Streitereien zum Schluss haben ihr endgültig den Rest gegeben. Als sie den Zoologischen Garten Berlin nach mehr als 20 Jahren verlässt, ist sie sogar ein wenig erleichtert.

Als Katharina Heinroth sich am 30. Dezember 1956 von der Belegschaft verabschiedet hat, ist ihr Nachfolger Heinz-Georg Klös bereits seit drei Tagen in Berlin. Dass der Wechsel nach Berlin nichts Alltägliches ist, hat er schon während des Umzugs zu spüren bekommen. Er und Ursula, die inzwischen seine Frau geworden ist, besitzen eine umfangreiche Sammlung an Fachbüchern. Jedes einzelne Buch mussten sie sich vor dem Transport durch die DDR von den dortigen Behörden genehmigen lassen.

Solange Heinroth noch in der Direktorenwohnung lebt, muss sich das Ehepaar Klös mit einer Wohnung am neu gebauten Flusspferdhaus zufrieden geben. Die Wohnung ist nur notdürftig hergerichtet, Klös muss selbst die schweren Umzugskisten schleppen und verletzt sich dabei prompt, als er ausrutscht und mit dem Nasenbein auf die Kante einer Kiste schlägt.

Beim ersten Pressetermin mit Berliner Journalisten knapp eine Woche später ziert eine verkrustete Schramme seinen Nasenrücken. Zu guter Letzt zerfetzt ihm der kleine Löwe, den ihm ein Raubtierpfleger fürs Pressefoto auf den Arm gesetzt hat, auch noch den neuen Anzug. Die geringe Körpergröße und das noch jungenhafte Antlitz machen den Eindruck des unerfahrenen Jungspunds perfekt.

Klös selbst hält sich mit Ankündigungen zurück. Ein allzu forsches Auftreten würde nicht gut ankommen, und so stapelt er tief: »Ich muss den Garten erst einmal bis in den letzten Winkel kennenlernen«, sagt er, um keine falschen Hoffnungen zu wecken. »Der Osnabrücker Tierpark ist im Vergleich zum Zoo ja winzig klein.«

Natürlich ist das nicht die ganze Wahrheit. Klös hat sich

Zwei Jungspunde. Bei seiner offiziellen Vorstellung im Januar 1957 im Raubtierhaus wirkt der erst 30-jährige Klös noch jungenhaft und nicht wie der Direktor des ältesten deutschen Zoos.

längst ein Bild von seinem neuen Revier gemacht. Vor einigen Wochen, als er im Herbst zur Einweihung der renovierten Krokodilhalle im Aquarium zu Besuch war, hat er sich im Zoo umgesehen. Schon damals ist ihm aufgefallen, wie viele provisorische Gehege es noch immer gibt. Gerade jetzt, da Hecken und Bäume kaum noch Laub tragen, können sie die notdürftig zusammengezimmerten Käfige und Ställe aus der Nachkriegszeit nicht mehr kaschieren. Und selbstverständlich hat er schon Pläne: Klös will die Notunterkünfte und Übergangslösungen durch moderne Gebäude und Gehege ersetzen. Zudem will er den Tierbestand erweitern, sodass der Zoo – und das ist sein wichtigstes Ziel – wieder zum artenreichsten der Welt wird.

Aber all das behält er vorerst lieber für sich, genauso wie das, was er bei den Giraffen beobachtet hat: Eines der beiden Tiere, das Weibchen »Rieke«, hat Tuberkulose. »Rieke« ist neben dem Flusspferd »Knautschke« das beliebteste Tier im Zoo. Während des Krieges war sie nach Wien evakuiert worden und als einziges Tier – abgesehen von einigen Knochenhechten, die später wieder ins Aquarium zogen – auch zurückgekehrt. In der Nachkriegszeit war sie für die Berliner deshalb ein Symbol der Hoffnung. Als Tierarzt hat Klös sofort erkannt, dass sie es nicht mehr lange machen wird. Aber anstatt Heinroth etwas davon zu sagen, hofft er einfach, dass »Rieke« noch während ihrer Amtszeit stirbt. Ihm als Neuling, fürchtet er, würde man den Tod des Publikumslieblings nicht verzeihen.

Von seinem ersten Auftritt in Berlin ist kaum etwas hängen geblieben bis auf Klös' geringes Alter – und das verbinden viele in erster Linie nicht mit frischen Ideen, sondern mit fehlender Erfahrung. In einer Zeitung liest Klös am nächsten Morgen über sich, dass nun ein »janz junger Dachs« den altehrwürdigen Zoo leitet.

So schwierig, wie seine Zeit in Berlin begonnen hat, setzt sie sich auch fort: Zwei Tage nach seiner Ankunft bricht im Zoo die Maul- und Klauenseuche aus, kurz darauf stirbt »Rieke«. Als schließlich auch noch der erste Nachwuchs der Flusspferde »Knautschke« und »Bulette« einen Tag nach der Geburt stirbt, ist Klös' Einstand rundum misslungen. Viele Journalisten, Besucher und Aktionäre zweifeln bereits, ob Klös die richtige Wahl gewesen ist.

Unter den Tierpflegern fällt es ihm von Anfang an schwer, sich den nötigen Respekt zu verschaffen. Im Berliner Zoo mit seiner 110-jährigen Tradition und etwas verkrusteten Strukturen kann Klös nicht so einfach alles umkrempeln wie in der niedersächsischen Provinz. Und von einem 30-jährigen Studierten lassen sich die alten Tierpfleger, die teils schon vor dem Krieg hier gearbeitet haben, erst recht nichts sagen.

Der Raubtierwärter Gustav Riedel hat es sich angewöhnt, seine Löwen abends höchstpersönlich mit der Peitsche von der Außenanlage in den Käfig zu treiben. Als Klös ihn darauf anspricht, winkt er ab: »Ach, die tun mir nischt!« Noch mehr erschrickt Klös allerdings, als er zum ersten Mal Gerhard Schönke bei der Arbeit beobachtet. Der füttert nämlich nicht nur seine Seehunde und Pinguine aus der Hand, sondern auch die Braunbären.

Wenn Klös die Pfleger ermahnt, raunen sie sich meist nur zu: »Was will der Jungsche denn nun schon wieder?« Manchmal meckern sie auch einfach zurück. Daran muss er sich erst gewöhnen, weil er das aus dem niedersächsisch geprägten Osnabrück nicht kennt, wo die Wärter erst einmal eine halbe Stunde nachdachten, bevor sie den Mund aufmachten.

Wenn er sich hier nicht völlig lächerlich machen will, muss er sich irgendwie mit den Alten arrangieren. Daher lässt er sich von beiden Wärtern unterschreiben, dass sie auf eigene Verantwortung ihre Tiere von Hand füttern und zu ihnen ins Gehege gehen.

Klös hat eingesehen, dass er sie nicht mehr ändern wird. Aber auf Dauer will er den Betrieb verjüngen. Da kommt es ihm gerade recht, dass sich einige Wochen später ein schlaksiger Jugendlicher aus Moabit bei ihm vorstellt. Ralf Wielandt wollte schon immer was mit Tieren machen und hatte sich daher bereits im Jahr zuvor beworben. Doch Katharina Heinroth hatte ihm abgesagt, weil sie kein Geld hatte, um die Ausbildung samt Berufsschule zu bezahlen. Also hat er ein Jahr gewartet und in der Zwischenzeit eine Grundausbildung zum Maler gemacht, damit er nicht auf der Straße herumhängt und zumindest ein bisschen zum Familieneinkommen beiträgt. Nun versucht er es beim neuen Direktor.

»Na, warum nicht! Ich bin jung, und ich will junge Leute um mich haben«, sagt Klös zu ihm im Bewerbungsgespräch. »Die alten Pfleger gehen irgendwann, und die jungen rücken nach.« Und mit jungen Kräften gibt es weniger Probleme, ist sich Klös sicher, denn die kann er noch formen. Deshalb nimmt Klös es auch gern in Kauf, dass Wielandt einmal in der Woche ausfällt, wenn er zur Berufsschule muss.

Am 1. April 1957 beginnt Wielandt – nur ein Vierteljahr nachdem Klös seinen Dienst angetreten hat – zunächst als Saisonarbeiter in der Tierpflege, wie es genannt wird. Eine staatlich anerkannte Ausbildung zum Tierpfleger gibt es damals zwar in der DDR, aber noch nicht in der Bundesrepublik. Hier reichen die alten Pfleger ihr Wissen und ihre Erfahrung, die sie sich selbst angeeignet haben, an die jungen weiter.

Wielandt ist gerade einmal 16 Jahre jung, Klös Anfang 30. Also duzt Klös ihn, meist zumindest, wie er Wielandt mit einem Grinsen erklärt: »Wenn du gute Arbeit machst, bist du der Ralf. Wenn du Mist baust, bist du Herr Wielandt.«

Unterstützung erhält Klös zudem aus dem Aufsichtsrat. Immerhin waren es dessen Mitglieder, die seine Vorgängerin aus dem Amt gedrängt haben. Nun haben sie den neuen Mann, den sie so lange gefordert haben. Dass Klös von ihnen ganz anders hofiert wird als Katharina Heinroth, zeigt sich darin, dass er schon nach einem halben Jahr einen wissenschaftlichen Assistenten einstellen kann, um den sie jahrelang vergeblich gekämpft hat.

Große Sprünge kann sich Klös allerdings auch nicht erlauben. Da er noch nicht genügend Geld für teure Tiereinkäufe hat, schafft er zunächst allerlei Arten von Enten und Gänsen an. Denn die sind in der Regel nicht besonders teuer, unempfindlich gegen Kälte und haben keine besonderen Ansprüche – freie Wiesen und Teiche, die er fürs Erste einzäunen lässt, gibt es auf dem Zoogelände noch zur Genüge. Das bringt ihm schnell seinen ersten Spitznamen ein – der »Zaunkönig«.

Trotz der Neuerungen ist Heinz-Georg Klös alles andere als

ein Bilderstürmer. Er ist sich der Tradition des Berliner Zoos bewusst – und er findet, was an Bauwerken den Krieg überstanden hat, muss auch bewahrt werden. Doch im Senat sind längst nicht alle begeistert von Klös' Sinn für Altbewährtes. Allen voran Rolf Schwedler.

Schwedler treibt als Bausenator seit Mitte der fünfziger Jahre den Wiederaufbau West-Berlins voran und geht dabei nicht gerade zimperlich mit Ruinen und alter Bausubstanz um. Unter Schwedler, so heißt es in Berlin, würden mehr Häuser abgerissen, als im Weltkrieg zerstört worden seien. Auch den Zoo will er am liebsten von Grund auf neu aufbauen. Klös gelingt es jedoch, sich gegen Schwedler durchzusetzen und die historischen Stallgebäude für Wisente und Bisons zu erhalten – zwei niedrige und reich verzierte Holzhäuser, die um die Jahrhundertwende im Stil eines indianischen Langhauses samt Totempfählen sowie einer russischen Blockhütte errichtet wurden.

Obwohl Klös die Öffentlichkeit sucht, ist der Berliner Medienrummel ein ganz anderes Kaliber als der in Osnabrück. Bei den Pressekonferenzen fällt ihm bald ein junger Journalist auf, der Fragen stellt, auf die Klös nur selten eine Antwort weiß, sondern meist nur mit den Schultern zucken kann. Kein Wunder, denn der Journalist, der nur sechs Jahre jünger ist als Klös, kennt den Zoo schon von Kindesbeinen an und wollte selbst einmal Zoodirektor werden. Aber dann musste Werner Philipp mit seinen Eltern im Frühling 1953 aus dem sowjetischen Sektor fliehen und erst einmal zusehen, wie er im Westen über die Runden kommt. Die ersten Jahre hat er sich als Nachhilfelehrer durchgeschlagen. Seit kurzem arbeitet er bei der Nachrichtenagentur *Associated Press*, wo er auch über den Zoo berichtet.

»Der Philipp könnte mir als Pressesprecher so einiges an

Arbeit ersparen«, denkt sich Klös und beauftragt seinen Kaufmännischen Leiter, Hans-Joachim Wilde, Philipp ein Angebot zu machen.

»Für Sie als junger Mann ist das doch ein Sprungbrett«, sagt Wilde zu Philipp, der jedoch mit dem Kopf schüttelt. »Nee, Herr Wilde, det ist die Endstation«, antwortet er. »Ick bin jetzt Anfang 20, da vertrottel' ick hier nur. Ick muss inne Zeitung.«

Wilde ist zuerst sprachlos ob solcher Frechheit, aber nach einer Weile sieht er es ein. »Da haben Sie wohl recht.«

Werner Philipp bleibt auf der anderen Seite des Schreibtisches und wird Klös und den Zoo in Zukunft weiter kritisch beobachten.

Klös und er haben ein ambivalentes Verhältnis. Mal ist es innig, mal gespannt – je nachdem, wie Klös Philipps letzter Artikel gefallen hat oder ob er etwas von ihm will. Dann kann Klös sehr charmant sein. Wenn er auf seinen Fahrradrunden durch seinen Zoo den Journalisten entdeckt, grüßt er ihn schon von weitem, bremst dann abrupt vor ihm ab, verwickelt ihn flink in ein Gespräch und umgarnt ihn dabei mit seinem rheinischen Charme. Wenn er sich jedoch über einen Artikel zuvor geärgert hat – was nicht selten vorkommt –, schaut er nur kurz zu ihm herüber. Er grüßt dann nicht, sondern beißt die Zähne zusammen, zieht die Wangen ein und fährt schweigend vorbei.

Dennoch haben sie einiges gemeinsam; beide teilen die Leidenschaft für Zoo und Zirkus, sammeln kleine Tierfiguren aus Elastolin und Gemälde des Malers Wilhelm Kuhnert, der schon *Brehms Thierleben* illustriert hat.

Westesel gegen Ostschwein

Eines Morgens lässt sich Klös vom Chauffeur des Zoologischen Gartens nach Ost-Berlin fahren. Vorher hat er sich im Sekretariat abgemeldet und gesagt, wohin er fährt. Nur zur Sicherheit, falls er an der Grenze festgehalten würde – man weiß ja nie. Er fährt zum Tierpark Friedrichsfelde, denn er hat etwas Wichtiges mit seinem dortigen Amtskollegen Heinrich Dathe zu besprechen. Klös ist sichtlich aufgeregt und hat dazu auch allen Grund, wie er findet. Seine Vorgängerin Katharina Heinroth hatte mit Dathe einen Eselhengst gegen einige Maskenschweine getauscht, ohne dass der Berliner Senat oder der Aufsichtsrat des Zoos davon wussten. Irgendwann hat jedoch ein Journalist davon erfahren und dies unter der Schlagzeile veröffentlicht, die Klös nun seinem Kollegen vors Gesicht hält: »Westesel gegen Ostschwein«, steht dort geschrieben. Klös macht sich Sorgen, dass er deswegen Scherereien mit dem Aufsichtsrat bekommen könnte.

Im Endeffekt hat die Anekdote für keinen der beiden Konsequenzen, sie zeigt aber doch, unter welchen Vorzeichen sie aufeinandertreffen. Denn mit dem Abschied Katharina Heinroths hat sich das Verhältnis zwischen dem Berliner Zoo und dem Tierpark grundlegend geändert. Die Zeiten, in denen Tiere an den Gremien von Zoo und Tierpark vorbei getauscht werden konnten, sind nun Geschichte. Viel entscheidender ist aber, dass sich Dathe und Klös nicht besonders leiden mögen. Dathe nimmt es Klös persönlich übel, dass er von Heinroths Entlassung profitiert und ohne zu zögern ihren Posten angenommen hat. So etwas gehört sich nicht, findet Dathe. Er hält Klös deshalb für einen schlechten Charakter, was er den 16 Jahre Jüngeren durchaus spüren lässt.

Offiziell arbeiten Dathe und Klös noch zusammen: Im

Herbst 1958 richten sie gemeinsam die jährliche Tagung des Deutschen Verbands der Zoodirektoren aus, im Jahr darauf das zweitägige »Symposium der Zootierärzte«. Doch hinter den Kulissen ist zwischen ihnen längst ein Wettkampf entbrannt.

Dathe versucht die Existenz des Zoos dazu zu nutzen, Vorteile für seinen Tierpark herauszuschlagen. In einem Brief an die Ost-Berliner Kulturstadträtin Johanna Blecha drängt er auf den Bau eines Warmhauses: »Ich bin weit davon entfernt, mich in ein Wettbauen einzulassen, da unsere Stärke auf anderem Gebiet liegt«, schreibt er. Bislang hat der Tierpark vor allem auf Tierarten gesetzt, die das ganze Jahr draußen gehalten werden können und ohne beheizte Stallungen auskommen. »Ich würde es aber bedauern«, fährt Dathe fort, »wenn wir nicht wenigstens mit einem Haus zeigten, daß wir auch Warmhäuser zu gestalten verstehen.« Dathe lässt nichts unversucht und erhält den Zuschlag. Als einige Wochen später wieder einmal kein Zement vorhanden ist, wendet er sich direkt an Staatschef Walter Ulbricht und bittet ihn um 1600 Tonnen Nachschub, »damit wir gegenüber dem Zoo in Westberlin, der im Augenblick die allergrößten Anstrengungen unternimmt, um den Prestigeverlust wett zu machen, nicht ins Hintertreffen geraten«. Außerdem bekräftigt er noch einmal: »Ich möchte, hochverehrter Ministerpräsident, vermeiden, daß der Westen, der mit Argusaugen unsere Entwicklung verfolgt, triumphierend feststellen kann, daß uns nach einem Jahr der Atem ausgeht.«

Dass der neue Tierpark im Osten der Stadt nicht nur eine harmlose Ergänzung ist, hat der Zoo bereits 1956 deutlich zu spüren bekommen: Gleich im ersten Jahr nach der Tierpark-Eröffnung kamen 85 000 Besucher weniger in den Zoo als in den Vorjahren. Auch wenn Dathe bei öffentlichen Reden und in Zeitungsartikeln weiterhin betont, dass der Tierpark keine Konkurrenz zum Zoo sein soll, weiß auch Klös, dass das längst nicht mehr stimmt. Um das zu erkennen, muss er nicht einmal nach Ost-Berlin fahren, sondern nur sein Büro im Verwaltungsgebäude neben dem Elefantenhaus verlassen und ein paar Schritte über den Hardenbergplatz zum Bahnhof Zoo hinübergehen. Keine hundert Meter vom Zoo entfernt verkündet dort ein zwölf Meter breites und vier Meter hohes Plakat: »Besuchen Sie den Tierpark Berlin«. Das Schlimme für Klös ist, dass er weder etwas dagegen tun noch selbst dort werben kann. Denn die Bahnhöfe unterstehen wie auch das Schienennetz im gesamten Berlin der Reichsbahn der DDR.

Als wäre das noch nicht genug, sorgt Dathe im August 1958 für ein Ereignis, das die Berliner in Massen wie nie zuvor nach Friedrichsfelde strömen lässt.

4

PANDA UND PRESTIGE

Betont lässig lehnt Heinrich Dathe an dem unscheinbaren Rundkäfig. Die linke Hand hat er in die Hüfte gestemmt, mit der rechten Hand hält er sich am Gitter fest. Wie ein Junge, der stolz von einem gelungenen Streich erzählt, steht er vor seinen Tierpflegern. Hinter ihm erkundet seine neueste tierische Errungenschaft gerade ihr Gehege; und die ist so außergewöhnlich, dass es gar nicht mehr bedarf als dieses schnöden Rondells mit dem Betonboden, dem Waschtrog, der Wippe und dem Baumstumpf in der Mitte.

Während im Westen das Wirtschaftswunder in vollem Gange ist, sind in der DDR erst Ende Mai 1958 die Lebensmittelkarten abgeschafft worden, acht Jahre später als in der Bundesrepublik. Nach all der Zeit der Zerstörung und Entbehrung ist es schwer, die Menschen noch zu schocken, aber dafür umso leichter, sie zu begeistern. Hauptsache, es gibt überhaupt etwas zu sehen, das sich bewegt, das atmet. Etwas, das lebt. 13 Jahre sind seit dem Krieg vergangen, eine neue Generation ist herangewachsen. Doch die Zoos haben von ihrer Anziehungskraft nichts eingebüßt, erst recht nicht der neue Tierpark in der Hauptstadt der DDR. Einen Elefanten zu sehen oder einen Löwen, das ist schon etwas Besonderes. Aber dieses Tier im Käfig hinter ihm ist noch viel mehr – es ist eine Sensation, ein Jahrhunderttier.

Die Kinder der fünfziger Jahre kennen es höchstens als

Zeichnung aus *Brehms Thierleben* oder von den wenigen Fotos, die es gibt. Tatsächlich gesehen haben sie es jedoch noch nie. Damals, vor dem Krieg, erinnern sich ihre Eltern, war schon mal eines in Berlin, nur für kurze Zeit, drüben im Zoo. »Happy« hieß er. So einen sieht man wohl nur einmal im Leben. Doch nun, nach fast zwei Jahrzehnten, gibt es in Berlin wieder einen Großen Panda.

»Chi Chi« heißt das anderthalb Jahre alte Weibchen, das die Presse in Ost und West seit einiger Zeit in Aufregung versetzt. Im Sommer vor einem Jahr sollen es chinesische Tierfänger in den Bergwäldern der Provinz Sichuan gefangen haben. Mit ihren Hunden hetzten sie das Muttertier vor sich her. Das sechs Monate alte Jungtier konnte ihr nicht schnell genug folgen, sodass es sich auf den nächsten Baum rettete, von wo es einer der Männer ohne Probleme herunterfing und es daraufhin in den Zoo von Peking brachte. Dort entdeckte der österreichische Tierhändler Heini Demmer das Pandaweibchen, der es gegen eine Schiffsladung Zebras, Giraffen, Flusspferde und Nashörner eintauschte und nach Moskau brachte, wo er es vorübergehend im Zoo unterbrachte. Eigentlich wollte Demmer es an den Brookfield Zoo in Chicago verkaufen. Alles war schon vorbereitet, doch im letzten Moment stoppte US-Außenminister John Foster Dulles die Einfuhr wegen eines Handelsembargos gegen 450 Warensorten aus der Volksrepublik China – lebende Tiere wie Pandas fielen auch darunter.

»Chi Chi« heißt übersetzt so viel wie »kleines, freches Mädchen« – wenn man es richtig ausspricht. Falsch betont, kann es auch »Hure« bedeuten. Aber der Name war Demmers kleinstes Problem. Während er noch auf eine Sondergenehmigung aus den USA wartete, musste er den Verlust, den er mit dem Kauf der jungen Bärin gemacht hatte, wieder ausgleichen. Vor allem aber musste er sie irgendwo unterbringen. Deshalb bot er den Panda mehreren europäischen Zoos an. In einer engen Holzkiste, auf der mit weißer Schrift ihr Name und der ihres Besitzers geschrieben stand, wurde sie zunächst nach Frankfurt geschickt, wo sie die Hauptattraktion zur Hundertjahrfeier des Zoos war. Anschließend ging es für sie weiter nach Kopenhagen. Auch Heinz-Georg Klös hatte die Möglichkeit, »Chi Chi« in den Berliner Zoo zu holen. Das hätte gut gepasst, knapp zwanzig Jahre nach dem Gastspiel von »Happy«.

Doch Klös, gerade einmal anderthalb Jahre im Amt, zögerte. Die Sache war ihm nicht geheuer. In der Öffentlichkeit behauptete er zwar, es liege an Demmers überzogenen Preisvorstellungen. Aber dem Berliner Journalisten Werner Philipp vertraute er sich an:

»Alle Zeitungen berichten jetzt darüber. Wenn das Vieh mir hier krepiert, dann heißt es überall, bei Klös im Berliner Zoo ist es eingegangen, das mach' ich nicht!«

Dathe hingegen hat das verlockende Angebot sofort angenommen. Den von Demmer festgesetzten Kaufpreis von rund 200 000 Mark kann er zwar auch nicht bezahlen - kein europäischer Zoodirektor kann das! Aber er kennt Demmer schon seit längerem, und so sind sie sich schnell einig geworden. In einem Gastbeitrag für die ostdeutsche Fachzeitschrift *Gärtnerpost* schreibt Dathe dazu: »Ganz abgesehen davon, dass natürlich Heini Demmer das Tier im neuen Tierpark Friedrichsfelde aus einer gewissen Dankbarkeit für manche Unterstützung ausstellte, darf andererseits sein Angebot als eine Art Orden betrachtet werden, denn würde der Tierpark trotz seiner drei Jahre, die er erst alt ist, nicht schon über die Grenzen der DDR hinaus einen Ruf gewonnen haben, würde schwerlich ein solches Angebot zu uns kommen.«

Am späten Abend des 2. August 1958 ist »Chi Chi« in Friedrichsfelde eingetroffen. Dreimal täglich bekommt sie zu fressen. Anders als ihr Vorgänger »Happy«, der auf seiner Reise durch die deutschen Zoos 1939 beinahe den gesamten Reichsbestand an Bambus vertilgt haben soll, ist sie an Ersatznahrung gewöhnt. Diese besteht zum größten Teil aus gekochtem Reis, der je nach Tageszeit noch mit Eiern, Bananen, Äpfeln, Orangen, Karotten, Trockenmilch, Traubenzucker, Vitamintropfen, Salz, Kalk, Hefe oder Knochenmehl angereichert wird.

Der Aufwand um »Chi Chis« Wohlergehen lohnt sich: In den folgenden drei Wochen kommen 400 000 Besucher nach Friedrichsfelde; dicht an dicht drängen sie sich vor dem vergitterten Rondell, um wenigstens einen Blick auf das seltene Tier zu werfen. Es wird noch Jahrzehnte dauern, bis wieder ein einzelner Bär solch einen Besucheransturm unter den Berlinern auslöst.

Im Tierpark wird jede Bewegung »Chi Chis« notiert. Denn wann hat man schon mal die Gelegenheit, ein solches Tier ausführlich zu studieren? Ihr werden Haarproben entnommen und einzeln oder in Büscheln in kleinen gelben Briefumschlägen gesammelt. Ein wissenschaftlicher Mitarbeiter legt Zeichnungen an, wie »Chi Chi« frisst - sitzend und mit beiden Pfoten fast wie ein Mensch -, sich streckt, erleichtert oder zwischen den Beinen leckt.

Eines Tages kommen ein paar Herren der Zoologischen Gesellschaft Londons nach Friedrichsfelde, um den Panda mehrere Tage lang zu beobachten. Drei Wochen nehmen sie »Chi Chi« zur Probe mit nach London, bevor der dortige Zoo sie Demmer schließlich für umgerechnet rund 120 000 Mark abkauft. Auch in England wird die junge Pandabärin zum Publikumsliebling. Der Brite Peter Scott ist von ihr so angetan, dass er sie zum Vorbild für das Wappentier seiner neuen Naturschutzorganisation nimmt - dem World Wildlife Fund, besser bekannt als WWF.

Panda auf Abwegen. Drei Wochen lang wird die junge Bambusbärin »Chi Chi« im Tierpark ausgestellt und lockt in dieser Zeit 400 000 Besucher an, die ihre gelegentlichen Ausbruchsversuche begeistert beobachten.

Dathes Aufstieg

Auch dank »Chi Chis« Gastspiel ist das Ansehen des Tierparks und seines Direktors gestiegen. Bereits ein Jahr nach der Eröffnung wurde Dathe in einer Umfrage zum bekanntesten Berliner gewählt. Seine wöchentliche Rundfunksendung »Im Tierpark belauscht« lockt jeden Sonntagmorgen um kurz nach halb neun die halbe Republik vors Radio. Auch im Ausland ist er anerkannt und längst in den Internationalen Zooverband aufgenommen worden. Auf dem Gelände des Tierparks hat er eine zoologische Forschungsstelle einrichten lassen, die der Akademie der Wissenschaften angegliedert wird. Die DDR hat zudem als erstes Land der Welt den Beruf des Tierpflegers staatlich anerkannt. Leipzigs verstorbener Zoodirektor Karl Max Schneider hatte schon in den dreißiger Jahren mit ersten Schulungen für Wärter begonnen. Doch Dathe hat sich dafür eingesetzt, dass daraus ein etablierter Lehrberuf samt Ausbildung wurde. Bereits im November 1955 startete der erste Jahrgang mit sechs Lehrlingen – jeweils zwei aus Leipzig und Dresden sowie einem aus Halle und Berlin.

Als Unterstützung für seinen Tierpark hat sich Dathe zwei Assistenten nach Friedrichsfelde geholt, die er seit langem kennt und schätzt. Hans-Günter Petzold und Wolfgang Grummt saßen bereits als Studenten in seinen Vorlesungen an der Universität Leipzig. Grummt ist Ornithologe wie Dathe, Petzold beschäftigt sich vor allem mit niederen Wirbeltieren, hat seine Doktorarbeit jedoch über das Verhalten von Schwänen geschrieben und kümmert sich im Tierpark zudem um Bären. Freundschaften bilden sich bei Dathe weniger aus emotionaler Zuneigung, sondern entstehen durch eine gemeinsame fachliche Anschauung. Für ihn ist ein Freund jemand, der in der Tiergärtnerei ähnliche Standpunkte vertritt wie er.

Mittlerweile umfasst der Tierpark rund 90 Hektar. Damit ist er der größte der Welt und dreimal so groß wie der alte Zoologische Garten im Westen. Seit seiner Eröffnung vor drei Jahren sind zu den ersten Gehegen für Hirsche, Wildschweine und Antilopen weitläufige Anlagen für Wisente, Bisons und Wölfe hinzugekommen. 1956 ist die »Schlangenfarm« eröffnet worden, ein Terrarienhaus, in dem neben Schildkröten und Krokodilen vor allem Giftschlangen gehalten und auch gemolken werden, um aus dem gewonnenen Gift Serum herzustellen. Am andere Ende des Geländes haben Handwerker aus dem dunkelgrauen Granit der alten Reichsbankruine eine Halbinsel für Eisbären errichtet, die von einem 86 Meter langen Wassergraben umrahmt wird. Manche Besucher scherzen: »Die Anlage sieht so finster aus, weil die Stasi sie finanziert hat.« Am Gehege der Amerikanischen Schwarzbären nebenan verkündet tatsächlich eine dezente Metallplakette: »Die Bärenschlucht wurde von einer Spende der Mitarbeiter des Ministeriums für Staatssicherheit gebaut.«

Ansonsten gelingt es Dathe weitgehend, die in Ost-Berlin üblichen politischen Losungen und Spruchbänder aus dem Tierpark fernzuhalten, was auch westliche Medien anerkennend erwähnen.

Der Tierpark ist nun *die* Freizeitattraktion im Ostteil der Stadt und auch im Westen als Ausflugsziel beliebt. Sowohl der millionste als auch der zweimillionste Besucher waren West-Berliner. Kamen im ersten Halbjahr seit der Eröffnung im Sommer 1955 rund 550 000 Menschen in den Tierpark, sind es 1958 rund 1,7 Millionen – 200 000 mehr, als der Zoo und das Aquarium zusammen im selben Zeitraum zählen.

Der Andrang aus dem Westteil der Stadt ärgert jedoch einige Ost-Berliner Tierparkbesucher, wie der Magistrat im Mai 1957 notiert. Sie beschweren sich darüber, dass die Besucher aus dem Westen in ihrem Tierpark »sämtliche Speisen und Getränke in Ostwährung erhalten. Nach Meinung der Bürger würden schon in den frühen Morgenstunden West-Berliner den Tierpark aufsuchen, um dann vorwiegend die Plätze in der Gaststätte zu belegen.«

Auch im Westen sieht man den Tierpark längst mit anderen Augen. In einem Schreiben des Zoos an den Präsidenten des Abgeordnetenhauses, Willy Henneberg, im März 1959 heißt es: »Der Tierpark Friedrichsfelde stellt für uns eine Gefahr dar.« Zoodirektor Heinz-Georg Klös hat sich schon in Friedrichsfelde umgesehen und erkannt, was dort aus dem Boden gestampft worden ist. Im Gegensatz zu ihm, der den Zoo noch von den Provisorien der Nachkriegszeit befreien muss, kann Dathe scheinbar aus dem Vollen schöpfen und einen modernen Zoo wie am Reißbrett planen und aufbauen. Obwohl weite Teile des riesigen Geländes bislang kaum erschlossen sind, entdeckt Klös an allen Ecken Freiwillige und Bautrupps, die unentwegt damit beschäftigt sind, Gräben auszuheben und Unterholz zu roden, damit neue Gehege entstehen können. Vor allem eine Baustelle macht Klös Sorgen. Wo sich noch vor wenigen Jahren wild angelegte Laubenkolonien erstreckten, wächst derzeit ein riesiges Skelett aus Betonplatten und meterhohen Stahlrippen in die Höhe. Auf 5000 Quadratmetern entsteht dort ein riesiges Raubtierhaus, das einmal bis zu 70 Raubkatzen Platz bieten soll.

Wenn Klös seinen Konkurrenten Dathe ausstechen will, muss er etwas haben, was es im Tierpark nicht gibt. Und er hat auch schon eine Idee. Als wenig später der Hauptausschuss des Senats den Zoo besucht, schlägt er diesem vor, den Bau eines neuen Menschenaffenhauses voranzutreiben. »Erstens sind Affen ohne Devisen kaum zu bekommen«, sagt Klös. »Zweitens benötigt man Eisenstangen für die Gitterkäfige. Und die dürften wegen des herrschenden Rohstoffmangels drüben noch schwerer zu beschaffen sein als Devisen.«

Klös lässt nichts unversucht, um seltene Tiere zu bekommen. Er hat eine Schwäche für Nashörner; seit längerem schon hat er es sich in den Kopf gesetzt, ein Paar Indische Panzernashörner zu kaufen. Das letzte Tier dieser Art, das im Berliner Zoo gelebt hatte, war vor 50 Jahren gestorben. Doch Panzernashörner sind in der Natur nicht nur selten, sondern auch kaum zu beschaffen. Nur noch einige Hundert dieser nach dem Elefanten größten Landtiere leben in Schutzgebieten in Indien und Nepal. Abgesehen von wenigen Einzeltieren, die verstreut in europäischen Tiergärten gehalten werden, züchtet einzig der Basler Zoo sie seit einigen Jahren. Aber die Schweizer haben kein Interesse, eines ihrer Tiere herzugeben – und zwei schon gar nicht. Daher versucht es Klös zunächst über die Tierhandelsfirma Hagenbeck, von der er aber bald eine Absage erhält. Daraufhin schreibt er an seinen alten Freund Otto Fockelmann, der ihm schon öfter behilflich gewesen ist und bisher noch jede Rarität besorgt hat. Nach einiger Zeit erhält er eine Antwort von Fockelmann, der eine Idee hat, wie Klös zumindest an ein Nashorn kommen könnte.

Wie der Zufall es will, steht im indischen Kaziranga-Nationalpark gerade ein junger Bulle namens »Arjun« zur Überfahrt nach Europa bereit. Stolze 30 000 Mark soll er kosten. Doch es gibt noch ein weiteres, viel größeres Problem. Denn der Bulle ist bereits dem Dresdner Zoo versprochen. Zum Glück arbeitet Fockelmann mit einem Tierhändler aus Turin zusammen. Dieser pflegt gute Kontakte nach Indien, vor allem zu einem italienischen Priester, der dort eine Missionsschule betreibt und wiederum Bekannte in Regierungskreisen hat. Für eine unbekannte Summe Schwarzgeld kann der Geistliche schließlich die indischen Behörden davon überzeugen, das Nashorn an Fockelmann zu verkaufen. Anstatt nach Dresden zieht »Arjun« also im Herbst 1959 nach Berlin. Mit Dresdens Direktor Wolfgang Ullrich versteht sich Klös eigentlich gut, er würde ihn sogar als Freund bezeichnen. Doch bei einer Seltenheit wie einem Panzernashorn hört die Freundschaft auf.

Mit dem Vertrauen unter Zoodirektoren ist es nicht weit her. Das hat auch Klös schon schmerzlich erfahren müssen: Einmal soll er von Bernhard Grzimek, bei dem er in Frankfurt volontiert hat, eine Antilope übernommen haben, ohne sich diese vorher einmal genauer anzusehen. Grzimek werde ihn schon nicht über den Tisch ziehen, dachte Klös, immerhin sind sie ja befreundet. Als die Antilope eintraf, musste Klös jedoch einsehen, dass er seinem Förderer nicht blind vertrauen kann – dem Tier fehlte der halbe Unterkiefer.

Auch mit seinem Ost-Berliner Konkurrenten Heinrich Dathe buhlt Klös um Tiere: Wenn bei Hermann Ruhe im niedersächsischen Alfeld an der Leine neue Ware eintrifft, kommen die deutschen Zoodirektoren aus allen Himmelsrichtungen herbei. Hermann Ruhe besitzt eine der wichtigsten deutschen Tierhandelsfirmen, gerade erst ist er von seiner jüngsten Fangexpedition aus Ostafrika zurückgekehrt, wovon noch seine braun gebrannte Haut zeugt.

Klös hat vom Aufsichtsrat ein festes Budget vorgegeben bekommen, das für zwei Zebras und ein Paar Strauße reicht. Doch er hat seine Tricks, um genau die Exemplare zu bekommen, die er haben will. Zu diesem Zweck trägt er stets einen Stapel Namensschildchen mit der Aufschrift »Klös - Zoo Berlin« bei sich. Beim ersten Begutachten verteilt er sie großzügig, damit die Kollegen auch sehen, welche Tiere für ihn bestimmt sind. Am Ende sucht er sich daraus dann die zwei stattlichsten und gesündesten aus.

Dathe hat wiederum vom DDR-Kulturministerium völlig freie Hand bekommen - zumindest ist Klös fest davon überzeugt: »Wenn ich mit einem Lastwagen anreise, kommt Dathe mit einem ganzen Waggon«, beklagt er sich einmal bei dem Journalisten Werner Philipp. Anders kann sich Klös Dathes Geschäftsgebaren nicht erklären. Denn anstatt sich ein paar Tiere auszusuchen, sagt dieser zu Ruhe nur: »Ich nehm' sie alle.«

»Da sind aber auch ein paar dabei, die nicht ganz gesund sind«, sagt Ruhe, der zwar ein knallharter Geschäftsmann ist, aber weiß, dass Dathe ausgesprochen empfindlich und nachtragend sein kann, wenn man versucht, ihm kranke Tiere unterzujubeln.

»Das macht nichts«, antwortet Dathe, »die pflegen wir gesund.«

Dathe und die übrigen Zoodirektoren in der DDR müssen allerdings wegen des Währungsunterschieds oft das Zehnfache von dem bezahlen, was Klös und dessen Kollegen im Westen zahlen müssen.

Klös und Dathe unterscheiden sich sehr in der Art und Weise, wie sie Geschäfte machen: Für Klös ist ein Geschäft dann ein gutes, wenn er möglichst wenig ausgeben muss. Für Dathe geht es weniger ums Geld, sondern eher darum, möglichst besondere Tiere zu bekommen.

Was Klös und Dathe eint, ist ihre Sammelleidenschaft. Beide kaufen lieber zwei neue Tiere, als auch nur eines aus Platzmangel abzugeben. Was sie bekommen können, nehmen sie. Um die Unterkünfte kümmern sie sich anschließend.

Hausherr ohne Heim

Vor allem für Dathe stellt sich deshalb das Problem, dass manches Tier bereits im Tierpark ist, obwohl es noch gar kein Gehege dafür gibt. Die Raubkatzen hausen in einem ausrangierten Eisenbahnwaggon. Die Elefanten sind in einem alten Pferdestall untergebracht, der noch aus der Zeit stammt, als die Adelsfamilie derer von Treskow im Schloss Friedrichsfelde residierte. Einmal in der Woche führen die Tierpfleger sie einige Hundert Meter durch den Park zur Wisentanlage, damit die Elefanten im Wassergraben baden können. »Kosko« wiederum lebt gleich ganz frei im Tierpark. Das junge Elefantenweibchen ist als Geschenk von Vietnams Staatschef Ho Chi Minh nach Friedrichsfelde gekommen. Doch der alte Stall ist mit drei Elefanten schon voll besetzt. Zum Glück ist sie erst zwei Jahre alt und gerade einmal so groß wie ein klobiger Reisekoffer. So vertreibt sie sich die Zeit, indem sie mit den Besucherkindern auf der Schlossallee um die Wette rennt.

Heinrich Dathe musste anfangs sogar auswärts wohnen. Bis

Elefantenrennen. Weil es für das junge Elefantenweibchen »Kosko« 1958 noch kein eigenes Gehege gibt, lebt sie anfangs frei auf dem Tierparkgelände – zur Freude der Berliner Kinder.

die neue Direktorenvilla fertig war, kam er fürs Erste bei der Schwiegermutter seines Leipziger Stellvertreters Lothar Dittrich unter, die in der Nähe des Tierparks wohnte. Seine Frau und die drei Kinder sah er in dieser Zeit nur am Wochenende, da sie erst später aus Leipzig nachkamen, nachdem die neue sogenannte Direktorenvilla fertig gebaut war.

Dass es sich dabei genau genommen nur um ein Mietshaus handelt, stört Dathe nicht - wer braucht in der DDR schon Eigentum? Außerdem sieht er den gesamten Tierpark sowieso als sein Reich an.

Dathes Domizil liegt einige Hundert Meter vom Eingang entfernt. Wenn seine Kinder Almut, Holger und Falk morgens zur Schule gehen, führt ihr Weg sie vorbei an den Hirschen und Büffeln, deren Laute bald zu vertrauten Alltagsgeräuschen werden: das Röhren des Rothirsches im Herbst, das Fiepen der

Vietnam-Sikas oder das Schnaufen der Bisons, die direkt hinterm Gartenzaun unter den mächtigen Eichenbäumen liegen und kauend vor sich hin dösen.

Von außen sieht die Villa wie der realsozialistische Versuch aus, Bauhaus-Stil mit einem Hexenhäuschen zu verbinden: vorne graue Putzfassade und spitzes Ziegeldach, hintendran ein Flachdachanbau. Die Wohnzimmerwände säumen nussfarbene Schränke mit Milchglasscheiben, vor der lang gezogenen Glasfront, die zum Garten ausgerichtet ist, stehen türkisfarbene Säulen, auf denen Reiher und Fasane abgebildet sind. In Dathes Büro hängen holzgeschnitzte Orang-Utan-Gesichter an der Wand, auf einer Truhe stehen weiße Porzellan-Grizzlybären. Über allem liegt das Geräusch einer Standuhr, die ihm den Takt seines Arbeitstags vorgibt - tick-tick, tick-tick.

Auf jedem Schnipsel, den er in die Finger bekommt, macht er sich Notizen - auf herausgerissenen Seiten von Vokabelheften genauso wie auf der Rückseite von Reklamezetteln. Auf seinem Schreibtisch erheben sich ganze Aktenberge, Büchertürme und Blätterhaufen, hinter denen der Direktor beinahe ganz verschwindet. Nur ein kleiner Bereich - gerade mal so groß wie ein DIN-A3-Bogen Papier - bleibt ihm noch zum Schreiben.

Ein Schreibtisch allein reicht für seinen Arbeitseifer auf die Dauer nicht aus, weshalb er bald alle anderen Tische im Haus belegt, auch die seiner drei Kinder. An jedem einzelnen bearbeitet er ein anderes Thema und lagert dort auch die entsprechende Literatur. Und wehe, es kommt beim Spielen etwas durcheinander.

Dathe kennt keinen Unterschied zwischen Arbeits- und Freizeit. Ab morgens um acht ist er im Tierpark unterwegs. Eine Stunde Mittagspause gönnt er sich, meist gegen drei viertel zwei. Doch wenn ein Tiertransport ankommt oder eine Geburt ansteht, kann es auch einmal später werden. Für seine Ehefrau ist es schwierig, das Essen warm zu halten. Anschließend geht er nach oben ins Schlafzimmer und hält einige Minuten »Kurzschlaf«, wie er das nennt. Das erfrischt ihn, sodass er danach wieder weiterarbeiten kann und selten vor sieben nach Hause kommt. Danach geht es noch bis spätabends an einen der Schreibtische. Der Tierpark kommt mit weitem Abstand vor allem anderen.

Seine Frau hat schon Mühe, ihn dazu zu bewegen, dass er sie mal zum Einkaufen begleitet. Selbst wenn er einen neuen Anzug braucht, muss meistens sein Fahrer für ihn einspringen, der zum Glück die gleiche Konfektionsgröße hat. Dathe selbst kommt höchstens zur Schlussabnahme mit.

Auch wenn die Familie einmal im Jahr für drei Wochen in den Urlaub an die Ostsee reist, hält er in dieser Zeit mindestens ein bis zwei Vorträge vor Ort. Statt wie andere Väter im Strandkorb zu sitzen oder mit seinen Kindern Sandburgen zu bauen, läuft er tagsüber mit seinem Zeiss-Fernglas herum und hält nach Vögeln Ausschau. Alle paar Meter bleibt er dann stehen, schaut in die Luft und zieht, wenn er eine seltene Art oder ein besonderes Verhalten bemerkt hat, sein Notizbuch aus der Tasche, um es aufzuschreiben.

Für Dathes Kinder ist es selbstverständlich, dass sie ihre Freizeit selbst gestalten – auf ihren Vater könnten sie lange warten. Das Leben im Zoo hat auch Vorteile, denn wer kann sonst noch in der Schule davon erzählen, wie eine Steißgeburt beim Rothirsch verläuft oder wie man einem Elefanten eine Infusion legt. Falk, der mit knapp zehn Jahren das jüngste der drei Kinder ist, spielt meistens im Garten hinterm Haus mit seinen Freunden Fußball, bis es dunkel wird. Manchmal stecken sie auch mit Stöcken eine Laufbahn ab, schnappen sich einen alten Dreiradreifen, den sie zum Diskus umfunktionieren, und spielen Olympiade. Wenn im Winter die Einfahrt zugefroren ist, laufen sie dort Schlittschuh, bis die vereiste Fläche so spiegelglatt ist, dass es fast unmöglich ist, ohne Sturz ins Haus zu kommen. Wenn sein Vater dann abends nach Hause kommt, gibt es Ärger, und meistens muss Falk dann noch mal hinaus, um zu streuen.

Vieles spielt sich im Hause der Familie ab. Denn Heinrich Dathe geht nur ungern ins Restaurant. Zumal es keine anständige Gaststätte in der Nähe gibt, in die man sich mit Besuch trauen kann, schon gar nicht, wenn es Besuch aus dem Westen ist. Lieber empfängt er seine Gäste daheim, denn dort wird er auch nicht abgehört. Das hätte sein Sohn Falk gemerkt, der sich für Technik interessiert und längst die Steckdosen auf Wanzen untersucht hat.

Wenn Dathe wieder einmal spontan Gäste für abends anmeldet, muss seine Frau Elisabeth loseilen, um einzukaufen und zu kochen. Währenddessen werden die Kinder losgeschickt, um Zigaretten oder Kuchen zu holen. Schnaps und Zigaretten sind immer im Haus, für den Fall, dass Gäste oder Handwerker kommen. Denn es ist üblich, dass diese nach getaner Arbeit einen Schnaps und ein oder zwei Zigaretten bekommen. Dathe selbst raucht nicht und trinkt kaum Alkohol. Seine Laster sind Schokolade und gezuckerte Milch. Die Milch muss sein Sohn Falk mit der Blechkanne bei »Mauers« holen, dem Lebensmittelgeschäft auf der anderen Straßenseite des Tierparks. Auch wenn die Verkehrsanbindung gut ist und die Straßenbahnlinie 69 auf ihrer Strecke von Johannisthal zum Walter-Ulbricht-Stadion hier vorbeifährt, erinnert der Stadtteil Friedrichsfelde ansonsten eher an ein Brandenburger Dorf: An der Schlossstraße, die bald schon den Namen »Am Tierpark« erhalten wird, stehen nur wenige Altbauten mit drei oder vier Geschossen. Außer dem Lebensmittelladen gibt es zwei Arztpraxen und die Kneipe »Johnny«, südlich davon erstreckt sich eine Gärtnerei, der Rest sind Lauben und Getreidefelder bis zum nahen Horizont.

Ein eigenwilliger Stellvertreter

Einen Nachfolger für Dathe haben die Leipziger immer noch nicht gefunden, nachdem mehrere mögliche Kandidaten abgesagt haben, darunter auch Katharina Heinroth. Dathe ist mit dem weiteren Aufbau des Tierparks schon genug ausgelastet. Daher hat er die Leitung des Leipziger Zoos, den er seit dem Tode von Karl Max Schneider 1955 kommissarisch führt, seinem früheren Assistenten Lothar Dittrich übertragen. Trotz der Belastung in Berlin lässt er sich weiterhin von Dittrich berichten, was sich im Tierbestand verändert hat und was sonst noch so vor sich geht.

Auch im Herbst 1956 hat er ihn angerufen. Zu dieser Zeit gehen in Polen gerade Arbeiter gegen das Sowjetsystem auf die Straße, in Ungarns Hauptstadt Budapest demonstrieren Studenten für mehr Bürgerrechte. In der DDR fühlen sich die Menschen an den 17. Juni 1953 erinnert, als sich erstmals die Bürger eines sozialistischen Landes gegen den Staat auflehnten. In den Betrieben unterhalten sie sich hinter vorgehaltener Hand darüber, ob so etwas wieder passieren könnte. Auch im Tierpark spricht die Belegschaft kaum noch von etwas anderem. So eine Ablenkung kann Dathe nun gar nicht gebrauchen. Deshalb ruft er eines Morgens Dittrich an, um zu erfahren, wie die Stimmung im Leipziger Zoo ist. Was dieser ihm zu berichten hat, gefällt Dathe überhaupt nicht:

»Auch hier unterhalten sich die Tierpfleger darüber«, sagt Dittrich, »ein Teil der Belegschaft hat schon durchblicken lassen, dass er auch demonstrieren will, wenn es so weit kommen sollte.«

»Und was gedenken Sie dagegen zu tun?«, fragt Dathe ihn.

Dittrich hat dazu eine eindeutige Meinung: »Wenn sie demonstrieren wollen, werde ich sie nicht daran hindern. Ich sorge natürlich dafür, dass jedes Revier weiterhin besetzt bleibt«, antwortet er Dathe und verkneift es sich nicht hinzuzufügen: »Im Übrigen haben sie ja recht, hier muss endlich einmal was passieren. So engstirnig und kleingeistig kann es in diesem Land nicht weitergehen. Ich habe mir auch schon überlegt, wie ich mich beteiligen kann.«

Dathe kann kaum fassen, was er da hört, und ist außer sich vor Wut: »Das werden Sie sicher nicht tun«, schreit er Dittrich durchs Telefon an. »Kein einziger Angestellter des Zoos wird an irgendeiner Demonstration teilnehmen, ist das klar?«

Diese Maßregelung allein reicht Dathe jedoch nicht. Noch am selben Tag lässt er sich von seinem Chauffeur nach Leipzig fahren und ordnet persönlich an, dass niemand den Zoo verlassen dürfe. Zu Dittrich sagt er noch einmal: »Sie haben sich ausschließlich um den Zoo zu kümmern, um nichts anderes, schon gar nicht um Politik!«

Dabei geht es Dathe nicht darum, den Staat zu schützen – davon könnte er Dittrich ohnehin nicht überzeugen. Dathe ist kein politisch denkender Mensch im eigentlichen Sinne. Seit er selbst erlebt hat, welche Folgen seine Mitgliedschaft in der NSDAP hatte, meidet er die Politik, so weit es geht. Er, ganz Pragmatiker, sagt sich: »Gib dem Kaiser, was des Kaisers ist«, tut, was nötig, vor allem aber, was gut für seinen Tierpark ist. Alles, was darüber hinausgeht, interessiert ihn nicht.

Allerdings macht er sich dabei nicht immer Freunde. Ende der fünfziger Jahre wendet sich Oberbürgermeister Friedrich Ebert in einem Brief an die Kulturstadträtin Blecha, weil es

Beschwerden über Dathe gibt. Und die kommen nicht von irgendwem, sondern von Erich Mielke und von Willi Stoph, den Ministern für Staatssicherheit sowie Nationale Verteidigung: In Mielkes Ministerium war Geld für einen Raubtierkäfig gesammelt worden. Dathe soll daraufhin zurückgeschrieben haben, dass die Summe nicht ausreiche, und um weiteres Geld gebeten haben. Als undankbar und unverschämt empfindet Mielke das. Bei Stoph soll Dathe noch forscher vorgegangen sein und mehrfach gefordert haben, einen Spendenaufruf unter den Soldaten der Nationalen Volksarmee zu starten. Dathe ist mittlerweile jedoch so anerkannt, dass er sich solche Vorfälle erlauben kann, ohne schwerwiegende Folgen für sich oder seinen Tierpark befürchten zu müssen.

1956 hat die Tierhandelszentrale in Moskau – auch bekannt als »Zoobjedinenije« – den Berliner Tierpark zu ihrer Zweigstelle und zum Umschlagplatz für alle Tiertransporte zwischen dem Ostblock und Westeuropa ernannt. Dathe hat genügend Flächen, um auch ganze Herden von Huftieren unterzubringen. Die ankommenden Tiere müssen in Friedrichsfelde einige Wochen in Quarantäne, bevor sie anschließend weiter in den Westen oder Osten reisen. Die Tiere aus dem Ostblock erhalten von den DDR-Behörden einen Stempel, der sie nun als »deutsche« Tiere ausweist, ganz egal, ob sie aus dem Kaukasus, den Steppen Zentralasiens oder den Wäldern Sibiriens stammen.

Anders als Klös – der im Westen noch im Schatten des Frankfurter Zoodirektors und neuen Verbandschefs Bernhard Grzimek steht – ist Dathe längst die zentrale Figur der ostdeutschen Tiergärtnerei. Nichts geht ohne ihn; er leitet den wichtigsten Zoo der DDR. Dabei kommt Dathe auch der zentralistische Staatsaufbau entgegen, wie Bernhard Grzimek bemerkt, als er im Herbst 1958 die ostdeutschen Tiergärten besucht.

»Die Ostregierung scheint diesen neuen Zoo aus politischen und aus Prestige-Gründen zu bauen«, schildert er einem amerikanischen Kollegen seine Eindrücke in einem Brief. »Gleichzeitig bekommen die alten Zoos im Osten, in Dresden, Halle und Leipzig, kein Material für den Wiederaufbau oder die Modernisierung.«

Diese Einschätzung teilen auch einige ostdeutsche Tiergärtner, denn Dathes Einfluss wird keineswegs von allen Kollegen stillschweigend hingenommen. Einer, der sich das nicht gefallen lassen will, ist Halles Zoodirektor Hans Petzsch. Als der Tierpark eröffnet wurde, hatte sein Zoo die ersten Tiere gespendet - einen Storch und ein Kamel. Doch mittlerweile wird in Berlin entschieden, welche Tiere die anderen Zoos bekommen. Bei einer Sitzung soll Petzsch daher mit der Faust auf den Tisch geschlagen und gerufen haben: »Ich brauche keinen Papst in Berlin, ich bin der souveräne Großherzog von Halle!«

Auch Lothar Dittrich in Leipzig bekommt die Mangelwirtschaft zu spüren. Allerdings ist er nicht bereit, sich in irgendeiner Form anzupassen. Sein Ärger richtet sich dabei nicht gegen Dathe. Ihn stört besonders die kleinkarierte Bürokratie in der DDR. Mehrfach gerät er deswegen mit Parteifunktionären aneinander. Wie das enden kann, zeigt das Schicksal von Hans Petzsch, der eines Abends in aller Öffentlichkeit angetrunken und etwas zu laut über Staatschef Ulbricht geschimpft haben soll: »Der Spitzbart muss weg!« Diese Bezeichnung gilt in der DDR als Staatsverleumdung und kann zu einer Haftstrafe führen. Petzsch verliert 1959 seinen Direktorenposten und muss sich fortan als freier Schriftsteller durchschlagen.

Mittlerweile ist Dittrich zwar nur noch stellvertretender Direktor in Leipzig, da mit dem gebürtigen Berliner Ludwig Zukowsky ein Nachfolger für Dathe gefunden worden ist. Aber das ändert nichts daran, dass Dittrich weiterhin unter

Beobachtung steht. Im Gegensatz zu Dathe ist er weder unantastbar noch bereit, alles Unangenehme außerhalb der Zoowelt auszublenden. Das wird schon bald zu Problemen führen, die Dittrich schließlich eine folgenschwere Entscheidung treffen lassen. Um zu verstehen, wie es dazu kommen konnte, muss man seine Geschichte kennen.

Angefangen haben die Probleme für Dittrich schon vor einigen Jahren, als Karl Max Schneider noch Direktor in Leipzig und er dessen Assistent war. Schneider hatte einen Tieraustausch mit der Volksrepublik China vereinbart: Aus Peking sollten Sibirische Tiger nach Leipzig geschickt werden – die ersten überhaupt, die nach dem Krieg nach Deutschland kämen. Im Gegenzug sollten die Leipziger aus ihrer weltberühmten Zucht vier Hyänen und sechs Löwen liefern.

1954 trifft das erste Tigerpaar mit dem Zug ein, im Jahr darauf das zweite. Nun sind die Leipziger an der Reihe, doch bevor der Austausch abgeschlossen werden kann, stirbt Schneider im Oktober 1955. Da Dathe bereits in Ost-Berlin weilt, muss Dittrich das Tauschgeschäft zu Ende bringen – nur wie? Ein Tiertransport mit der Transsibirischen Eisenbahn wäre zu kompliziert, am einfachsten ginge es über den Seeweg. Doch die Handelsflotte der DDR, die erst wenige Jahre zuvor gegründet worden ist, besitzt noch keine geeigneten Schiffe für einen solchen Transport. Daher bietet die Tschechoslowakei an, die Tiere zu verfrachten, allerdings nur gegen Bezahlung in Westgeld – Devisen also, die die Leipziger nicht haben. Durch Zufall kommt Dittrich auf der Leipziger Messe mit einem Vertreter der Reederei Hamburg-Amerikanische Packetfahrt-Actien-Gesellschaft, kurz HAPAG, ins Gespräch und erzählt ihm von seinem Transportproblem.

»Wissen Sie was«, sagt der Handelsvertreter, »wenn Sie uns

den Transport übertragen, fahren wir die Ware kostenlos für Sie.«

»Was für ein Glück«, denkt sich Dittrich. Er lässt daraufhin die Löwen und Hyänen im Zoo in Transportkisten verpacken und begleitet sie nach Hamburg, zusammen mit hundert Schafen als Futtervorrat für die wochenlange Überfahrt, die damals wegen der Suezkrise um Südafrika herum führen muss.

Am Abreisetag sind zahlreiche Journalisten im Hamburger Hafen vor Ort. Schließlich kommt es nicht alle Tage vor, dass ein westdeutsches Unternehmen ostdeutsche Tiere nach China bringen soll.

»Wenn Sie mich zitieren, bitte ich Sie, mich wörtlich zu zitieren«, sagt Dittrich den anwesenden Reportern. Ihm ist bewusst, dass er vorsichtig sein muss, denn in der DDR sieht man Geschäfte mit Firmen aus dem kapitalistischen Westen gar nicht gerne.

Genau solch eine Schlagzeile hat er befürchtet, wie er sie am nächsten Tag auf dem Titelblatt einer Boulevardzeitung liest: »Rote Löwen für Rotchina«, steht dort in großen Buchstaben. Zurück in Leipzig werfen ihm Parteivertreter vor, er habe dem Klassenfeind dazu verholfen, Kontakt zur Volksrepublik aufzunehmen. Da nach dem Tode Stalins die Spannungen zwischen der Sowjetunion und China zugenommen haben, gilt es als Affront, den Westen und die Chinesen gegen den großen Bruderstaat zusammenzubringen. Aber Dittrich hält dagegen: »Das Unternehmen hat den Transport kostenlos übernommen. Außerdem erwarteten die Chinesen, dass wir uns an den Vertrag halten und endlich liefern.«

Für die Funktionäre spielt das allerdings keine Rolle. In ihren Augen hat Dittrich einen »schweren politischen Fehler« begangen. In seinen Augen können die Bonzen nicht wirtschaftlich denken.

Mehrfach kommt es zu ähnlichen Vorfällen. Ein weiterer ereignet sich 1958: Schon seit geraumer Zeit ist das Dach des knapp 60 Jahre alten Affenhauses baufällig, einer der Träger ist beinahe völlig durchgerostet. Doch ein neuer ist so schnell auch nicht aufzutreiben. Überall in der Stadt mangelt es an Konsumgütern und Rohstoffen – und wenn es etwas gibt, ist es meist für die Hauptstadt vorgesehen. Erst kommt Berlin, dann lange nichts, dann die Messestadt Leipzig und irgendwann der Rest der DDR. Bis wieder Baumaterial zugeteilt wird, ist das Dach womöglich schon eingestürzt. Deshalb beauftragt Dittrich kurzerhand den Baumeister der Leipziger Oper, nach Hennigsdorf bei Berlin zu fahren, um im dortigen Walzwerk einen neuen Eisenträger zu besorgen.

Als dieser samt Träger wieder auf dem Wirtschaftshof des Zoos ankommt, wartet dort schon die Stasi und verhaftet ihn wegen Planverstoßes. Als Dittrich davon erfährt, ruft er sofort in der Bezirksvertretung des Ministeriums an: »Wie können Sie den Mann festnehmen? Der war weisungsbefugt. Wenn, dann müssen Sie schon mich verhaften.«

Doch die Stasi hat kein Einsehen: »Wir verhaften denjenigen, der das gemacht hat«, bekommt Dittrich als Antwort.

Am nächsten Tag hat er die weinende Frau des Baumeisters vor sich sitzen. »Ich werde alles, was in meiner Macht steht, tun, um Ihren Mann da rauszuholen, er ist natürlich unschuldig«, verspricht er ihr.

Tags darauf bekommt er wieder Besuch, diesmal von einem ziemlich aufgebrachten Opernintendanten. In wenigen Tagen soll »Der Freischütz« aufgeführt werden, doch ohne den Baumeister können die Kulissen nicht fertiggestellt werden.

»Wunderbar«, sagt Dittrich zum Intendanten, »dann gehen wir jetzt zusammen zur Stasi und sagen, dass ohne ihn hier gar nichts mehr läuft.«

Es dauert nicht lange, bis der Unschuldige wieder frei ist. Für Dittrich ist es ein Beleg mehr, wie idiotisch dieser Staat handelt. Immer häufiger kommt es zu solchen Vorfällen. Und mit jedem wird Dittrichs Stasi-Akte dicker. Ihm ist klar, dass er sich in diesem System nicht an einer führenden Stelle halten kann, wenn er nicht bereit ist, sich der Staatsdoktrin zu beugen. Dathe kann es sich herausnehmen, SED-Plakate in seinem Tierpark zu verbieten und die Führungsriege mit Spendenaufrufen zu nerven, weil er ein ganz anderes Ansehen genießt.

Der Leipziger Zoo ist den SED-Bezirksleitern ohnehin nicht geheuer. Der FDJ, der Jugendorganisation der Partei, gelingt es zum Beispiel nicht, dort zu Fuß fassen. Außerdem hat sich bislang keiner der Zoolehrlinge freiwillig zum Armeedienst gemeldet. Als sich endlich der Erste bereit erklärt, wird er mit großem Pomp verabschiedet. Allerdings setzt er sich kurz darauf in den Westen ab. All das wird Dittrich vorgeworfen, als die Stasi ihn 1960 zum Verhör lädt. Seine Akte liegt aufgeschlagen auf dem Tisch. Dittrich schätzt, dass sie bereits rund fünf Zentimeter dick ist. Während der befragende Offizier kurz seinen Platz verlässt, kann Dittrich über Kopf flüchtig diesen einen Satz lesen: »D. ist ein undurchsichtiges Subjekt.«

Wenig später wird ein weiterer, wie Dittrich findet, sinnloser Haushaltsplan mit neuen Einschränkungen für den Zoo festgelegt. Dittrich beschließt, dass nun Schluss sein muss. Gemeinsam mit seiner Frau, die im sechsten Monat schwanger ist, seiner sechsjährigen Tochter und seiner Schwiegermutter setzt er sich im April 1961 nach West-Berlin ab. Von dort schreibt er einen Abschiedsbrief nach Leipzig, in dem er seinen Mitarbeitern seinen Entschluss begründet.

Seit der Gründung der DDR vor knapp zwölf Jahren sind rund zweieinhalb Millionen Menschen in die Bundesrepublik geflohen. Den Großteil davon zog es, wie nun auch Familie Dittrich, zunächst nach West-Berlin. Dort angekommen, müssen sie sich als Erstes im Notaufnahmelager Marienfelde im Süden der Stadt melden, dem zentralen Ort für ein Aufnahmeverfahren. In langen Schlangen warten die Menschen dort vor der Meldestelle. Die 25 weißen dreigeschossigen Flachdachbauten, in denen die Flüchtlinge vorübergehend untergebracht werden, sind bereits überfüllt. Um mehr Platz zu schaffen, sind Doppelstockbetten in den Küchen aufgestellt worden. Dittrich kann die US-amerikanische Lagerleitung überreden, dass seine Frau, seine Tochter und seine Schwiegermutter privat bei Freunden in Charlottenburg unterkommen, während er vor Ort bleibt, um die Verhöre über sich ergehen zu lassen. Weil er kein bundesdeutscher Staatsbürger ist, wird er regelrecht durchleuchtet. Über allem schwebt der Verdacht, dass jeder Flüchtling auch ein Spion sein könnte. Bei den Interviews, die ein Kommandant der US-Streitkräfte leitet, ist auch immer eine Dolmetscherin anwesend, nur für den Notfall. Aber sie wird kaum gebraucht, weil Dittrich sich ganz gut verständigen kann.

Nach einigen Tagen erhält er den Bescheid, dass alles in Ordnung ist. Er bekommt Ausweise für sich und seine Familie, sodass sie nun als Bundesdeutsche gelten. Schon am nächsten Morgen sollen sie sich um zehn Uhr am Flughafen Tegel einfinden, um von dort ausgeflogen zu werden. Mit der frohen Botschaft fährt Dittrich nach Charlottenburg, wo seine Familie bereits auf ihn wartet. Kaum ist er angekommen, schellt es jedoch an der Tür. Es ist ein Bote des Flüchtlingslagers: »Der

Flugplan hat sich geändert«, sagt er. »Sie müssen morgen schon um acht Uhr in Tegel sein.«

Kurz nachdem die Familie ausgeflogen worden ist, hält ein Wagen vor dem Haus in Charlottenburg. Drei Stasi-Beamte steigen aus, gehen die Treppe hinauf in den ersten Stock zu der Wohnung, in der die Dittrichs sich bis vor kurzem noch aufgehalten haben, und klingeln an der Tür. Als die Gastgeberin der Dittrichs öffnet, fragen die Männer sie nach Lothar Dittrich. Sie ist natürlich vorbereitet. »Wen wollen Sie sprechen?«, fragt sie noch einmal.

»Lothar Dittrich.«

»Tut mir leid, den Namen haben wir noch nie gehört.«

Darauf haben die Männer nur gewartet. Sie stoßen sie zur Seite, stürmen in die Wohnung und durchsuchen jedes Zimmer. Doch von Lothar Dittrich und seiner Familie fehlt jede Spur. Wo könnte er sein, fragen sie sich. »Vielleicht ist er im Zoo«, murmelt einer von ihnen. »Sich von den Westkollegen verabschieden.« So plötzlich, wie sie aufgetaucht sind, sind die drei Männer auch schon wieder in ihrem Auto davongefahren.

Im Berliner Zoo hält Heinz-Georg Klös gerade seine allmorgendliche Visite ab, auf der er mit seinem Tross an Assistenten und Tierärzten jedes Revier besucht. Diese Rundgänge verlaufen nach einem festen Muster: Die Revierleiter berichten zunächst, was es Neues gibt, anschließend stellt Klös Fragen. Und solange der Direktor noch keine gestellt hat, darf auch keiner seiner Mitarbeiter ihm zuvorkommen. Meist findet Klös etwas, das ihm nicht gefällt, zum Beispiel wenn wie jetzt Spinnweben im Flusspferdhaus über den Besucherbereichen hängen. »Die hingen doch schon gestern da«, meckert er die Pfleger an, »da müsst ihr mal wieder mit dem Besen langgehen.« Außerdem macht es ihn wütend, wenn die Schilder an den Gehegen nicht blitzblank geputzt sind. Und ebenso wenig kann er es ausstehen, wenn man ihn bei seinem morgendlichen Ritual stört – so wie diese drei Männer in ihren billig glänzenden Ledermänteln, die sich nun vor ihm aufbauen. Die haben ihm gerade noch gefehlt.

»Was wollen Sie?«, fragt er sie genervt.

»Wir suchen Herrn Lothar Dittrich.«

Jetzt ist Klös nicht mehr nur verärgert, sondern fängt auch an, an ihrer Zurechnungsfähigkeit zu zweifeln. »Meine Herren«, antwortet er und kann sich einen belehrenden Unterton nicht verkneifen, »da müssen Sie schon nach Leipzig fahren, das hier ist der Zoo Berlin!«

Missmutig und ohne Erkenntnis, wo der Gesuchte stecken könnte, ziehen die drei wieder ab.

In der Zwischenzeit hat Lothar Dittrich längst von dem Vorfall erfahren und den zuständigen Kommandanten in Marienfelde alarmiert. Dort versucht man zu rekonstruieren, wer alles von Dittrichs geplanter Ausreise gewusst – und wer ihn verraten hat.

Etwa gegen fünf Uhr am Nachmittag erschien der Flugplan, wonach die Familie am nächsten Morgen um zehn Uhr am Flughafen sein sollte. Kurz darauf hatte die Dolmetscherin, die bei allen Verhören dabei gewesen war, Feierabend. Sie war zu diesem Zeitpunkt die Einzige, die nicht wissen konnte, dass wenig später der Plan wieder geändert wurde. Von zu Hause informierte sie ihren Verbindungsoffizier bei der Stasi und gab die veralteten Flugdaten durch. Nur durch Zufall ist Lothar Dittrich einer Entführung entgangen.

Es wird nicht bei diesem einen Versuch bleiben. Aber zunächst einmal wartet auf ihn und seine Familie ein neues Leben im Westen. Es beginnt in einer leeren Wohnung im niedersächsischen Alfeld. Die Familie braucht Möbel und nach der ersten Woche hat Lothar Dittrich 10 000 Mark Schulden. Zum Glück findet er bald eine Stelle als Tierpfleger bei dem ortsansässigen Großtierhändler Hermann Ruhe.

Er hat studiert, war stellvertretender Direktor im Leipziger Zoo, und nun muss Lothar Dittrich wieder ganz unten anfangen. Doch das ist egal. Hauptsache, sie sind endlich draußen. Seine Frau, die in der DDR als Journalistin gearbeitet hat, und er sind voller Hoffnung, dass sie sich wieder etwas aufbauen werden; sie glauben, dass die Zukunft besser wird, wenn auch anders.

Eines Morgens, als Dittrich gerade damit beschäftigt ist, eine Gruppe junger Antilopen ins sogenannte Sammelgehege zu lassen, taucht ein Unbekannter vor dem Zaun auf.

»Guten Tag, Kriminalpolizei Alfeld«, stellt sich der Mann vor. »Ich hätte da ein paar Fragen an Sie. Würden Sie bitte mal mit rauskommen?«

»Das geht leider nicht«, antwortet Dittrich, »Sie sehen ja, ich bin beschäftigt.«

»Es dauert auch nicht lange«, sagt der Polizist mit einem Lächeln.

»Wenn ich jetzt weggehe, kriegen die sich hier alle in die Wolle«, entgegnet Dittrich.

So schnell gibt der Polizist nicht auf: »Glauben Sie mir, es geht ganz schnell.«

Doch Dittrich bleibt stur. »Tut mir leid. Es geht wirklich nicht. Bis ich hier alle Tiere eingefangen und weggesperrt habe, dauert es mindestens anderthalb Stunden. Ich kann Ihnen aber anbieten, dass wir uns heute Abend um halb sieben im Ratskeller treffen, dann beantworte ich gern alle Ihre Fragen.«

Damit ist der Beamte schließlich einverstanden und verschwindet wieder. Kaum ist er weg, beginnt Dittrich, die Tiere einzuschließen. Zehn Minuten dauert es, bis alle wieder im Stall sind.

Dittrich hat nach seiner Flucht und der versuchten Entführung vom Bundesnachrichtendienst einige Verhaltensregeln mit auf den Weg bekommen, was er in solchen Fällen tun soll. Als Erstes ruft er bei der Alfelder Polizei an und fragt dort nach: »Warum hetzen Sie mir die Kripo auf den Hals?«

In der Zentrale ist man darüber erstaunt: »Komisch, wir haben hier gar keine Kripo, die sitzt in Hildesheim. Aber bleiben Sie mal kurz dran, wir fragen dort direkt nach.«

Im Hintergrund hört Dittrich, wie sich die Polizisten unterhalten: Hildesheim? – Hat auch niemanden geschickt.

»Hören Sie?«, spricht nun wieder der Beamte ins Telefon. »Die Kollegen in Hildesheim wissen auch von nichts. Wir müssen noch beim Präsidium in Hannover nachfragen und rufen Sie dann zurück.«

Eine Stunde später klingelt bei Dittrich das Telefon: »Natürlich hat man niemanden zu Ihnen geschickt«, sagt ihm der Polizist, »aber nehmen Sie bitte den Termin heute Abend wahr, wir haben Beamte vor Ort. Sie müssen sich also keine Sorge um Ihr Leben machen.«

Abends macht sich Dittrich auf den Weg zum Ratskeller. Als er zur vereinbarten Zeit dort eintrifft, kommt er sich wie in einem schlechten Krimi vor. Schon von der Tür aus erkennt er, dass die Männer, die dort betont unauffällig an den Tischen sitzen, keine Stammkunden sind, sondern allesamt Zivilpolizisten.

Dittrich setzt sich an einen Tisch und wartet eine Zeit lang. Doch der ominöse Besucher vom Vormittag taucht nicht mehr auf.

Erst sehr viele Jahre später wird Lothar Dittrich erfahren, dass sein Name auf einer Liste stand, die der Minister für

Staatssicherheit, Erich Mielke, persönlich dem Zentralkomitee der SED vorgelegt hat. Auf ihr waren DDR-Flüchtlinge vermerkt, die aufgrund ihrer Ausbildung oder Position in die DDR zurückzuholen seien. Nicht um Dittrich wieder auf seine alte Stelle im Leipziger Zoo zu setzen, sondern in eine Zelle im Hochsicherheitstrakt von Bautzen.

Klare Verhältnisse

Anfang August 1961 geht in der Verwaltung des Berliner Zoos ein Brief ein. Einer Besucherin ist ihre Jahreskarte abgenommen worden, da sie unerlaubt Tiere gefüttert hat. Es ist noch gar nicht so lange her, dass das Füttern im Zoo geduldet wurde. Klös hat eine Weile gezögert, bis er es verbieten ließ, vielleicht weil er wegen der sprichwörtlichen Berliner Tierliebe einen Aufschrei der Bevölkerung befürchtete.

In der Zoo-Verwaltung ist man sich jedoch schnell einig, dass die Frau ihre Karte zurückbekommen soll, da es sich um eine ältere Ost-Berlinerin handelt. Und der Zoo kann es sich nicht leisten, die wenigen verbliebenen Stammbesucher aus dem sowjetischen Sektor auch noch zu verlieren. Allzu viele sind in den vergangenen Jahren nach Friedrichsfelde abgewandert.

Ob die Dame noch einmal die Gelegenheit bekommen hat, den Zoo zu besuchen, ist nicht bekannt. Es ist eher unwahrscheinlich, denn nur gut eine Woche später verliert der Zoo die übrigen Besucher aus der Osthälfte der Stadt endgültig.

In der Nacht zum 13. August 1961 beginnt das, womit niemand gerechnet hat, auch der geflohene Lothar Dittrich nicht. In der letzten Zeit haben sich die Beziehungen zwischen den USA und der UdSSR zunehmend verschlechtert; besonders der Status West-Berlins ist umstritten: Nikita Chruschtschow will die Stadthälfte entmilitarisieren. Bereits vor zweieinhalb Jahren hat der sowjetische Staatschef die Alliierten aufgefordert, ihre Truppen von dort abzuziehen. Beim Gipfeltreffen mit US-Präsident John F. Kennedy im Juni 1961 in Wien bezeichnete er West-Berlin als »gefährlichsten Ort der Welt« und drohte damit, dieses »Krebsgeschwür« zu entfernen. Kennedy bestand lediglich darauf, dass die Alliierten weiterhin ihre Sektoren kontrollieren, den sowjetischen Sektor betreten dürfen und die Freiheit West-Berlins absichern.

Lothar Dittrich war klar, dass der DDR gar nichts anderes übrig bleiben würde, als bald etwas gegen die anhaltenden Flüchtlingsströme gen Westen zu tun. Doch er hätte nicht geglaubt, dass der Viermächtestatus Berlins angetastet werden könnte. Als er am Morgen des 13. August 1961 im Radio in seiner Küche in Alfeld die Nachrichten hört, zieht es ihm fast die Beine weg. Kein halbes Jahr nachdem er mit seiner Familie in den Westen geflohen ist, haben Betriebskampfgruppen der Volkseigenen Betriebe in Zusammenarbeit mit den »bewaffneten Organen« über Nacht die Grenzübergänge nach West-Berlin abgesperrt und begonnen, entlang der Sektorengrenzen Stacheldraht zu spannen.

In den folgenden Tagen wird um West-Berlin herum aus Betonblöcken jenes Bauwerk gezogen, das die nächsten Jahrzehnte das Berliner Stadtbild wie kein zweites prägen und symbolisieren soll. Die Berliner Mauer verläuft mitten durch Straßen und sogar Häuser. Wo es nötig ist, werden die Fenster mit Ziegeln und Mörtel verfüllt. Familien werden getrennt. West-Berlin ist abgeriegelt.

Auch zwischen Zoo und Tierpark sind die Fronten geklärt; Dathe und Klös sind nun endgültig Platzhirsche mit abgesteckten Revieren. Ihre Konkurrenz wird nun zum symbolischen Stellvertreterkampf, in dem beide mit ihren Einrichtungen sinnbildlich für das jeweilige politische System stehen. Fortan geht es in erster Linie nicht mehr um die Gunst der Besucher, sondern um die der großen Tiere in Bonn und Ost-Berlin.

5

JÄGER UND SAMMLER

Fremdartige Geräusche ertönen über West-Berlin und durchbrechen den morgendlichen Straßenlärm. Die Gibbons im Zoologischen Garten singen und klingen wie eine außer Kontrolle geratene Jazzband. Mehrere Kilometer weit sind die Laute zu vernehmen, mit denen die Menschenaffen ihr Revier behaupten. Wenn der Wind, so wie jetzt, günstig steht, schallen sie über den Tiergarten und die Mauer hinweg bis nach Ost-Berlin. Als sei die Stadt noch eins.

Doch seit dieser Nacht im vergangenen August hat sich alles verändert, und mehr denn je schwebt über West-Berlin die Angst vor einem Einmarsch der NVA oder, schlimmer noch, der Roten Armee. Die Amerikaner haben vorsorglich 200 Kampfflugzeuge in Frankreich stationiert, um im Zweifel für einen sowjetischen Angriff gewappnet zu sein. Was dann passieren würde, will sich kein Berliner vorstellen - ein Zusammenstoß der Supermächte, ein dritter Weltkrieg.

Am 27. Oktober 1961 wäre es fast dazu gekommen. Die Gibbons im Zoo haben nichts von den Revierkämpfen ihrer großen Verwandten bemerkt; der baumlose Ort namens Checkpoint Charlie ist ihnen unbekannt. Die Menschen dort sangen nicht, sondern ließen Panzer auffahren, kampfbereit standen sie sich gegenüber und warteten nur darauf, dass ihre Anführer den Befehl gaben zu schießen. Unter einigen Menschenaffen ist Krieg nichts Ungewöhnliches.

Es ist bei den Drohgebärden geblieben, doch das Kräftemessen geht weiter. Von nun an ist es ein symbolischer Kampf: Für die Alliierten gilt es, ihre Machtansprüche in West-Berlin zu zeigen, dieser »Insel der Freiheit« inmitten des »Roten Meeres«.

Um auf eine erneute Blockade vorbereitet zu sein, werden überall in West-Berlin Lebensmittel für ein Dreivierteljahr eingelagert. Auch der Zoo muss Vorräte für seine Tiere anlegen; Scheunen und Kühlräume werden gebaut. Einen Großteil des vorgegebenen Fleischvorrats bilden die lebenden Haustierrassen im Zoo. Nur Fisch wird nicht eingelagert, sodass die Robben im Notfall ausgeflogen werden müssten.

Der Zoo wird zunehmend zum politischen Schauplatz: Am 21. Februar 1962, ein Jahr bevor US-Präsident John F. Kennedy nach Berlin kommen wird, besucht sein jüngerer Bruder, US-Justizminister Robert Kennedy, den Berliner Zoo. Schon weit vor dem Eingang bildet sich eine Menschentraube um ihn und weicht nicht mehr von seiner Seite, sodass die Pförtner schließlich gezwungen sind, die Tore des Zoos weit zu öffnen und alle hereinzulassen, ohne Eintritt zu nehmen – was Direktor Heinz-Georg Klös mächtig wurmt.

Kennedy hat einen Weißkopfseeadler mitgebracht, das Wappentier seines Landes, den er prompt auf den Namen von West-Berlins Regierendem Bürgermeister Willy Brandt tauft. »Ohne das Geschlecht des Adlers vorher zu prüfen«, bemerkt einer der anwesenden Journalisten und runzelt die Stirn. Die SED-Parteizeitung *Neues Deutschland* nutzt die dankbare Vorlage und berichtet unter der Überschrift »Hinter Gittern« ausführlich »von den Gewohnheiten Willy Brandts«, der »am liebsten tote Ratten frisst«. In den folgenden Wochen berichten ostdeutsche Zeitungen immer wieder über den Namensvetter des Regierenden Bürgermeisters von West-Berlin.

Solche Staatsgeschenke haben noch einen ganz anderen

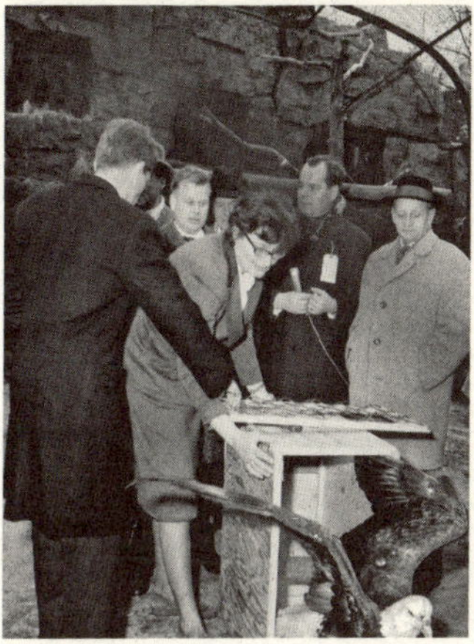

Strichvogel Willy lendenlahm

Willy Brandt sitzt hinter Gittern

Schon seit sieben Tagen sitzt in Westberlin Willy Brandt hinter Gittern! Bei Kennedy sei's geschworen, ich habe ihn gestern besucht. Verstört hockte er in einer Ecke seines Gefängnisses.

Gefiedertes Politikum. Bei seinem Besuch 1962 bringt US-Justizminister Robert Kennedy einen Weißkopfseeadler mit und tauft ihn auf den Namen »Willy Brandt«, was die Ost-Presse genüsslich auseinandernimmt.

Haken, denn meist handelt es sich dabei um jene Tiere, die man am ehesten entbehren kann. Bundespräsident Heinrich Lübke hat sich auf einer Afrikareise mal einen männlichen Leoparden andrehen lassen und ihn dem Zoo vermacht. Erst in Berlin stellte sich heraus, dass der Kater kastriert war. »Willy Brandt«, der Adler, kann kaum noch schlucken. Seine verhornten Klauen machen es ihm unmöglich, auf einem Ast zu sitzen oder Beute zu greifen. »Ein ziemlich altes Luder«, stellt der Tierarzt ernüchtert fest. Zwei Jahre später stirbt der Vogel. Doch Klös hat rechtzeitig einen jüngeren beschafft, »der dem Publikum gegenüber als der echte ›Willy Brandt‹ ausgegeben worden war, wenn der Kennedy-Adler vom Rheuma geplagt wurde und nicht im Freien sitzen konnte«, schreibt *Der Spiegel* süffisant.

Klös geht es bei solchen Anlässen vor allem darum, die Gunst der Politiker und Mächtigen West-Berlins zu gewinnen. Und wenn er seine Ziele erreichen will, kann er sehr überzeugend sein.

Einer seiner wichtigsten Ansprechpartner ist Bürgermeister Brandt. Daher lässt sich Klös immer wieder etwas einfallen, um ihn in den Zoo zu locken. »Bringen Sie doch Ihren Sohn mit, das gefällt dem bestimmt auch«, sagt er dann. Einmal nimmt er Brandt und dessen elfjährigen Sohn Lars mit zu Kurt Walter, den in Berlin alle nur »Affen-Walter« nennen. Der Leiter des Affenreviers im Zoo zieht daheim gerade zwei junge Schimpansen mit der Flasche groß. Das beeindruckt Lars Brandt sehr. Der Anblick, wie die Affenbabys in der Wiege liegen, wird ihm nicht mehr aus dem Kopf gehen. Mit elf Jahren macht er sich noch keine Gedanken darüber, warum er – anders als andere Kinder – mit seinem Vater im Zoo hinter die Kulissen darf oder vom Aquariendirektor Werner Schröder die abgestreifte Haut einer giftigen indischen Kettenviper geschenkt bekommt. Ihm bleiben die Absichten hinter all diesen Privilegien verborgen.

Willy Brandt weiß, was Klös damit bezweckt. Er spielt das Spiel mit. Denn ihm ist bewusst, welche Bedeutung der Zoo für die Stadt und die Menschen hat.

Durch die endgültige Teilung Berlins hat der Zoologische Garten auf einen Schlag mehr als eine Million Besucher verloren. Heinz-Georg Klös bettelt beim Senat deshalb um mehr Zuschüsse und schlägt vor, dass die Omnibusse ihre Stadtrundfahrten am Zoo starten und beenden, damit mehr Touristen dorthin kommen. Das einzig Gute an der neuen Situation ist für ihn, dass er sich nun nicht mehr darum sorgen muss, ob weitere Zoogänger nach Friedrichsfelde abwandern. Die Berliner in Ost und West haben keine Wahl mehr zwischen Zoo und Tierpark. Erst im Dezember 1963, knapp zweieinhalb Jahre nach dem Mauerbau, werden die West-Berliner dank des Passierscheinabkommens wieder nach Ost-Berlin reisen können.

Allerdings zieht Klös den Ärger der West-Berliner Öffentlichkeit auf sich, da er erneut die Eintrittspreise erhöht. Schon kurz nach seinem Dienstantritt vor fünf Jahren war der Preis von einer Mark auf einsfünfzig gestiegen. Die Presse – allen voran die Boulevardblätter *Bild* und *Nacht-Depesche* – kreiden ihm zudem an, dass er vor einiger Zeit das beliebte Oktoberfest im Zoo abgeschafft und damit sichere Einnahmen von 50 000 Mark »ausgeschlagen« habe, wie ihm in Leserbriefen vorgeworfen wird. Und demnächst soll ein Zoobesuch für einen Erwachsenen schon zwei Mark kosten!

Das Oktoberfest hatten einst seine Vorgängerin Katharina Heinroth und ihr Kollege Werner Schröder in den Zoo geholt, um dadurch in der kalten Jahreshälfte zusätzliche Besucher anzulocken, was damals auch gelang und den Zoo vor dem finanziellen Ruin rettete. Doch das war Ende der vierziger Jahre. Klös hat sich die aktuellen Bilanzen angesehen; in den vergangenen Jahren waren die Einnahmen deutlich zurückgegangen, sodass der Zoo nichts mehr daran verdient hat. Für ihn ist das nichts als bloße Folklore, die nur die Tiere verstört und den Etat belastet.

Das größte Tierhaus der Welt

Die erste Aufregung über die neuen Preise hat sich schon bald wieder gelegt. Dafür ist den Berlinern ihr Zoo zu wichtig, außerdem sehen sie, dass es vorangeht: Im Dezember 1962 eröffnet Klös das neue Vogelhaus mit einer Tropenhalle, in der die Vögel scheinbar frei umherfliegen können. So etwas Außergewöhnliches hat es in Berlin seit der Eröffnung der Krokodilhalle im Aquarium 1913 nicht mehr gegeben. Auch Heinrich Dathe ist zur Einweihung in den Westteil der Stadt eingeladen und schaut sich gelassen im neuen Haus um. Seine Antwort folgt ein halbes Jahr später.

An jenem Junitag im Jahr 1963 strömen die Ost-Berliner besonders zahlreich nach Friedrichsfelde. Das liegt nicht nur am strahlenden Sonnenschein. Großes steht an, geradezu Gigantisches, im Tierpark wird an diesem Sonntag das Alfred-Brehm-Haus, das neue Raubkatzenhaus, eröffnet. Es ist nicht irgendein Gebäude. Bereits zum Richtfest prangte über der Eingangshalle ein Banner mit der Aufschrift: »Ein Meilenstein zur Erreichung des Sozialismus«. Mit seiner Fläche von mehr als 5000 Quadratmetern ist es das größte und »modernste Tierhaus der Welt«, wie die Ost-Berliner Presse nimmermüde verkündet.

Es ist auch nicht irgendein Sonntag; Dathe hat genau diesen für die Eröffnung des Prestigebaus ausgewählt. Es ist der 30. Juni 1963, der 70. Geburtstag des Generalsekretärs des Zentralkomitees der SED, Vorsitzenden des Politbüros und des Staatsrates, Walter Ulbricht. Der ist noch nie hier gewesen und ist es auch heute nicht. Im Gegensatz zu seiner Frau Lotte, einer passionierten Tierparkgängerin, macht er sich nichts aus Tieren und schaut sich stattdessen lieber Sportveranstaltungen an. Aber die Symbolik zählt, und Ulbricht wird es aus der Ferne wohlwollend zur Kenntnis nehmen. Außerdem bietet sich dadurch endlich wieder einmal für Friedrich Ebert die Gelegenheit, feierlich ein Band durchzuschneiden.

Ost-Berlins Oberbürgermeister besucht Friedrichsfelde gern, vor allem wegen »Mao«, einem China-Alligator, der seit sechs Jahren dort lebt – Krokodile sind Eberts Lieblinge. Darüber hinaus hat er Dathe in der Vergangenheit schon zahlreiche andere Exoten finanziert, um den Konkurrenten im Westen auszustechen. Vielleicht mag er den Tierpark auch deshalb so gern, weil ihn wohl nirgendwo sonst die Kinder so euphorisch begrüßen wie hier.

Dathe weiß, wie sehr es Ebert gefällt, in der Öffentlichkeit erkannt zu werden. Wenn dieser zu einem Besuch nach Friedrichsfelde kommt, sorgt Dathe vorher stets dafür, dass eine Schulklasse in der Nähe ist, die dem Oberbürgermeister dann – scheinbar zufällig – über den Weg läuft und jubelnd zuwinkt. Außerdem lässt er im Tierparkführer stets ein Foto von ihm abdrucken.

Nachdem Ebert das Band durchtrennt hat und der Applaus verklungen ist, schieben sich die geladenen Gäste langsam ins Halbdunkel hinein. Unter vielstimmigem Gemurmel schreiten sie entlang der Käfigreihen mit den pastellfarbenen Fliesen, den gestreiften und gefleckten Katzen, stehen staunend vor den bühnenartigen Felsenanlagen, auf denen die Löwen und Tiger wie Hauskatzen in den Kulissen eines Monumentalfilms wirken.

Zuvor waren sie in einem umgebauten Eisenbahnwaggon untergebracht, der in der Nähe des Schlosses stand. Um sie in ihre neuen Käfige zu verfrachten, wurde eine Raubkatze nach der anderen betäubt, von den Wärtern auf ein ausgehängtes Türblatt gezogen und auf die offene Ladefläche eines kleinen Transportautos gewuchtet. Anschließend ging es quer durch den gesamten Tierpark. Während der Fahrt hockten neben dem dösenden Raubtier vier Pfleger, die jederzeit todesmutig zupacken sollten, falls die Narkose zu schnell nachließe und die Katze eher als geplant aufwache. Dathe ist bei solchen Aktionen nie zu sehen. Das überlässt er lieber den Inspektoren und Tierpflegern.

Von alldem wissen die Besucher nichts, die nun weiter in die Tropenhalle strömen, wo sie staunend hinauf zu den Flughunden schauen, die dort kopfunter in den noch schmächtigen Palmen baumeln.

Sechs Jahre haben die Bauarbeiten gedauert. Als Dathe im

Ein Hauch von Sibirien. Ohne störende Gitter können die Besucher die Tiger auf ihrer Außenanlage beobachten.

Staatsfernsehen das Vorhaben am Modell beschrieb, war dem sonst so eloquenten Plauderer die Aufregung deutlich anzumerken: »Es ist, ich möchte sagen, ein Haus, als würde eine liegende Sphinx zwei Pranken vor sich hinstrecken – und in diesen Pranken sind, im Hause drin, Freianlagen, etwas ganz Neuartiges für diese Tiere.« Er klang wie ein Junge, der von der größten und schönsten Sandburg berichtet, die er je gebaut hat. »Zwischendrin ist ein hohes Haus, das an seiner höchsten Spitze 18 Meter hoch ist und das einen Urwald darstellt, in dem Vögel laufen werden, wo man hineingehen kann.«

Schon als Zwölfjähriger hatte er von einer solchen Halle in einem Schulaufsatz fantasiert. Damals konnte er nicht ahnen, dass sich dieser Wunsch tatsächlich eines Tages erfüllen sollte.

Auch die europäischen Kollegen zeigen sich beeindruckt: Ernst Lang, Präsident des Internationalen Zooverbands, sagt nach seinem Besuch 1965: »In diesem Zoo gibt es nichts zu diskutieren, nur zu bewundern.« Jahrelang wirbt Dathe im Tierparkführer mit dem Zitat der Berner Zoodirektorin Monika Meyer-Holzapfel: »So stellen wir uns den Zoo der Zukunft vor!« Dahinter ergänzt er stolz: »Wir übrigens auch!«

Mit dem Elch in die Transportkiste

Dathe pflegt diese Beziehungen ins Ausland ganz offen und macht auch keinen Hehl daraus. In einem Fragebogen des Ministeriums für Staatssicherheit über seine »Kontakte ins Nichtsozialistische Wirtschaftsgebiet« gibt er an: »Durch Mitgliedschaft im Internationalen Verband von Direktoren Zoologischer Gärten und als Herausgeber der Internationalen Zoo-Zeitschrift zur gesamten Welt und sehr vielseitig.« Die Stasi duldet das.

Dathe legt großen Wert darauf, sich nicht einengen zu lassen. Internationale Kontakte sind entscheidend in der Tiergärtnerei, denn er hat miterlebt, was passiert, wenn sich Deutschland für den Nabel der Welt hält.

Wenn Zoologen aus dem Westen am Grenzübergang sagen, dass sie zum Tierpark oder zu Dathe wollen, werden sie in der Regel ohne weitere Kontrollen durchgewunken. Einer dieser Westkontakte ist ein junger Offizier der US-Army: Marvin Jones hat während des Krieges im New Yorker Bronx-Zoo als Volontär gearbeitet und dort damit begonnen, Zoobestände von Tieren und deren Stammbäume aufzuzeichnen, was damals weltweit noch unüblich war. Jones lässt sich von der US-Armee seitdem immer an Orte versetzen, an denen es einen interessanten Zoo gibt. Und Berlin bietet dazu mit dem Zoo und dem Tierpark gleich doppelten Anlass. Als US-Soldat darf er zwar in den Ostteil reisen, aber in kein ostdeutsches Auto steigen, weil das Risiko, entführt zu werden, zu groß ist. Wenn er Dathe im Tierpark besuchen will, lässt er sich deshalb von dessen Assistenten Wolfgang Grummt am Checkpoint Charlie abholen, um mit ihm dann gemeinsam die elf Kilometer bis nach Friedrichsfelde zu laufen. Spätabends muss Grummt ihn jedes Mal wieder zu Fuß zurückbringen.

Dathes Freiheiten wirken sich mitunter auch außerhalb der Tierparkmauern aus: Als seine Frau Elisabeth und er bei einem Klassenabend ihres jüngsten Sohnes Falk wie alle Eltern unterschreiben sollen, dass zu Hause kein West-Fernsehen geschaut würde, weigert sich Dathe: »Es tut mir leid, aber das kann ich nicht erfüllen«, entgegnet er den verdutzten Lehrern. »Mein Beruf verlangt es, dass ich mich umfangreich informiere. Und das geht nicht ohne internationale Zeitschriften und Fernsehsender.«

Dabei war Dathe anfangs skeptisch, ob er überhaupt einen Fernseher brauche. Er dachte, das lenkt nur ab. 1958 war das. Mittlerweile hat er eine eigene Fernsehsendung, den »Tierpark-Teletreff«, der in losen Abständen ausgestrahlt wird.

Die anderen Eltern sind jedenfalls erfreut über seinen Einwand und nutzen die Gelegenheit gleich aus: »Dann unterschreiben wir och nicht!« Von da an gilt für die gesamte Schulklasse eine Ausnahme.

In seiner Arbeit schränkt ihn die Teilung kaum ein. Ganz anders sieht es bei seinen Mitarbeitern aus, die seit dem Mauerbau nicht mehr ihre Verwandten und Freunde im Westen besuchen können. Einer von ihnen ist Bernd Matern. Seit 1960 arbeitet er als Pfleger im Tierpark, nachdem er zuvor eine Landwirtschaftslehre in der Rinderzucht abgeschlossen hat. Sein erstes Revier ist daher auch der sogenannte »Außenring«.

Dort, am nordöstlichen Rand des Tierparks, werden vor allem seltene Arten von Wildrindern, Antilopen, Schafen und Ziegen in provisorischen und schmucklosen Gattern gehalten.

Matern wohnt in Berlin-Treptow. Von seiner Haustür sind es hundert Meter bis zur Sektorengrenze. Noch einmal hundert Meter weiter lebt seine Schwester in Neukölln im Amerikanischen Sektor; nur fünf Straßenzüge liegen zwischen ihnen. Die Grenze hat er weder akzeptiert noch gemieden und ist ständig drüben auf Besuch gewesen. Doch dann kam der 13. August 1961 – und plötzlich stand da die Mauer.

Eigentlich will er keinen Tag länger in diesem Land bleiben. Bald darauf bietet ihm jedoch Dathe an, das Hirschrevier zu leiten, eines der umfangreichsten im gesamten Tierpark. Matern ist gerade einmal 21 Jahre jung und erst seit anderthalb Jahren auf dem »Außenring« tätig. Aber der Direktor hält große Stücke auf ihn, und außerdem ist die Stelle gerade »frei geworden«, weil der vorherige Revierchef – ein Hobby-Taucher – mitten im Winter durch die Havel in den Westen geschwommen ist. Es war eine Flucht mit Ansage, denn zuvor hatte er eine »Tauchgruppe Tierpark« ins Leben gerufen, zu der auch Dathes ältester Sohn Holger gehörte. Einmal wöchentlich übten sie im Karl-Friedrich-Friesen-Schwimmstadion in Friedrichshain – unter anderem auch mit Sauerstoffgeräten –, ohne dass irgendjemand einen Verdacht schöpfte.

Mehrere Tierpfleger sind bereits geflohen. Da der Tierpark der zentrale Umschlagplatz zwischen Ost und West ist, kommt fast jeden Tag ein Tier in einer Transportkiste an oder wird von hier weiterverschickt. Darin liegt eine verlockende Chance, findet auch Gerd Morgen, der als Oberwärter für die Quarantänestation und die Transporte zuständig ist. Seit der 20-Jährige einen Film über den Zoo im kanadischen Winnipeg gesehen hat, ist es sein größter Wunsch, einmal dorthin zu reisen. Sein Plan ist es, sich in einer der Transportkisten zu verstecken und so in den Westen gelangen. Doch zuletzt sind nur Bären verschickt worden, und zu denen legt man sich lieber nicht in die Kiste.

»Wenn doch mal wieder ein anderes Tier käme«, denkt sich Morgen, »dann würde ich es versuchen.«

Kurz darauf trifft eine junge Elchkuh aus Russland ein, die in einen norddeutschen Tierpark weiterreisen soll. Endlich sieht Morgen die Gelegenheit zur Flucht gekommen und nimmt sich des Tieres an. Die Elchkuh kam in einem schnöden Bretterverschlag an, der von allen Seiten einsehbar ist. »So können wir das Tier doch nicht in die Bundesrepublik schicken«, ermahnt er den Zimmermann des Tierparks und trägt ihm auf, eine geschlossene Holzkiste zu bauen. Nur im oberen Bereich der Frontklappe soll ein schmaler Spalt offen bleiben.

Seine Kollegen fragen sich schon, warum man bloß so eine großzügige Kiste für einen Elch braucht. Erst einen Tag bevor das Tier verschickt werden soll, weiht Morgen sie ein: »Ich werde mit dem Elch in der Kiste nach West-Berlin fahren. Wenn der Zug am Bahnhof Zoo hält, steig' ich aus, gehe zu meiner Mutter und werde künftig drüben bleiben.« Die anderen fragen nicht groß nach, sondern helfen ihm und halten still, auch Matern. Wenn er diese Chance bekäme, würde er sie auch nutzen.

Morgens Plan ist es, erst am Ostbahnhof in die Kiste zu steigen. Es gibt dort nur ein Problem: Von einem Glaskasten über den Gleisen aus überwacht der Zoll alles, was auf den Bahnsteigen passiert. Doch auch dafür haben die Tierpfleger eine Lösung: Von ihren zahlreichen Überführungen wissen sie, dass es einen toten Winkel gibt, den die Zollbeamten nicht einsehen können. Am Abend des 26. Oktober bringen sie die Transportkiste per Lastwagen zum Ostbahnhof und schieben sie auf dem Bahnsteig genau an jene Stelle, sodass Morgen unbemerkt in die Transportbox der Elchkuh steigen kann. Die Nägel, mit denen die Frontklappe festgenagelt wird, hat er vorher mit einem Bolzenschneider gekürzt, sodass er sie von innen wieder öffnen kann. Besonders auffällig hämmern seine Kollegen die zu kurzen Nägel ins Holz, damit die Zollbeamten auch glauben, dass hier alles mit rechten Dingen zugeht. Anschließend bringen sie die Kiste zum Anfang des Bahnsteigs und wuchten sie in den ersten Waggon. Dann rollt der Zug los, Richtung Westen.

Drinnen ist es dunkel und stickig. Morgen spürt den warmen Atem des Wiederkäuers im Gesicht. Er hat die Kiste so konstruieren lassen, dass sie zwar lang genug für beide, aber nur so breit ist, dass die Elchkuh sich nicht umdrehen und ihn treten kann. Er selbst hat sich an der Frontklappe niedergelassen und sich mit etwas Heu zugedeckt. Doch die Elchkuh ist es von ihrer langen Reise aus der Sowjetunion gewohnt, tagelang in engen Verschlägen auszuharren. Kurz nachdem der Zug losgefahren ist, hat sie sich hingelegt und beachtet Morgen von nun an nicht mehr weiter, ganz so, als sei seine Anwesenheit selbstverständlich.

Sie sind erst einige Minuten gefahren, als der Zug langsamer wird und dann quietschend anhält. Bahnhof Friedrichstraße. Grenzübergang. Von weitem hört Morgen das Trampeln von Stiefeln. Das müssen Trapos sein. Sie kommen näher. Dumpf vernimmt er durch die Holzwand, wie die Waggontür aufgerissen wird und mehrere Männer laut redend näher kommen. Vor der Elchkiste bleiben sie stehen, einer schaut durch den oberen Spalt. Genau deswegen hat Morgen ihn einbauen lassen. Ansonsten hätte der Polizist vielleicht versucht, durch eine Ritze in den Seitenwänden zu schauen, und Morgen entdeckt. Aber so kann er den Flüchtigen nicht sehen, der genau darunter im toten Winkel liegt. Im Halbdunkel sieht der Polizist nichts außer den langen Ohren des Tieres.

»Steh uff, du oller Esel!«, mault er das Tier an.

Morgen, der nur wenige Zentimeter von ihm entfernt liegt, muss sich fest auf die Unterlippe beißen, um nicht loszuprusten.

Gott sei Dank halten sich die Beamten nicht lange mit der Kiste auf, sondern ziehen gleich weiter in den nächsten Waggon. Kurz danach fährt der Zug weiter Richtung Bahnhof Zoo. In der Kiste wird es immer stickiger. Morgen spürt, wie ihm der Schweiß übers Gesicht rinnt. Die Elchkuh bleibt ruhig.

Am Bahnhof Zoo angekommen, wartet Morgen ab, bis die westdeutschen Fahrgäste zugestiegen und alle Koffer verladen sind. Dann steht er auf, drückt den oberen Schieber an der Frontklappe zur Seite und klettert mit Mühe hinaus. Erst jetzt bemerkt er, dass ihm in der Enge die Beine eingeschlafen sind. Danach verschließt er alles wieder und sucht einen Weg nach draußen. Doch die Waggontür ist verriegelt. Morgen versucht es noch einmal. Vergeblich. Er läuft den Gang entlang und findet zum Glück eine offene Seitentür. Geschafft. Endlich ist er draußen. »Diese Hitze!«, denkt Morgen und zieht als Erstes seine Lederjacke aus. Darunter trägt er noch seine dunkelgrüne Tierpark-Uniform. Die Jacke hatte er zusätzlich angezogen, immerhin kann es um diese Jahreszeit schon mal kälter werden. Aber in der Kiste war es mit der Zeit unerträglich geworden. Jetzt will er nur so schnell wie möglich runter vom Bahnsteig.

Direkt hinter dem Bahnhof Zoo verlaufen die Gleise in einer weiten Rechtskurve in Richtung Westen. Die Bahnhofshalle ist daher in ihrer Längsachse leicht gekrümmt, sodass man nicht den gesamten Bahnsteig überblicken kann. Deshalb hat auch niemand gesehen, wie Morgen aus dem ersten Waggon gestiegen ist, auch nicht die Ost-Trapos, die ihm nun unvermittelt entgegenkommen. Da die Bahnhöfe West-Berlins ebenfalls der DDR-Reichsbahn unterstellt sind, kontrollieren sie auch hier die Züge auf mögliche Republikflüchtlinge. Morgen wusste das, aber mit so vielen hat er nicht gerechnet. Um die zwanzig zählt er auf die Schnelle sowie acht Westpolizisten, die in Abständen von einigen Metern auf dem Bahnsteig stehen. Während der gesamten Fahrt hat er keine Angst gehabt, auch in diesem Moment nicht. Er überlegt nur, was er als Nächstes tun muss. Nebenan liegt der Bahnsteig der S-Bahn. »Wenn mich einer aufhält, spring' ich runter ins Gleisbett und laufe rüber«, schießt es ihm durch den Kopf, während er am ersten Trapo vorbeigeht, am zweiten und am dritten. Morgen hat das Gefühl, dass sie ihn skeptisch mustern, aber keiner fordert ihn auf, stehen zu bleiben oder sich auszuweisen. Vielleicht halten sie ihn in seiner Uniform mit dem Berliner Bären auf der Brust und an den Ärmeln für einen Eisenbahner. Er passiert auch die beiden letzten Trapos und noch eine Schaffnerin, die ebenso grimmig guckt, dann ist er auch schon auf der Treppe, die hinunter in die Empfangshalle führt.

Irgendwo muss er Geld tauschen, um sich eine Fahrkarte nach Kreuzberg zu kaufen, wo seine Mutter wohnt - »die wird Augen machen«, denkt er.

Es ist bereits nach zehn am Abend. Die Wechselstuben haben längst geschlossen. Weil ihm nichts Besseres einfällt, geht er in die Bahnhofsmission, wo ihm zum Glück einer der Bahnmitarbeiter zwanzig Pfennig schenkt.

»Warum ist denn da oben so viel Polizei unterwegs?«, fragt Morgen ihn.

»Da ist jemand geflüchtet«, antwortet der nur.

Nachdem Gerd Morgen auch den zweiten Tag hintereinander nicht zur Arbeit erschienen ist, wächst im Tierpark die Aufregung. Alle Pfleger werden befragt - doch niemand verrät etwas. Seine Wohnung wird durchsucht - ohne jede Spur. Schließlich werden Bernd Matern und die anderen in die Bezirksleitung der Stasi bestellt, die ihren Sitz direkt neben dem Tierpark hat. Stundenlang werden sie verhört, aber bald darauf schon wieder entlassen, ohne dass die Beamten etwas herausgefunden haben oder nachweisen können.

Matern ist sich nicht sicher, warum sie so glimpflich davongekommen sind, aber er und die anderen vermuten, dass Dathe von der Sache Wind bekommen haben muss und eingeschritten ist. Wahrscheinlich hat er so etwas gesagt wie: »Diese Männer sind unverzichtbar für meinen Tierpark, ich kann sie keinen Tag länger entbehren.« Und Dathes Wort hat Gewicht, auch wenn er kein SED-Mitglied ist. Er hat Narrenfreiheit, wie die folgenlosen Verhöre seiner Tierpfleger bewiesen haben. Sonst wäre Matern schon damals eingefahren.

Ihm ist bewusst, dass der Direktor mit den Parteigrößen lavieren muss, um seinem Tierpark die nötigen Freiheiten zu ermöglichen. Aber Matern will sich keine Grenzen mehr setzen lassen. Er will auch ungehindert West-Zeitungen lesen und den US-Soldatensender AFN hören können. Wie viele hat er die neuen Umstände bis jetzt zähneknirschend hingenommen. Das ändert sich 1964, als er zur NVA einberufen wird. Nach einem halben Jahr fasst er den Entschluss zu fliehen. Er weiß, was für ihn auf dem Spiel steht. Vor drei Jahren hat es seinen Freund Günter erwischt.

Elf Tage nachdem die Mauer errichtet worden war, versuchte der 24-Jährige in Berlin-Mitte über die Gleise zum Lehrter Bahnhof im Westteil zu gelangen. Als die Trapos ihn entdeckten und Warnschüsse abgaben, sprang er in den Schifffahrtskanal. Er hatte beinahe das rettende Ufer erreicht, als er plötzlich aufhörte zu schwimmen.

Zwei Tage zuvor hatte das Politbüro den Schießbefehl für die DDR-Grenzer beschlossen.

Die Kugel durchschlug seinen Nacken und Unterkiefer. Günter Litfin war der erste Mauertote.

Dennoch riskiert Matern die Flucht. Er hat sie schon seit längerem genau geplant: Gemeinsam mit ein paar Freunden hat er über Kontaktleute im Westen ein Boot organisiert, mit dem sie über den Wannsee zum Grunewald übersetzen wollen.

Noch bevor sie ablegen können, werden sie erwischt. Die Kontaktleute entpuppen sich als Mitarbeiter der Stasi. Matern muss für drei Jahre ins Gefängnis und hat doch Glück. Seit dem Vorjahr kauft die Bundesrepublik politische Häftlinge in der DDR gegen Devisen frei, sodass er bereits nach zwei Jahren aus der Haft entlassen und ausgebürgert wird.

Erst viel später erfährt er, dass sich Dathe darüber aufgeregt haben soll, nicht rechtzeitig von seinem Fluchtversuch erfahren zu haben. Vermutlich glaubte Dathe, er hätte ihn vor dem Gefängnis bewahren und in den Tierpark zurückholen können. Aber das wollte Bernd Matern gar nicht. Er wollte nur nach drüben – in den Westen.

Unterdessen hat sich Gerd Morgen in West-Berlin eingelebt und sich dort im Zoologischen Garten vorgestellt. Als er noch im Tierpark arbeitete, war er regelmäßig hier, daher kennt er einige der Tierpfleger wie den Affenwärter Kurt Walter. Morgen würde gern im Zoo anfangen, aber Klös darf ihn nicht einstellen, denn er hat mit Dathe eine Abmachung getroffen, die es ihm verbietet, geflohene Tierpfleger aus dem Osten einzustellen. Acht Monate bleibt Morgen in West-Berlin, zunächst arbeitet er in der Pferdeklinik der Freien Universität Berlin, bis Klös ihn erneut zu sich bestellt: »Könnten Sie sich vorstellen, nach Basel zu gehen? Mein Kollege Dr. Lang sucht noch einen Pfleger für seine Menschenaffen.« Morgen zögert keinen Moment.

Rivale im eigenen Revier

Auch Dathe pflegt gute Kontakte nach West-Berlin – schließlich ist der Direktor des Aquariums, Werner Schröder, ein Freund von ihm, mit dem er sich so herrlich lateinische Fachausdrücke um die Ohren hauen kann und sich auf internationalen Kongressen und Tagungen immer das Hotelzimmer teilt.

Durch den Mauerbau wurden Dathe und Klös zu Platzhirschen mit abgesteckten Revieren. Doch seit einiger Zeit wächst Klös im Zoo ein Nebenbuhler heran. Nicht so ein introvertierter, kauziger Typ wie Schröder, der sich auf sein Aquarium beschränkt, sondern einer, der dem Direktor schon allein durch seine bloße Anwesenheit gefährlich erscheinen muss:

Wolfgang Gewalt kam 1959 frisch von der Universität als wissenschaftlicher Assistent in den Zoo und ist das pure Gegenteil von Klös: ein Hüne mit kantigem, bärtigem Gesicht, der trotz seiner 1,90 Meter so mühelos und lässig über jedes Geländer springt, dass den Zoobesucherinnen jedes Mal ganz anders zumute wird. Im Vergleich zu ihm wirkt Klös nur umso steifer und bemühter.

Auch Klös' sechsjähriger Sohn Heiner zieht gern mit ihm durch den Zoo. Denn Gewalt ist ein leidenschaftlicher Jäger, der im Zoo auf wilde Füchse, Krähen und Tauben schießt, ohne vorher zu fragen, ob das erlaubt ist oder nicht. Für ihn sind das einfach Schädlinge. Der Junge ist begeistert von diesem Mann, der so vollkommen anders ist als sein Vater, der seit dem Krieg kein Gewehr mehr angerührt hat.

Gewalt ist zwei Jahre jünger als Klös, dafür aber zwei Köpfe größer und hat zudem eine Klappe für zwei. Er scheut sich nicht, Klös zu widersprechen, auch nicht vor der versammelten Mannschaft auf der allmorgendlichen Runde, von der manche sagen, dass dagegen eine Chefarztvisite ein basisdemokratischer Diskussionskreis sei. Gewalt, der sich sowieso nichts gefallen und schon gar nichts sagen lässt, hält sich auch nicht an das ungeschrieben Gesetz, dass er erst dann eine Frage stellen darf, nachdem Klös eine gestellt hat.

Im Nashornhaus sind gerade Schabrackentapire eingetroffen, Wildfänge aus Südostasien, echte Kostbarkeiten. Außer einem einzelnen Weibchen, das seit zwei Jahren im Zoo lebt, teilen sich nun zwei weitere Weibchen und ein Männchen drei enge Gitterboxen. Dabei sind Tapire von Natur aus scheue Einzelgänger.

»Sagen Sie mal, Herr Doktor«, fragt Gewalt unverhohlen, »det ist doch 'n bisschen eng hier, wa?«

Klös schnaubt einmal kurz und poltert dann drauflos: »Und wenn ich noch drei kriege, dann stelle ich die auch noch hierhin!«

Alle, ob Pfleger, Inspektor oder Tierarzt, schauen nun erwartungsvoll zu Gewalt herüber, der nur grinsend hinzufügt: »Na, det möcht' ick aber mal sehen, Herr Doktor.«

Wolfgang Gewalt ist ein waschechter Berliner. Er besuchte das renommierte Französische Gymnasium in Tiergarten, studierte ab 1948 Zoologie an der Humboldt-Universität im Osten, wechselte dann an die Freie Universität im Westen, wo er 1959 über das Sehvermögen von Mardern promovierte. Schon zu Studienzeiten war er ein Draufgänger, der bei Exkursionen an die Ostsee im eiskalten Meer badete oder auf Kiefern kletterte, um ein paar junge Waldohreulen aus dem Nest zu holen. Schon während seines Studiums schrieb er Fachartikel über Eichhörnchen, Waschbären, Brachvögel oder die Großtrappe, einen der schwersten flugfähigen Vögel, der schon damals in weiten Teilen Mitteleuropas ausgestorben war. In seinem Elternhaus in Frohnau im Norden Berlins brütete er einige Küken aus und zog sie auf. Wenn Gäste zu Besuch waren, staunten sie nicht schlecht über eine zahme Trappe, die um den Tisch herumstolzierte und sich mit Kuchenkrümeln aus der Hand füttern ließ.

Später wurden die Tiere größer: Im Berliner Zoo hat er zwei junge Gorillas von Hand aufgezogen, was ihn bei den Besuchern noch beliebter machte, vor allem bei den weiblichen. Klös beobachtet all das argwöhnisch. Ihm gefällt es ganz und gar nicht, dass sein Assistent mittlerweile mehr beachtet wird als er selbst.

Obwohl Gewalt am liebsten selbst im Mittelpunkt steht, hilft er Kollegen, wo er kann. So auch Dathes früherem Stellvertreter in Leipzig, Lothar Dittrich. Der ist nach seiner Flucht in den Westen bei der Tierhandelsfirma Ruhe aufgestiegen. Erst hat er für den Firmenbesitzer Hermann Ruhe Gazellen in Ostafrika gefangen; mittlerweile führt er in dessen Auftrag den Zoo Hannover, der vom Tierhändler betrieben wird, da er dort seine Tiere ausstellen und weiterverkaufen kann.

Als die Mauer noch nicht stand und Dittrich noch in Leipzig arbeitete, musste er für jede Reise ins »kapitalistische Ausland« eigens nach West-Berlin fahren. Da die westlichen Länder die DDR noch nicht als souveränen Staat anerkannt hatten, musste Dittrich erst ins alliierte Reiseamt, das sogenannte »Travelboard«, um dort einen vorläufigen bundesdeutschen Reisepass zu beantragen und sich anschließend in der entsprechenden Botschaft um ein Visum zu kümmern. All das hatte innerhalb eines Tages zu geschehen. Zu Fuß oder mit den öffentlichen Verkehrsmitteln war das nicht zu schaffen, und Dittrich hatte auch nicht genügend Geld, um sich ein Taxi nehmen zu können. Zum Glück bot ihm Wolfgang Gewalt an, ihn im eigenen Auto hin und her zu fahren. Während der Fahrt unterhielten sie sich über die neuesten Entwicklungen im Zoo, und wenn Dittrich dann fragte, warum Gewalt dies oder jenes so gemacht habe, antwortete dieser lapidar: »Na, det hab ick mit dem blonden Heinz so abjemacht.« Mit dem blonden Heinz meinte er seinen Chef Heinz-Georg Klös.

Gewalt und Klös sind auf Dauer ein Direktor zu viel im Zoo. Und da es für Gewalt hier nicht weiter nach oben geht, verlässt er nach sieben Jahren als Assistent Berlin. Über den Grund für seinen Weggang kursieren mehrere Versionen. Eine besagt, dass unter seiner Verantwortung eine Antilope im Zoo getötet worden sein soll, was daraufhin die Boulevardpresse gegen ihn aufgebracht hat. Eine andere lautet, dass er auf seiner morgendlichen Fuchsjagd einer Besucherin ins Bein geschossen haben soll. Die dritte Version, und die gilt wohl in jedem Fall, ist die, dass er gehen muss, weil es mit ihnen nicht mehr lange gut gegangen wäre und er Klös sonst womöglich in dessen eigenem Betrieb an die Wand gespielt hätte.

Zum 1. April 1966 übernimmt Wolfgang Gewalt den frei gewordenen Direktorenposten im Zoo Duisburg. Vorgänger Hans-Georg Thienemann hat dort ein Jahr zuvor ein Delfinarium eröffnet – das erste in Deutschland und eines der ersten in Europa überhaupt. Doch wenige Monate danach starb Thienemann mit nur 56 Jahren überraschend an einem Hirnschlag. Mit dem Berliner kann der dortige Zoo noch nicht mithalten – und die düstere Industriestadt am Zusammenfluss von Rhein und Ruhr ist auch nicht das, was man als Ziel seiner Träume bezeichnen würde. »In Zukunft«, sagt Klös deshalb zufrieden dem Journalisten Werner Philipp: »wird man von Gewalt nichts mehr hören.«

Selten hat Heinz-Georg Klös so falsch gelegen wie mit dieser Aussage, wie er sehr schnell merken wird. Denn etwas Besseres als Duisburg hätte Gewalt gar nicht passieren können.

Es hätte wohl auch keinen besseren Zeitpunkt für den Bau eines Delfinariums geben können: Am Neujahrstag 1966 ist im deutschen Fernsehen die Serie »Flipper« angelaufen. In Duisburg wie in ganz Deutschland kleben die Kinder jeden Samstagnachmittag an den Bildschirmen, wenn im ZDF die Titelmelodie ertönt. Solch einen tierischen Freund wollen sie alle haben – und auf einmal ist der nur ein paar Straßenbahnhaltestellen entfernt. Bei den Vorführungen im Zoo können sie den Großen Tümmlern bei ihren Kunststücken zusehen. Wenn man Glück hat, wird man sogar auserwählt und darf in ein kleines Boot steigen, das dann von den Delfinen durchs Becken gezogen wird. Die Zuschauer kommen in Scharen in den kleinen Zoo. Am Ende dieses Jahres werden es mehr als eine Million sein.

Die Zoodirektoren im Osten wie im Westen wollen da nicht tatenlos zusehen. In Leipzig entstehen zu dieser Zeit erste Pläne für ein Delfinarium. Dathe hatte ein solches bereits in seinem ersten Bebauungsplan für den Tierpark vorgesehen, das jedoch nicht zustande kam. Am konkretesten wird es in Rostock, da es dort direkten Zugang zu frischem Meerwasser gibt. Doch kurz bevor die Pläne in die Tat umgesetzt werden können, erteilt Staatschef und Sportfreund Walter Ulbricht dem Ganzen eine Absage: »Bevor wir Schwimmbäder für Delfine bauen, sollten wir lieber welche für Menschen bauen«, soll er sinngemäß gesagt haben. Im Berliner Zoo kann Klös Anfang der siebziger Jahre immerhin eine Delfinshow aus Florida für

Gastspiele in den Sommermonaten gewinnen. Für Gewalt kommt es besser: Zwei Monate nachdem er seinen Dienst angetreten hat, taucht in Duisburg ein Tier auf, wie es das in der fast tausendjährigen Geschichte der Stadt noch nicht gegeben hat und danach auch nicht mehr geben wird.

Weißer Wal im grauen Rhein

Am Morgen des 18. Mai 1966 sind zwei Rhein-Schiffer mit dem Tankschiff »Melani« auf dem Fluss unterwegs, als bei Rhein-Kilometer 778,5 neben dem Boot etwas Weißes aus dem grauen Wasser auftaucht, drei, vielleicht vier Meter lang, das schnaubend Luft und Wasser ausstößt. Sofort funken sie die Wasserschutzpolizei an und melden: »Hier schwimmt ein weißes Ungeheuer im Rhein.« Dort hält man das für eine Folgeerscheinung der letzten Nacht – wahrscheinlich haben die beiden Männer am Abend zu viel getankt. Als die Beamten eintreffen, lassen sie die Männer erst einmal pusten. Negativ. Und dann sehen sie es selbst: ein weißer Rücken, von Narben und Striemen zerfurcht, taucht an der Wasseroberfläche auf und stößt erneut seinen Blas aus. Vielleicht ist es ein Wal, vermuten die Polizisten, aber wie kommt der in den Rhein? Drei Tage zuvor soll einer bei Rotterdam gesichtet worden sein, dort an der Mündung kommt das schon mal vor. Aber hier, 450 Kilometer flussaufwärts, im größten Binnenhafen Europas, und dann noch ein schneeweißes Geschöpf? Sofort rufen sie beim Innenministerium an. Dort hält man den Anruf zunächst für einen Telefonscherz und antwortet genervt: »Wer spricht denn da überhaupt?«

Tags darauf wird Wolfgang Gewalt verständigt. Er kennt diese Anrufe schon. Um diese Jahreszeit melden sich oft besorgte Bürger oder Feuerwehrleute im Zoo, weil sie auf dem Dachboden angeblich ein verlassenes Adlerküken gefunden haben; und wenn man dann hinfährt und nachsieht, ist es nur ein junger Mauersegler. Nun soll also ein weißer Wal im Rhein schwimmen. Wahrscheinlich handelt es sich nur um ein ertrunkenes Schwein, das aufgedunsen im Wasser treibt, vermutet Gewalt. Etwas missmutig lässt er sich per Polizeiboot zu der Stelle fahren, wo das Tier zuletzt gesichtet worden ist. Doch diesmal ist es kein Fehlalarm. Der junge Zoodirektor kann es selbst kaum glauben – da schwimmt tatsächlich ein Wal, genauer gesagt ein Weißwal, auch Beluga genannt. Bis zu sechs Meter kann solch ein Tier messen und mehr als eine Tonne wiegen. Als Gewalt das knapp vier Meter lange und geschätzt 750 Kilogramm schwere Tier sieht, platzt es mitleidig aus ihm heraus: »Mann, is det een Wurm!«

Gewalt plant schon seit längerem, ein neues, größeres Becken für die Delfine zu bauen. Bei denen allein soll es nicht bleiben. Das alte Becken will er als Walarium nutzen. Und hier vor seiner Nase schwimmt sein erster Bewohner – einen Beluga haben selbst unter seinen Zookollegen bislang nur wenige zu sehen bekommen. Deshalb wäre es »grotesk, wenn der Duisburger Zoo einen vor der Haustür herumirrenden Wal sich selbst überließe und ein entsprechendes Exemplar aus Alaska herbeischaffte«, erklärt Gewalt in der Öffentlichkeit.

So beginnt die Jagd auf den Wal, der wegen seiner weißen Hautfarbe in Anlehnung an Herman Melvilles Roman-Ungeheuer von den Medien auf den Namen »Moby Dick« getauft wird. Da die Fischer am Niederrhein nun mal nicht auf Wale vorbereitet sind, muss sich Gewalt behelfen: Aus den Netzen eines benachbarten Tennisclubs und Zaunpfählen basteln der Zoodirektor und seine Helfer ein Fangnetz. Mit mehreren Booten probieren sie, »Moby Dick« ins Hafenbecken zu treiben, um ihn dort zu fangen. Doch alle Versuche misslingen. Immer wieder taucht der Wal unter den Netzen und Booten durch.

Gewalt heuert sogar einen Landesmeister im Bogenschießen an, der eine kleine, runde, gelbe Signalboje am Wal befestigen soll. Daraufhin mieten sich einige Tierschützer einen Hubschrauber und schmeißen Apfelsinen aus der Luft ins Wasser, um die Jäger zu verwirren. Doch die sind sich ganz sicher, das einzig Richtige zu tun. In dieser Brühe, schätzt Gewalt, wird der Wal keine acht Tage überleben.

Während das Ruhrgebiet mit seiner Kohle und seinem Stahl das deutsche Wirtschaftswunder angetrieben hat, ist die Umwelt dabei auf der Strecke geblieben. Der Rhein ist zu einer Kloake verkommen, verseucht von tonnenweise Chemikalien und Industrieabwässern; das Schwefeldioxid der Stahlwerke versengt die Obstbäume und Gemüsebeete in den Kleingärten. Auf den Fensterbänken lagert sich wie rosa-grauer Schnee das Thomasmehl ab, ein Abfallprodukt des Stahlkochens. Es ist die Hochzeit der Stahlproduktion in Duisburg, das als einer der größten Stahlstandorte der Welt zu Wohlstand gelangt ist. Doch auch in Sachen Luftverpestung liegt die ›Stadt Montan‹, wie die Bewohner sie stolz nennen, weit vorn. Die alltägliche Belastung hat längst einen neuen, fremd klingenden Namen bekommen – Smog.

In der DDR ist Umweltverschmutzung zu dieser Zeit ein Tabuthema, über das die Medien nicht berichten dürfen. Im Sozialismus gibt es keinen Smog. So etwas bringt laut Staatsideologie nur der Kapitalismus hervor. Stattdessen wird der vermeintliche Fortschritt gepriesen: An einer Häuserwand in Ost-Berlin ist in den sechziger Jahren der Werbespruch zu lesen: »Erzeugnisse aus Leuna bringen Brot, Wohlstand, Schönheit«. In Wirklichkeit schleudern die Leuna-Werke südlich

Käpt'n Ahab vom Niederrhein. Mit Speeren, Netzen und Betäubungspistolen versuchen Zoodirektor Wolfgang Gewalt (2. v. r.) und seine Helfer, »Moby Dick« zu fangen.

von Halle tonnenweise Schwefeldioxid in die Luft; durch Halles Straßen kriecht schwarzer Nebel, der in Augen und Nase brennt. Die Abwässer des sogenannten »Chemiedreiecks« zwischen Halle, Merseburg und Bitterfeld sind voll von Quecksilber sowie Blei und verseuchen die östliche Elbe und deren Nebenflüsse. Im Volksmund heißt es: »Bitterfeld, Bitterfeld, wo der Dreck vom Himmel fällt.« 1970 verabschiedet die DDR mit dem Landeskulturgesetz zwar eines der fortschrittlichsten Umweltschutzgesetze Europas. Doch die einzige Konsequenz sind höhere Schornsteine, wodurch die Fabriken ihre Giftstoffe nur großflächiger verteilen. Lange wird in der Staatspropaganda der Eindruck erweckt, der Smog mache am »antiimperialistischen Schutzwall« Halt. Mit der Zeit nimmt die Luftverschmutzung in der DDR aber derart stark zu, dass sie sich nicht mehr leugnen lässt und dafür ein harmlos klingendes Wort erfunden wird. In der Presse und im Rundfunk ist von nun an vom »Industrienebel« die Rede.

Im smoggeplagten Westen hat SPD-Kanzlerkandidat Willy Brandt bereits im Bundestagswahlkampf 1961 die Umweltverschmutzung angeprangert und gefordert: »Der Himmel über dem Ruhrgebiet muss wieder blau werden.« Anfangs wurde er dafür aus den eigenen Reihen mit »Kübeln voller Hohn« übergossen, wie er selbst später notiert. Parteigenossen warfen ihm vor, dass er »das Blaue vom Himmel« verspreche angesichts von mehr als 200 qualmenden Kraftwerken, Hochöfen und Raffinerien im Revier. Wo gehobelt wird, fallen nun mal Späne, lautete die gängige Meinung zwischen Dortmund und Duisburg. Feinstaub war kaum einem ein Begriff – und wenn, dann hielt man ihn für das, was die Hausfrauen einmal in der Woche von den Schränken wischten. Erst als langsam das öffentliche Interesse wuchs, nahm sich auch die Adenauer-Regierung des Themas an.

Trotz erster Gesetzesänderungen hat sich die Lage seitdem nicht verbessert. Von Naturschutz ist bisher kaum die Rede gewesen, obwohl die Menschen vor wenigen Jahren noch in Massen in die Kinos geströmt sind, um die Natur-Dokumentationen »Kein Platz für wilde Tiere« und »Serengeti darf nicht sterben« von Bernhard Grzimek zu sehen. Aber das hier passiert nicht irgendwo in Afrika. Manch einem kommt es wie eine biblische Vorsehung vor, dass dieses weiße, scheinbar unschuldige Wesen ausgerechnet im Schatten der Hochöfen aus den dreckigen Fluten aufgetaucht ist. Es ist den Rhein hinaufgeschwommen – es ist zu ihnen gekommen! Manch einem wird erst jetzt bewusst, wie sehr der Fluss stinkt.

In Massen säumen die Menschen in diesen Wochen täglich das Rhein-Ufer, um wenigstens einmal »Moby Dick« zu sehen. Die *Bild* schickt eigens einen Zeppelin los, um ihn aus der Luft zu filmen.

Auch in den Nachrichtenspalten der ostdeutschen Zeitungen taucht »Moby Dick« auf. Am 20. Mai berichtet die *Neue Zeit* erstmals in der Rubrik »Mosaik« über die Sichtung des weißen Wals bei Duisburg – noch vor den Meldungen über Sittlichkeitsverbrechen an einer Elfjährigen in Erlangen, antisemitische Schmierereien in München und einen Taifun auf den Philippinen. Solange die Waljagd am Niederrhein andauert, berichtet auch die DDR-Presse davon, wobei der Wal in den Berichten immer größer wird und von anfangs vier bald auf sechs Meter anwächst.

Zoodirektor Gewalt versucht derweil vom Schiff aus mit einer sogenannten Cap-Chur-Pistole, dem Wal das Betäubungsmittel Combelen unter die Haut zu schießen. Mit ihrem langen Lauf erinnert sie an die Waffe, mit der Sean Connery im Film »Liebesgrüße aus Moskau« als James Bond die Schurken jagte. Was Gewalt jedoch nicht weiß, ist, dass die Kanüle des Betäubungspfeils viel zu kurz ist, um den Blubber – die rund zwanzig Zentimeter dicke Speckschicht – zu durchdringen.

An den Stammtischen werden bereits Wetten auf den Ausgang der Jagd abgeschlossen, und ein Gastwirt am Niederrhein wirbt scherzhaft: »Bei gelungenem Fang – Weißwalkotelett.« Als »Moby Dick« nach einem zweiten Treffer aus Gewalts Pistole jedoch plötzlich abtaucht und tagelang verschwunden bleibt, kippt die Stimmung. Die Rollen sind klar verteilt: Anders als in Melvilles Roman ist »Moby Dick« der Gute und Dr. Gewalt, der Käpt'n Ahab vom Niederrhein, der Böse. Das Betäuben des Wals ist riskant, weil er zum Luftholen an die Oberfläche kommen muss. Viele befürchten schon, »Moby

Dick« sei ertrunken. Eine Zeitung fordert gar: »Verhaften Sie Dr. Gewalt!«

Für seine Gegner scheint der Name des Direktors Programm zu sein. Der Angefeindete selbst ignoriert die Kritik nicht, sondern reibt sich an ihr. Er scheint sie geradezu zu brauchen und sein Image als Außenseiter zu genießen. All die Schlagzeilen, in denen sein Kopf gefordert wird, hängt er in seiner Wohnung auf, als seien sie Trophäen erlegter Tiere.

Ende Mai stellt Gewalt seine Jagd auf den Wal jedoch vorerst ein, damit das Tier seinen »Glauben an die Menschheit« wiedergewinne, wie er im *Spiegel* etwas spöttisch erklärt. Warum »Moby Dick« überhaupt in den Rhein geschwommen ist, kann er sich nur mit einem »Knacks« erklären: »Es ist ja nicht normal, dass ein Wal ins Binnenland schwimmt.« Auch die *Süddeutsche Zeitung* fragt am 23. Mai auf ihrer ersten Seite: »Warum ist es für einen Wal im Rhein so schön?«

Wahrscheinlich begann »Moby Dicks« Odyssee bereits an der Ostküste Kanadas. Anfang 1966 war dort ein junger Beluga bei Ebbe in eine flache Bucht geraten und gefangen worden. Er sollte per Schiff in einen englischen Zoo gebracht werden, doch kurz vor dem Ziel geriet der Frachter im Ärmelkanal in einen schweren Sturm. Eine Welle spülte den Wal über Bord in die Nordsee. Danach verlor sich seine Spur, bis wenige Monate später »Moby Dick« im Rhein auftauchte.

Mittlerweile soll er in Holland wieder gesichtet worden sein, wo man ihn »Willi de Waal« nennt und nicht jagen darf. Frits den Herder, der Begründer des ersten Delfinariums Europas in Harderwijk, schimpft in der Presse über die »barbarischen Fangmethoden« in Deutschland. Doch diese haben weit weniger Spuren bei »Moby Dick« verursacht als das giftige Rheinwasser, das auf seiner Haut bräunliche Flecken hinterlassen hat.

In Holland versucht man, den Wal zurück ins Meer zu drängen, aber bei Nijmegen verpasst er den Abzweig nach Rotterdam und schwimmt stattdessen in die eingedeichte Sackgasse Ijsselmeer. Damit er dennoch in die Nordsee zurückfindet, wird eigens für ihn eine Schleuse geöffnet. Doch auch die findet er nicht, kehrt wieder um und schwimmt zurück Richtung Deutschland, wo bereits Dr. Gewalt und Tausende Schaulustige an den Rheinufern auf ihn warten.

Bernhard Grzimek, der Tiervater der Nation, schreibt am 30. Mai 1966 im *Spiegel*: »Um diesen einen Beluga sorgen sich Hunderttausende. Daß die Norweger dieselben Weißwale vor Spitzbergen so gut wie ausgerottet haben, und zwar in recht blutiger, grausamer Weise, kümmert niemanden, denn Spitzbergen ist ja weit weg.« Zum Verhalten Gewalts äußert Grzimek sich öffentlich nicht kritisch, nur in einem persönlichen Brief an ihn meldet er Zweifel an dessen Absichten an, da das Duisburger Delfinarium – ein zehn mal zehn Meter großes und drei Meter tiefes Betonbecken – wohl zu klein sei.

Selbst die Politik macht den Wal zum Thema im Landtags-Wahlkampf: Während die CDU fordert, ihn in Ruhe zu lassen, spricht sich die SPD dafür aus, ihn zu fangen und zurück ins Meer zu bringen.

Anfang Juni rechtfertigt Gewalt in der *Zeit* sein Vorgehen: »Würde sich eines Tages eine Giraffe in den Duisburger Wald verlaufen, dann würden wir auch sie zu fangen trachten«, da sie allein nicht zurück in die Steppe finde und »in unserem Gehege, inmitten von Artgenossen, hervorragend aufgehoben wäre«.

Unterdessen schwimmt »Moby Dick« unbeirrt weiter, lässt seinen Jäger und Duisburg, Düsseldorf sowie Köln hinter sich. Er schwimmt und schwimmt. Immer weiter. Gegen den Strom.

Am Vormittag des 13. Juni 1966 ist der Plenarsaal der Bonner Bundespressekonferenz bis auf den letzten Platz besetzt. Regierungssprecher Karl-Günther von Hase hat gerade die Sitzung eröffnet, in der es um wichtige Nato-Fragen gehen soll, als plötzlich ein Mann in den Saal eilt und verkündet, dass »Moby Dick« vor dem Bundeshaus aufgetaucht sei. Auf einmal ist die Weltpolitik weit weg. Politiker und Journalisten drängen nach draußen. Am Ufer werfen die Menschen Butterbrote und Rollmöpse ins Wasser, die der Wal aber verschmäht. Noch einmal zeigt er seinen fleckigen, vernarbten Rücken und schwimmt weiter Richtung Süden.

Bald 600 Kilometer ist er da bereits flussaufwärts gezogen, fast den halben Rhein hat er hinter sich gelassen, als er bei Remagen auf einmal kehrtmacht und die gesamte Strecke wieder zurückschwimmt. Auch Wolfgang Gewalt lässt ihn diesmal ziehen. Eine Nacht verbringt der Beluga noch in einem Baggerloch bei Wesel, bis er schließlich am 15. Juni die Grenze passiert und Richtung Rheinmündung schwimmt. Auf den letzten Kilometern begleiten ihn am Ufer zwei Dienstwagen der niederländischen Polizei und auf dem Fluss drei Boote. Am nächsten Abend gegen zwanzig vor sieben wird »Moby Dick«, der Weißwal, der ganz Deutschland einen Monat lang in seinen Bann zog, zum letzten Mal gesichtet, bevor er in die Nordsee abtaucht und für immer verschwindet.

Die Menschen am Rhein vergessen sein Erscheinen nicht so schnell und halten die Erinnerung an ihn wach. Einige Jahre später wird ein Ausflugsschiff nach ihm benannt, die Musikgruppe »Medium Terzett« besingt ihn im folgenden Frühjahr sogar in einem Karnevalslied:

»Was will der weiße Wal, der weiße Wal im Rhein?
Er hat gehört, im Rhein soll Wein statt Wasser sein.

Was will der weiße Wal, das wissen wir genau,
der weiße Wal wär' gern einmal so richtig blau.«

Es wird noch mehr als ein Jahrzehnt dauern, bis sich der verseuchte Fluss wieder einigermaßen erholt hat. Doch das Auftauchen des Wals im Rhein trägt dazu bei, dass der Umweltschutz allmählich aus seinem Nischendasein hervortritt. Duisburgs Zoodirektor Wolfgang Gewalt ist in den zurückliegenden Wochen berühmt geworden, wenn auch nicht beliebt. Dass er »Moby Dick« nicht erwischt hat, hindert ihn nicht daran, es weiter zu versuchen. Genau genommen fängt er sogar jetzt erst richtig an zu jagen. Als 1968 die Duisburger Delfine in ein größeres Schwimmbecken umziehen, wird das alte zum Walarium umgewidmet. Die Tiere dafür kauft der Direktor nicht bei Tierhändlern, sondern holt sie selbst aus der freien Wildbahn. Im Jahr darauf reist Gewalt in die kanadische Hudson Bay und fängt mithilfe der dort lebenden Ureinwohner zwei Weißwale, die er in seinen Zoo bringt. Es folgen weitere Exkursionen: eine führt ihn nach Feuerland, wo er die schwarz-weißen Commerson-Delfine – auch Jacobitas genannt – fängt, eine andere nach Venezuela, wo ihm Orinoko-Flussdelfine ins Netz gehen. In den siebziger und achtziger Jahren leben zeitweise bis zu sechs verschiedene Wal- und Delfinarten im Duisburger Zoo, der damit in Mitteleuropa führend ist. Der Aufwand ist hoch, die Verlustzahlen ebenfalls: Von den ersten sechs importierten Jacobitas überlebt nur ein Tier die ersten Wochen, von fünf Flussdelfinen sterben drei in den ersten drei Jahren.

Gewalts Tierfangexpeditionen sind allerdings zu großem Teil auch Werbeaktionen für ihn und seinen Zoo. Es geht ihm ums Image, denn er könnte die Tiere deutlich kostengünstiger fangen lassen.

Gewalt mag in seiner Sammel- und Jagdleidenschaft extrem sein - allein steht er damit nicht; in den Zoos ist das weltweit üblich. Zwar haben sie es sich bereits auf die Fahnen geschrieben, bedrohte Tiere nachzuzüchten, um sie somit vor dem Aussterben zu bewahren. Berlins Zoodirektor Klös etwa rühmt sich in Zeitungsartikeln, im Berliner Zoo geschlüpfte Uhus wieder im Harz auszuwildern, in den DDR-Zoos gibt es ein Wiederansiedlungsprojekt für Biber an der Elbe bei Dessau. Doch viele Arten werden bislang nur vereinzelt in Menschenhand gehalten. Größere Herden oder Zuchtgruppen gibt es in vielen Fällen noch nicht, strenge Schutzvorkehrungen in den meisten Herkunftsländern allerdings ebenso wenig. Deshalb werden die gewünschten Tiere in der Wildnis gefangen. Auch Gerd Morgen ist vom Pfleger zum Fänger geworden. Anstatt in Basel Menschenaffen großzuziehen, macht er nun im Süden Kameruns Jagd auf Gorillas und Schimpansen.

Die Nachfrage ist groß. Seit den fünfziger Jahren werden Wildtiere gezielt nach Liste gefangen - je nachdem, was in den Zoos gerade gefragt ist. Für Tierfänger sind es es goldene Zeiten.

Zwei Tapire gegen vier Tiger

Dabei beschränkt sich der Tierhandel nicht nur auf den Westen. Auch die Zoos auf der anderen Seite des Eisernen Vorhangs profitieren davon. Jedes Jahr im Herbst kommen zahlreiche Tierfänger - ausschließlich westdeutsche - in die DDR und fangen den überzähligen Nachwuchs aus den Gehegen, um ihn anschließend an westdeutsche Zoos weiterzuverkaufen. Im Gegenzug gelangen die ostdeutschen Tiergärten so auch an seltene Arten. Manchmal wird der Tiertausch allerdings auch auf illegalen Umwegen am Staat vorbei betrieben.

Während Gewalt weiter auf Waljagd geht und Gerd Morgen in Westafrika Menschenaffen fängt, macht sich ein junger Bayer in Ecuador einen Namen als Tierfänger. Wie alles im Leben von Martin Stummer ist auch das reiner Zufall gewesen, der 24-Jährige ist in dieses Gewerbe reingerutscht. Ganz einfach, weil er ein Abenteurer ist.

Schon als Jugendlicher in den fünfziger Jahren fuhr er von München mit dem Fahrrad bis nach Griechenland. Später gingen die Reisen weiter, die Ziele wurden höher. Er schwänzte die Schule und erklomm stattdessen mit einem Freund einen Sechstausender in Pakistan. Nach dem Abitur zog es ihn zunächst nach Afrika, wo er unter anderem in Gabun Albert Schweitzer besuchte, anschließend ließ er sich in Südamerika nieder.

In den Dörfern Ecuadors hat er entdeckt, dass die Indios dort Bergtapire fangen und sie als lebenden Fleischvorrat halten. Vor allem Jungtiere sind es, die mit Stricken um die Brust neben anderen Haustieren stehen. Obwohl sie noch wachsen, werden die Seile nicht gelockert, sodass sie ins Fleisch schneiden; die meisten von ihnen haben blutige Hälse. Dem Tier wird keine Würde zugesprochen, findet Stummer, in europäischen oder amerikanischen Zoos würde es ihnen sicher besser gehen – und er könnte damit auch noch Geld verdienen. Damals ist er noch überzeugt, er tue etwas Gutes. Außerdem reizt ihn das Unbekannte, das Abenteuer, und so gründet er seine eigene Tierhandelsfirma namens »Amazonian Animals«. Zunächst kauft er den Ureinwohnern die gefangenen Tiere ab, um diese vor dem Kochtopf zu retten. Doch schon bald unternimmt er selbst Touren an die Pazifikküste, in den Regenwald des Amazonas und ins Hochland der Anden, um dort Pumas, Schlangen oder Aras zu fangen. Er baut Kontakt zu Regierungsbehörden auf, um an die notwendigen Ausfuhrpapiere zu kommen, und legt an mehreren Orten Tiersammelstellen an.

Er hat Erfolg, vor allem mit dem Fangen von Bergtapiren, über die noch kaum etwas bekannt ist, da sie in den unzugänglichen Gebirgswäldern der Anden in über 2000 Metern Höhe leben. In Europa hat es kaum einmal welche zu sehen gegeben, nur ein einzelnes Exemplar lebte um die Jahrhundertwende vorübergehend im Berliner Zoo.

Mit ihren Hunden spüren Stummers Helfer die scheuen Tiere auf und fangen sie mit Lassos, bevor sich die guten Schwimmer in den reißenden Rio Palora retten könnten. Mit einer schwachen Dosis des Pfeilgifts Curare werden sie betäubt. Stummer hat es vor allem auf Jungtiere abgesehen, weil diese einfacher zu transportieren sind und noch anpassungsfähig sind. Von den Gebirgswäldern der Anden aus bringt er sie in sein Hauptquartier in Quito, wo die empfindlichen Blattfresser einige Wochen lang an die Pflanzen gewöhnt werden, die sie in Gefangenschaft bekommen werden. Schnell spricht es sich herum, sodass Stummer die seltenen Tiere an mehrere Zoos in den USA und Europa liefert. Ein Paar bringt ihm 5000 Dollar, das entspricht rund 20 000 Mark.

Eines Tages erhält er eine Einladung von Siegfried Seifert, seit 1964 Direktor des Leipziger Zoos, der ihn nach Ost-Berlin bestellt.

An einem kalten Wintertag reist Stummer in die Hauptstadt der DDR, wo ihn Seifert im Interhotel an der Straßenecke Unter den Linden/Friedrichstraße erwartet.

Nachdem sie sich an einen Tisch im hinteren Bereich der Lobby gesetzt haben, sagt Seifert, »Wir brauchen unbedingt ein Paar Bergtapire.«

»Kein Problem, Herr Direktor«, sagt Stummer. »Ich habe

kürzlich von der Regierung Ecuadors die Erlaubnis für den Fang und Export von zehn Paaren bekommen.«

»Sehr schön«, sagt Seifert, zögert kurz und fügt dann hinzu: »Das Problem ist, dass wir dafür keine West-Devisen haben.«

»Das ist aber gar nicht gut«, antwortet Stummer, der sich bereits ein wenig ärgert, dass er diese Reise überhaupt angetreten hat.

»Ich weiß, ich weiß«, beschwichtigt Seifert, beugt sich etwas vor und ergänzt dann, fast flüsternd: »Aber dafür bekommen Sie von mir einen männlichen sowie drei weibliche Sibirische Tiger. Alle sind garantiert reinrassig. Wir werden auch die Erlaubnis unserer Regierung einholen, und wir machen dann den komplizierten Papierkram. Sie haben nichts damit zu tun.«

»Trotzdem muss man mit Vorsicht an die Sache herangehen«, sagt Stummer nun eine Spur zu laut und noch immer merklich verstimmt.

Der Direktor zieht die Schultern hoch und wedelt mit den Armen leicht auf und ab. »Bitte, Herr Stummer, dämpfen Sie Ihre Stimme. Das Hotel hat Augen und Ohren, überall sind Wanzen versteckt, und die Stasi ist allgegenwärtig. Wir kommen in Teufels Küche, wenn denen einfällt, dass ein Tausch von kommunistischen Tigern aus Sibirien gegen kapitalistische Bergtapire sich nicht mit sozialistischen Interessen vereinbaren lässt.«

Schließlich einigen sie sich doch. Seifert bestellt noch mehrere Riesenschlangen, die Stummer in der Tapirkiste verstauen soll, wie Seifert ihm aufträgt, da er für diese wiederum keine Papiere bekommt. Zum Schluss reicht Seifert Stummer die Hand und verabschiedet sich mit den Worten: »Trauen Sie keinem außer uns. Wir kümmern uns nicht um Politik, uns geht es nur um Tiere.«

Auf dem Rückflug wird Stummer zunehmend nervöser bei dem Gedanken, was er demnächst mit vier Sibirischen Tigern im tropischen Ecuador anfangen soll. Glücklicherweise sind sie im Westen sehr begehrt. Denn die größten Raubkatzen der Welt gibt es zu der Zeit fast ausschließlich im Ostblock – und niemand dort züchtet erfolgreicher als die Leipziger. Also bietet Stummer sie mehreren westdeutschen Zoos an. Die Wilhelma, der Zoologisch-Botanische Garten in Stuttgart, kauft sie ihm ab und bestellt gleich auch noch ein Pärchen Bergtapire sowie weitere Wildtiere aus Stummers Angebot.

Vor Ort in Ecuador hat Stummer einen regelrechten Minizoo aufgebaut und sich darüber hinaus den Ruf eines Spezialisten für Kolibris erarbeitet. Die Tierfänger, die er kennengelernt hat, sind meist zwielichtige Personen und in Stummers Augen allesamt verkrachte Existenzen. Aber wer auf Tierfänger schimpft, muss auch auf Zoodirektoren schimpfen, sagt er sich. Denn die können kaum genug bekommen, allen voran Bernhard Grzimek, der öffentlich Exportverbote für bedrohte Arten fordert, sich aber bei Stummer Exklusivrechte für seltene Tiere sichern will. Längst fängt Stummer für Geld alles, was verlangt wird.

Auch aus Berlin bekommt er Aufträge, denn Heinz-Georg Klös will unbedingt Nord-Pudus haben. Die kleinsten Hirsche der Welt, die in den Anden in 4000 Metern Höhe leben, werden wegen ihrer geringen Körpergröße und kurzen Beine auch »Kaninchenhirsche« genannt. »Besorgen Sie mir die Pudus, egal, ob legal oder nicht«, schreibt Klös in einem Brief an Stummer. Später schickt er noch ein offizielles Schreiben mit den nötigen Anträgen und Formularen nach.

Ende der sechziger Jahre beginnt allmählich der Niedergang des Tierfangs. Für Tierhändler wie Hermann Ruhe wird es zunehmend schwieriger, ihre Tiere loszuwerden und mit ihnen Gewinne zu erzielen, denn die Zoos züchten immer mehr Arten selbst nach. Zudem werden die Quarantänebestimmungen strenger. Zahlreiche Tiere, die Ruhe etwa den Zoos von Erfurt oder Halle abkauft, gehen direkt weiter nach Ost-Berlin, damit sie von dort weiterverkauft werden können, denn niemand hat solch räumliche Kapazitäten wie Dathe in Friedrichsfelde.

Es wird allerdings noch bis in die siebziger Jahre dauern, bis öffentlich Kritik am Tierfang laut wird und mit internationalen Gesetzen wie dem Washingtoner Artenschutzabkommen 1973 der Handel mit Wildtieren zunehmend beschränkt wird. Im Januar 1976 unterzeichnet die DDR das Abkommen, die Bundesrepublik folgt ein halbes Jahr später. Doch es gilt zunächst nur auf dem Papier. Für Tiergärtner gibt es auch weiterhin diverse Wege, um an seltene und geschützte Arten zu kommen.

Gerd Morgen beendet 1969 seine Jagd auf Schimpansen und Gorillas. Nachdem amerikanische Zoos die Einfuhr von Menschenaffen aus der Wildnis verboten haben, lohnt sich der Aufwand nicht mehr. Er verlässt Kamerun und fährt die nächsten Jahrzehnte als Koch zur See. Nach Winnipeg, wie es als junger Mann sein Traum war, wird er nicht reisen. In Kanada wäre es ihm einfach zu kalt. Die Elchkuh, mit der er damals in einer Holzkiste aus der DDR floh, hat er nie wieder gesehen.

Duisburgs Zoodirektor Wolfgang Gewalt gerät in den achtziger Jahren zunehmend in Kritik wegen seiner zahlreichen Fangexpeditionen. Zudem häufen sich die Proteste an der Haltung von Delfinen. Seit die Menschen sie erstmals im Zoo erleben konnten, hat sich ein neues Bewusstsein entwickelt. Das führt sogar so weit, dass Delfine und Wale zu besonders menschenfreundlichen Tieren verklärt werden. Auf solche Mystifizierung reagiert Gewalt mit Unverständnis: »Lasst sie doch einfach Tiere sein, wie es Robben auch sind«, sagt er in einem Zeitungs-Interview.

Martin Stummer wird noch einige Jahre in Ecuador Tiere fangen; 1972 bekommt Klös von ihm endlich Nord-Pudus. Leider werden sie nicht mal ein halbes Jahr in Berlin überleben. Der Bock stirbt an einer Lungenentzündung, das Weibchen bald darauf an einer Futtervergiftung. »Sargnägel« nennen manche Zoologen solche Tiere, die sich weder vermehren noch längere Zeit in Menschenobhut überleben. Der Bergtapir, der nur ein kurzes Gastspiel in den europäischen Zoos geben wird, gehört auch dazu. Martin Stummer zieht es danach fort aus Südamerika, erst nach Papua-Neuguinea zu den Stämmen der Kopfjäger, von denen es heißt, sie hätten noch nie einen Weißen gesehen, später auf die Philippinen, wo er König eines kleinen Inselvolkes wird. Immer weiter.

Zum nächsten Abenteuer.

6

GROSSE PLÄNE, KLEINE FISCHE

Mit 95 Stundenkilometern rast Jörg Adler über die Autobahn, Richtung Berlin. Vor etwa einer Stunde ist der junge Tierpfleger am Leipziger Zoo losgefahren. Wenn er weiter so Gas gibt, wird er in zweieinhalb Stunden am Tierpark Friedrichsfelde ankommen. Abgesehen von einem Motorschaden gäbe es nichts, was ihn jetzt noch aufhalten könnte. Ein Unfall ist beinahe ausgeschlossen – außer seinem Wagen ist kein anderer an diesem Morgen hier unterwegs, weil Anfang der siebziger Jahre nämlich noch kaum jemand ein eigenes Auto besitzt. Wenn Adler auf seiner Fahrt einmal überholt wird, ist das fast schon eine Sensation.

Was gewiss ist, ist die Dauer. Dreieinhalb Stunden Eintönigkeit, nicht mehr und nicht weniger. Es gibt keinen kürzeren oder schnelleren Weg. Adler braucht jedes Mal ziemlich genau dreieinhalb Stunden. Denn mehr als 95 Kilometer in der Stunde schafft der Motor des Trabants nicht.

Diese Fahrten nach Berlin führen Adler jedes Mal wieder sinnbildlich den Zustand der DDR vor Augen: Man kann sich mühen, wie man will, aber in diesem Land gibt es Dinge, die ihre Zeit brauchen, und Ziele, die man nur über bestimmte Wege erreicht.

Adler kennt das zur Genüge: 1964 hat er die Schule mit einem mäßigen Abitur abgeschlossen, weil er, statt zu lernen, lieber für seinen Vater Spritzen gereinigt oder ihn zu Patientenbesuchen begleitet hat. Sein Vater ist Tierarzt - spezialisiert auf Pferde - und Ordinarius an der Leipziger Universität. Und Tierarzt will der Sohn auch werden. Das Problem ist nur, dass Jörg Adler kein Arbeiter- oder Bauernkind ist. Um Veterinärmedizin studieren zu dürfen, müsste er ein besseres Abitur haben - oder die staatliche Überholspur nutzen, indem er sich freiwillig zur Armee meldet oder in die Partei eintritt. Da Adler aus einem christlich geprägten und regimekritischen Elternhaus stammt, kommt für ihn weder das eine noch das andere infrage. Keine Überholspur also, sondern die Umleitung. Wie es in der DDR damals üblich ist, hat Adler neben seinem Abitur noch eine Lehre absolvieren müssen. Das Fach wurde vorgegeben, eine Wahl hatte er nicht, sodass er, wie alle seine Mitschüler, zum Maurer ausgebildet wurde. Mit dem Schulabschluss erhält Adler seinen Facharbeiterbrief als »Rohbaumonteur« in die Hand gedrückt und bekommt von der zentralen Hochschullenkung ein Hochbaustudium zugeteilt.

Ein Jahr quält er sich durch das für ihn öde Fach, bis er es abbricht und sich bei mehreren Zoos und Gestüten als Hilfsarbeiter bewirbt. Die erste Antwort erhält er aus dem Leipziger Zoo, wo er 1966 anfängt und zwei Jahre später seine Ausbildung zum Tierpfleger abschließt. Danach steigt er weiter auf, wird erst Revierleiter bei den Huftieren, dann bei den Affen. Bald schon ist er für alles Mögliche zuständig. Da er einer von nur drei Kraftfahrern im Zoo, aber der Einzige mit Fahrpraxis ist, schickt ihn Direktor Siegfried Seifert des Öfteren in die Hauptstadt der DDR. Dort muss Adler Botendienste für seinen Direktor bei der »Kommission für Tiergärten« erledigen. Oder er fährt nach Friedrichsfelde zum Tierpark, um den nächsten Tiertransport zu regeln.

Wie in der Politik führen auch in der Tiergärtnerei alle Wege nach Berlin. Und keiner führt an Heinrich Dathe vorbei. Er ist der unbestrittene Patriarch der DDR-Zoos. Die *Süddeutsche Zeitung* schreibt 1976 über ihn: »Was Grzimek für die Bundesrepublik, ist Dathe für die DDR.«

Zum ersten Mal ist Adler dem »Grzimek des Ostens« im Urlaub begegnet. Irgendwann Ende der fünfziger Jahre war das, in Ahrenshoop an der Ostsee, wo Adler mit seinen Eltern die Ferien verbrachte. In dem Örtchen Ahrenshoop trifft sich die künstlerische und intellektuelle Elite der DDR zum Strandurlaub, weitgehend abgeschirmt vom Rest der Republik. Der spätere Volkskammer-Präsident Gerald Götting wohnte im Hotelzimmer nebenan, der Dresdener Zoodirektor Wolfgang Ullrich saß drei Strandkörbe weiter. Und den Chefkommentator des DDR-Fernsehens, Karl-Eduard von Schnitzler, traf man in einer der Gaststätten – falls er sich nicht wieder danebenbenommen und Hausverbot bekommen hatte.

Schon damals fiel dem jungen Jörg Adler dieser kleine gedrungene Mann auf – nicht wegen der Statur, sondern wegen seines Verhaltens: Er saß nie im Strandkorb oder in der Kneipe, sondern ging ständig mit seinem Fernglas spazieren. Alle paar Meter blieb er dann stehen und schaute hindurch, in der Hoffnung, einen Vogel zu entdecken.

Damals ahnte Adler noch nicht, dass er mit dem großen Dathe, der jede Woche im Radio zu hören und im Fernsehen zu sehen war, eines Tages zu tun haben würde. Aber das Leben verläuft eben nicht so gerade und vorhersehbar wie die monotonen Fahrten von Leipzig nach Berlin.

Schon an der Autobahnabfahrt sieht Adler die Hinweisschilder: »Besuchen Sie den Tierpark Berlin«. An sämtlichen Zufahrtswegen, die nach Berlin führen, hat Dathe sie anbringen lassen. Als der Tierpark erbaut wurde, ließ er am Schloss-Eingang sogar Parkplätze anlegen, obwohl in den fünfziger

Jahren kaum jemand ein Auto besaß. Auch jetzt noch ist Adler meist der Einzige, der hier parkt.

Damals an der Ostsee ist Dathe der jungendliche Adler nicht aufgefallen, schließlich war er ganz damit beschäftigt, in die Luft zu schauen. Doch mittlerweile schätzt er den jungen Mann aus Leipzig. Zumindest ist das Adlers Eindruck. Denn jedes Mal, wenn er in den Tierpark kommt, nimmt sich Dathe wenigstens ein paar Minuten Zeit für ihn, manchmal auch eine halbe Stunde, ganz egal, wie viel er sonst noch zu tun hat. Zunächst fragt Dathe, wie es Adlers Familie geht, dann kommen sie schnell auf fachliche Themen zu sprechen – wie man kranke Tiere gesund pflegt, wie sich die Haltungsbedingungen verbessern lassen und wie man Futterspezialisten am besten ernährt.

Adler verwundert es manchmal, warum sich der Berliner Direktor so sehr um ihn kümmert. Schließlich sind Dathe und sein Chef Seifert nicht gerade die engsten Freunde; in gewisser Weise sind sie sogar Konkurrenten. Denn der Tierpark hat immer ein Wörtchen mitzureden, welcher Zoo in der DDR welche Tiere bekommt. Das kann schon mal zu Unstimmigkeiten führen, wie vor einigen Jahren, als die Leipziger erstmals Schneeziegen aus Kanada importieren wollten. Es folgte ein längeres Gezerre, bei dem sich Seifert zwar am Ende durchsetzte, doch die Vormachtstellung von Friedrichsfelde sorgt immer wieder für Unmut. Andererseits kann der Tierpark auch sehr hilfreich sein, wie in jenem Fall, als drei Elefanten für den Leipziger Zoo im Hafen von Rotterdam beschlagnahmt wurden. Nur mit Berliner Hilfe gelang es, die Tiere doch noch irgendwie in die DDR und schließlich nach Leipzig zu holen.

Vielleicht liegt es auch daran, dass Dathe eine besondere Beziehung zu der Stadt hat, in der einst seine Laufbahn begann. Vor allem aber schätzt Dathe Leistung – und Adler ist ehrgeizig. Er will in seinem Beruf vorankommen.

»Schreiben Sie doch mal wieder was für den *Zoologischen Garten*«, schlägt Dathe ihm zum Abschied vor.

Dass Adler überhaupt dort ist, wo er ist, hat er vor allem Seifert zu verdanken. Der Leipziger Zoodirektor, wie Adler gläubiger Christ, fördert ihn, wo er nur kann. Er hilft ihm schließlich auch, dass er doch noch Tiermedizin studieren kann und technischer Assistent in der Leipziger Tierklinik wird, die auch den Zoo betreut. Ohne Seiferts Hilfe wäre er nie in diese Position gekommen - ganz zu schweigen von denen, die noch kommen sollen.

Seifert mag nicht besonders eng mit Dathe befreundet sein, umso besser versteht er sich mit dessen Rivalen in West-Berlin. Wenn Heinz-Georg Klös in Leipzig zu Besuch ist, ruft Seifert meist Adler herbei und bittet ihn: »Führen Sie Professor Klös doch mal durch den Zoo.« Als Tierarzt hat Klös schon Adlers Vater gut gekannt. Meist bleibt es aber auf ihren mehrstündigen Rundgängen bei Plaudereien übers Wetter und wie es Adlers Kindern geht.

Klös hat gute Beziehungen in den Osten - sowohl nach Leipzig als auch nach Prag oder Breslau. Und die Leipziger profitieren davon: Einmal helfen die West-Berliner ihnen sogar mit Bananen aus, die sie für einen kranken Orang-Utan brauchen und die im Osten Mangelware sind. Adler fährt noch abends nach Ost-Berlin zum Grenzübergang Friedrichstraße und lässt sich von einem West-Berliner Zoo-Assistenten Nachschub geben. Zwischen dem Berliner Zoo und dem Tierpark Friedrichsfelde wäre das undenkbar.

Seit 1968 ist es für die Zoologen und Tierärzte in Ost und West allerdings noch schwieriger geworden, sich zu treffen und auszutauschen. Bis dahin gab es im gesamtdeutschen Zooverband eine Ost-West-Spitze. Wenn der Präsident aus der Bundesrepublik stammte, kam sein Vertreter aus der DDR oder umgekehrt. Auf staatlichen Druck mussten die ostdeutschen Zoodirektoren den Verband jedoch verlassen und taten das allesamt mit dem gleichen steif formulierten Brief, sodass Lothar Dittrich und andere Kollegen im Westen sofort erkannten, dass dies eine diktierte Erklärung war.

Als Antwort auf den Zwangsaustritt gründen die ostdeutschen Zoodirektoren im Jahr darauf die »Kommission für Tiergärten der DDR« und ernennen Dathe zu ihrem Vorsitzenden. Sie gründen bewusst keinen neuen Verband, sondern wählen den Ausdruck »Kommission«, damit die erzwungene Trennung von den westdeutschen Kollegen nicht unnötig verfestigt wird. Umso wichtiger wird nun das alljährliche »Symposium über die Erkrankungen der Zoo- und Wildtiere«, das von der Forschungsstelle für Wirbeltierforschung in Ost-Berlin organisiert und abwechselnd in einem west- und osteuropäischen Zoo ausgerichtet wird. So können Tierärzte und Zoodirektoren trotz der Teilung weiterhin Kontakt halten und Erfahrungen teilen. Die Fachzeitschrift *Der Zoologische Garten* bleibt als gemeinsames Veröffentlichungsorgan erhalten, das weiterhin in Ost-Berlin von Dathe herausgegeben wird. Auch die Lehrbücher stammen aus der DDR, die hier seit den sechziger Jahren erscheinen und sowohl in der Bundesrepublik als auch in den deutschsprachigen Nachbarländern benutzt werden. Nur das Vorwort machte den westdeutschen Tiergärtnern anfangs Probleme, in dem die Bedeutung des Sozialismus für die Tiergärtnerei gepriesen wird. Hannovers Zoodirektor Lothar Dittrich fertigte daraufhin ein neue Version an, die zu den Gegebenheiten in der Bundesrepublik besser passte und nachträglich eingeklebt wurde.

Zwischen ost- und westdeutschen Tiergärtnern besteht ansonsten ein sehr guter Austausch über die Mauer hinweg. Man korrespondiert, besucht sich und pflegt freundschaftliche Kontakte. Nur nicht zwischen West- und Ost-Berlin.

Obwohl Dathe und Adler auf völlig verschiedenen Stufen in der Hierarchie der DDR-Zoos stehen, sind sie doch beide Teil eines größeren Systems. Denn auch in der Staatsideologie haben die Tiergärten längst ihren festen Platz: Laut Paragraf 67 des Gesetzes über das einheitliche sozialistische Bildungssystem aus dem Jahre 1965 haben sie, wie Kulturhäuser, Museen, Theater oder Botanische Gärten, »den Bildungsprozeß auf allen Stufen zu unterstützen und allen Bürgern die Gelegenheit zu geben, ihre Bildung zu erweitern und zu vertiefen«.

Als kulturelle Einrichtungen unterstehen sie dem Ministerium für Kultur. Dessen Ziel ist es, in jedem der 14 Bezirke der DDR einen Zoo zu errichten. Neben den drei vorhandenen in Dresden, Leipzig und Halle wurden bis Mitte der siebziger Jahre sechs neue gegründet – außer in Berlin noch in Rostock (1956), Erfurt und Magdeburg (1959) sowie in Cottbus (1960) und später Schwerin (1974). Zudem entstanden überall in der noch jungen Republik sogenannte Heimattiergärten. Wo es keinen größeren Zoo gibt, sollen sie die Menschen an Tiere heranführen und für die Tiergärtnerei begeistern. Anfangs werden dort einheimische Arten gehalten, die später jedoch um einzelne Exoten erweitert werden. Welche Bedeutung die Heimattiergärten für die Bevölkerung haben, zeigt sich wohl nirgendwo so deutlich wie in Hoyerswerda.

Das Städtchen in der Oberlausitz zieht seit Mitte der fünfziger Jahre immer mehr Menschen an, die im nahegelegenen Gaskombinat »Schwarze Pumpe« Arbeit finden. Während am Stadtrand die Plattenbausiedlungen ins Umland wuchern, beginnt eine Handvoll Einwohner im Rahmen des Nationalen Aufbauwerks damit, am Schlossgraben in der Altstadt die ersten Tiergehege für Rehe und Schwäne zu errichten, aus denen bald ein kleiner Heimattiergarten entsteht. Mitte der sechziger Jahre besuchen ihn jährlich bereits mehr als 260 000 Menschen, während die Stadt zu dieser Zeit gerade einmal 46 000 Einwohner hat. Andere Freizeitangebote gibt es kaum, Urlaubsreisen sind selten – höchstens mal an die Ostsee, aber auch die ist fern. Also geht man fünf- oder zehnmal im Jahr in den Tiergarten.

Bis Anfang der achtziger Jahre wächst ihre Zahl auf 125. Auch wenn es eine klare Hierarchie in der ostdeutschen Zoolandschaft mit dem Berliner Tierpark an der Spitze gibt, hat die Tiergartenkommission 1974 festgelegt, dass sich die großen Zoos um die kleinen Heimattiergärten kümmern müssen. Jeder von ihnen hat ein Gebiet zu betreuen, das sich meist über mehrere Bezirke erstreckt. Die neun Zoos beraten die kleineren Tierparks und Heimattiergärten in ihrem Gebiet in tiermedizinischen Fragen, liefern neue Tiere und bilden ihre Lehrlinge aus.

Wilder Osten

Doch wie in so vielen Bereichen bekommen auch die Gärten der Tiere die strukturellen Probleme der DDR zu spüren.

Im Leipziger Zoo beginnt der Arbeitstag in der Regel morgens um sieben Uhr und endet selten vor acht Uhr am Abend.

Da es an allen Enden fehlt, müssen die Pfleger das meiste selbst organisieren. In der Frühstückspause besprechen sie den Tagesablauf – die einen kümmern sich anschließend um die Tiere und misten die Ställe aus, während die anderen in die Stadt gehen und stundenlang Schlange stehen, um für sich und die Kollegen Schinken, Raufasertapeten oder sonstige Konsumgüter zu besorgen. Diese Beschaffungsmentalität schweißt zusammen – und die Leipziger sind ein besonders verschworener Haufen. Nach Feierabend treffen sie sich in der Kneipe; es wird viel getrunken, gesungen und weiter um die Häuser gezogen. Im Fernsehen läuft nichts Sehenswertes, reisen kann man kaum, und ein Auto hat auch so gut wie niemand. Jörg Adler findet, dass es trotz aller Probleme eine traumhafte Zeit ist, in der die »Scheiß-Partei« im Leipziger Zoo lange nicht Fuß fassen kann. Bis Ende der siebziger Jahre wird es in der gesamten zoologischen Führungsebene kein SED-Mitglied geben, dafür aber mehrere aktive Christen. Wenn man so will, ist der Zoo so etwas wie eine kleine staatsfeindliche Insel. Das liegt auch am besonderen Charakter der Stadt selbst. Wegen der zweimal im Jahr stattfindenden Messe ist Leipzig neben Ost-Berlin wohl der einzige Ort in der DDR, der einen gewissen Hauch von Weltläufigkeit versprüht.

Der Berliner Tierpark hat offiziell mehr als 400 Mitarbeiter, dennoch muss Dathe improvisieren, um alle Arbeiten in dem riesigen Park zu erledigen. Dazu muss er auch auf Menschen zurückgreifen, die »sich sonst etwas außerhalb des normal laufenden Arbeitsprozesses bewegten«, schreibt er in sein Tagebuch. Hilfsarbeiter aus Gefängnissen, Heilanstalten und Behindertenheimen werden für einfache Arbeiten eingesetzt. Und diese ungeschulten Helfer sind zum Teil nicht zimperlich. Manch einer versucht, ein paar Ibisse einzufangen, indem er die filigranen Vögel mit den langen sichelartigen Schnäbeln einfach mit dem Besen vom Ast haut.

Es gibt noch keine öffentliche Diskussion über die Art der Tierhaltung oder gar eine Kritik an der Existenz der Zoos. Sie sind die beliebtesten Freizeitziele; Anfang der achtziger Jahre zählen sie mit 16 Millionen Besuchern so viele, wie die DDR Einwohner hat.

Innerhalb der Zoomauern hat sich eine Art Subkultur entwickelt, ein Refugium für Menschen, die nicht ins gesellschaftliche Konzept passen - politisch Unangepasste, Sonderlinge, Außenseiter. Die Tierpfleger geben ihnen Spitznamen - in Leipzig ist es etwa die »Kettenfrau«, die bereits zu einer Zeit im ganzen Gesicht gepierct ist, als es noch gar keinen Modeausdruck dafür gibt. Es gibt außerdem den »Bücherwurm« und den »Pilzsammler«, im Berliner Tierpark treibt sich der »Nashornwichser« herum, der nur darauf wartet, dass die Nashörner zum nächsten Paarungsversuch ansetzen. Die Pfleger machen sich ihrerseits einen Spaß daraus und rufen sich dann zu: »Seht mal, wer schon wieder vor dem Gehege steht!«

Mancher Besucher fragt auch ganz unverhohlen, ob die Pfleger sie anrufen könnten, wenn sich die nächste Paarung anbahnen sollte. Andere wiederum möchten nur ein paar Späne von abgehobelten Zehennägeln der Elefanten haben - als Dünger für den eigenen Garten.

Auch auf der anderen Seite der Mauer gibt es solche Gestalten. Eine ältere Stammbesucherin des Berliner Zoos etwa, die jedes einzelne Tier der riesigen Paviansippe auf dem Affenfelsen vom Aussehen her unterscheiden kann und ihnen Namen gegeben hat. Eines Morgens entdeckt ein junger Aushilfspfleger, wie die Frau zehn Kerzen auf die Randmauer stellt und eine nach der anderen anzündet.

»Was machen Sie denn da?«, fragt er sie verwundert.

»Na, der Bodo hat doch heut' Geburtstag«, antwortet sie mit leuchtenden Augen.

Der junge Pfleger ist verdutzt. »Wer ist denn der Bodo?«, fragt er zurück, ohne sich dabei etwas zu denken.

Das eben noch strahlende Gesicht der alten Dame verfinstert sich. »Was denn, junger Mann, Sie wollen Affenwärter sein und kennen den Bodo nicht?«, fragt sie pikiert. Bevor er antworten kann, packt sie den Pfleger kurzerhand am Ärmel, zieht ihn zu sich heran, während sie sich weit über die Mauerkante beugt und auf einen Affen deutet, der etwas versteckt auf einem der unteren Felsvorsprünge hockt. »Das da ist der Bodo«, ruft sie ermahnend, »und der wird heute zehn!«

Ein weiterer Vertreter dieser Sorte ist ein Mann, den die Pfleger nur »Hyänen-Heinrich« nennen, weil er für gewöhnlich dicht vor dem Käfig der Hyänen steht und versucht, das Fell eines der am Gitter entlangstreifenden Tiere zu küssen.

Doch die Pfleger profitieren auch von diesen sonderbaren Stammgästen, die täglich da sind und daher jedes Tier einzeln kennen. Gerade im unübersichtlichen Huftierrevier des Berliner Tierparks ist es vorteilhaft, wenn man sie fragen kann, wann welcher Bulle welche Kuh gedeckt hat.

Die Weitläufigkeit von Friedrichsfelde macht nicht nur den Pflegern zu schaffen, sondern erschwert es auch, das Gelände zu überwachen. Manche Kinder nutzen das aus, indem sie Blumen von den Beeten im Tierpark klauen und sie vor dem Eingang für ein paar Pfennige an Passanten verkaufen. Wenn der Tierpark abends mit Einbruch der Dämmerung schließt, können Besucher dennoch so lang bleiben, wie sie wollen, weil es keinen Wachdienst gibt, der einen rausschmeißen könnte.

Andererseits hat die Weite auch den Vorteil, dass sich die Tierpfleger hier ungestört mit Kollegen aus dem Westen treffen können. Auch Dathes jüngster Sohn Falk, der sich auf

Kriechtiere spezialisiert hat, nutzt diese Möglichkeit. Wenn ein Schlangenexperte aus dem Westen seinen Besuch ankündigt, um einen Diavortrag über seine Exkursionen zu zeigen, muss Falk Dathe morgens nur ein paar bekannte Hobby-Terrarianer anrufen, die die Nachricht in der Szene weitergeben. Abends ist der Saal jedes Mal bis auf den letzten Platz gefüllt. Solche spontanen Veranstaltungen funktionieren nur im Tierpark. In den staatskonformen Universitäten wäre so etwas unmöglich.

Von der Stasi bleiben sie dabei unbehelligt, denn die Tierfreunde gelten als harmlos. Selbst wenn die Stasi sie abhören würde, könnte sie mit den Fachgesprächen nichts anfangen, in denen vom »Scheltopusik« und anderen Kreaturen die Rede ist. Vielleicht würden die Beamten noch den russischen Ursprung des Wortes erkennen und sich fragen, wer dieser »Gelbbauch« ist, der einen Meter vierzig lang, bis zu 50 Jahre alt werden kann und sich vor allem von Insekten und Kleintieren ernähren soll. Auf jeden Fall klingt es nicht gerade nach Verschwörung. Dass es sich dabei um die – auch politisch – völlig harmlose Panzerschleiche aus Südosteuropa handelt, würde ihnen wohl verborgen bleiben.

Andere Äußerungen bekommt die Stasi jedoch sehr genau mit. Im näheren Umfeld des Direktors bewegen sich mehrere Inoffizielle Mitarbeiter. Diese berichten von der Unzufriedenheit in der Belegschaft »über das geringe Baugeschehen zur Rekonstruktion der bestehenden und dem Bau neuer Anlagen«, wie es in einem IM-Bericht heißt.

Das liegt vor allem am Rohstoffmangel, der die DDR seit ihrer Gründung plagt. Bereits 1950 hatte die Bundesrepublik ein Stahlembargo gegen die DDR verhängt. Im Januar 1964 kam es zur Industriepreisreform. Statt der bisher geltenden Festpreise wurden in der DDR nun kostendeckende Preise eingeführt, sodass Rohstoffe auf einmal bis zu 70 Prozent teurer waren als zuvor.

Baumaterial geht seitdem zuerst nach Ost-Berlin. Wenn es in der Hauptstadt an Handwerkern fehlt, werden sie einfach aus den anderen Bezirken dorthin delegiert. Darunter leiden auch die übrigen Zoos im Land.

Als Prestigeobjekt ist der Tierpark Friedrichsfelde bislang noch vergleichsweise gut versorgt worden. Der sowjetische Schriftsteller Daniil Granin lobt ihn in seiner Reisereportage »Schauen und sehen«, die 1969 in der *Neuen Welt* erscheint, überschwänglich:

> »Der Tag ging zu Ende, der Tierpark leerte sich und wirkte noch riesiger. An uns vorbei liefen Wildschweine, Enten flogen vorüber, Flamingos stolzierten daher und Pfauen. Lamas zupften Gras, und junge Hirsche tollten. Ich hatte noch nie so viele Vögel und Tiere in Freiheit gesehen. Sie fürchteten die Menschen nicht, der Park erinnerte an ein ausgedehntes grünes Nachtlager Noahs. Man konnte stundenlang stehen und die Tiere beobachten. All dieses Federvieh, zwitschernd, umherrennend, flauschig, mit blitzenden Augen, lebte und äußerte dieses Leben in der natürlichsten Weise, fast in Freiheit; und es wirkte dadurch noch schöner, noch vielfältiger. […] Wahrscheinlich gibt es in der Welt Zoologische Gärten, die reicher sind als der Berliner. Aber es geht ja nicht um die Zahl der Tiere, nicht um die Ausrüstung; das Schönste und Erstaunlichste war das Empfinden des Schöpfertums.«

Doch auch in der Hauptstadt ist der Aufbau mittlerweile ins Stocken geraten. Während Zoodirektor Klös in West-Berlin ein neues Nashornhaus einweiht, das Menschenaffenhaus erwei-

»Wie ein Nachtlager Noahs.« Der russische Schriftsteller Daniil Granin war vom Anblick der Kamele und Flamingos vor deutschen Eichen tief beeindruckt.

tern und neue Bärenanlagen bauen lässt, herrscht in Friedrichsfelde überwiegend Stillstand. Der zweite Eingang am Bärenschaufenster mit dem kleinen Kassenhäuschen und dem Jägerzaun mutet auch zu Beginn der siebziger Jahre noch eher wie die Einfahrt zu einer Kleingartenkolonie als das Tor zum größten Tierpark der Welt an.

In den Anfangsjahren des Tierparks hat Dathe noch alles Mögliche an Tieren und Baumaterialien versprochen bekommen. Doch seit dem Bau des Alfred-Brehm-Hauses ist es damit vorerst vorbei. Dort hat sich der Gestank von Katzenurin ins Gemäuer gefressen. Wenn ein Pfleger im Tierpark mal wieder einen Schnupfen hat, raten ihm die Kollegen: »Geh mal für 'ne halbe Stunde ins Raubtierhaus. Das Ammoniak fegt dir schon alles weg!«

Die Elefanten leben noch immer im alten Pferdestall, wo

sich unter den Bodenbrettern Ratten eingenistet haben. Nachts, wenn die Dickhäuter schlafen, fressen ihnen die Nager die Fußsohlen an. Seit längerem ist ein Neubau geplant, der aber immer wieder verschoben wurde. Im Huftierrevier, dem sogenannten »Außenring«, sind viele Wege weder asphaltiert noch geschottert, sondern nur bessere Trampelpfade. Im Sommer sind sie staubig, im Winter entweder vom Regen aufgeweicht oder hart gefroren. Des Öfteren müssen die provisorischen Zäune erneuert oder verstärkt werden, weil die Tiere die Holzbalken durchfressen, ausbrechen und irgendwo im Stadtgebiet wieder eingefangen werden müssen. Einmal schaffen es zwei Wapitihirsche bis auf die Schienen der Bahnlinie, die hinter dem Tierpark entlangführt. Ein anderes Mal können ein paar Muntjaks – kleine asiatische Hirsche – erst an der Karl-Marx-Allee im Stadtzentrum wieder eingefangen werden.

Die Provisorien sind eine Folge der Sammelleidenschaft Dathes und der übereilten Eröffnung des Tierparks im Sommer 1955. Manchen Besucher, den es hierhin verschlägt, befällt das Gefühl, eher auf einer LPG anstatt im »Zoo der Zukunft« gelandet – und irgendwie unerwünscht zu sein.

Dennoch bemüht sich Dathe, dass der Tierpark weiterhin seiner Rolle als Leitzoo gerecht wird. Er lässt vor allem kleinere Volieren und Anlagen errichten, zu deren Eröffnung er stets die Medien einlädt, damit der Eindruck erweckt wird, im Tierpark gehe es weiter voran. Doch Anspruch und Wirklichkeit klaffen immer mehr auseinander. Und wohl kein Bauvorhaben steht dafür so sinnbildlich wie das Tapirhaus.

Der »Kuhdamm« von Friedrichsfelde. Ob Granin auch das Huftierrevier besucht hat, ist nicht bekannt.

Hier entsteht (k)ein Tapirhaus

Angefangen hat es im Jahr 1961, als die Berliner Bauakademie Dathe Pläne für ein futuristisches Gebäude anbietet – die Zeichnungen zeigen eine 24 mal 24 Meter messende Halle, deren Dach mithilfe von Stahlseilen wie eine Hängematte aufgespannt werden soll und dadurch ohne Stützpfeiler im Inneren auskäme – die Architekten nennen diese Form »hyperbolisches Parabolid«. Es ist ein Experimentalbau, denn so etwas ist bisher noch nicht gebaut worden. »Könnt ihr det gebrauchen?«, wird Dathe gefragt.

»Ja«, antwortet er erfreut, denn nun hat er endlich wieder die Möglichkeit, eine seiner Ideen in die Tat umzusetzen. »Daraus machen wir ein Tapirhaus.« Dieses war bereits in den ersten Lageplänen des Tierparks vorgesehen, die er dem Magistrat

Mitte der Fünfziger vorgelegt hat. Die schwarz-weißen Schabrackentapire aus Südostasien sind auch schon da. Bis sie in ihr neues Gebäude ziehen können, leben sie abseits der Besucherwege hinter dem alten Stall der Elefanten und Nashörner.

Im Jahr darauf werden die Fundamente gelegt und die ersten Stahlträger aufgestellt. In den Zeitungen erscheinen dazu Artikel samt Entwürfen, auf denen Tapire und Flusspferde im Schatten von Palmen baden. An der Baustelle verkündet bereits ein Schild: »Hier entsteht ein Tapirhaus«. Sogar in den Wegeplänen im Tierparkführer wird das Baugerüst eingezeichnet, das an ein überdimensioniertes, etwas sperrig wirkendes »M« erinnert. Erich Schmitt, der Karikaturist der *Berliner Zeitung*, gibt ihm den Spitznamen »Heuschreckenbau«.

Mit der Betreuung des Projekts wird Heinz Tellbach beauftragt. Der junge Architekt hat schon in den Anfangsjahren Ställe, Käfige und Zäune für den Tierpark entworfen. Anschließend hat er kleine Häuser für die großen Tiere der DDR geplant – in der Waldsiedlung bei Wandlitz nördlich von Berlin, wo Honecker und Co. residieren. Nebenbei zeichnete er nach Feierabend weitere Bauten für verschiedene Zoos der DDR. Als die Planungen im Tierpark wieder anliefen, holte ihn sein einstiger Förderer, der Tierpark-Architekt Heinz Graffunder, wieder zurück in seinen Planungsstab.

Tellbach darf Graffunder sogar nach West-Berlin begleiten, um sich im Zoologischen Garten Anregungen zu holen. Direktor Klös führt sie persönlich herum und zeigt ihnen stolz die Neubauten, die in den vergangenen Jahren entstanden sind. Tellbach hat sich allerdings mehr davon versprochen; die Architektur ist ihm zu schmucklos, vor allem das Vogelhaus enttäuscht ihn: ein nichtssagender Flachbau, der so attraktiv ist wie ein Schuhkarton. Solche Gebäude sollten etwas mehr hermachen – wie das Alfred-Brehm-Haus im Tierpark und bald

Vision und Realität. Rund ein Jahrzehnt wird am Tapirhaus gearbeitet, bis es jahrelang brachliegt und 1979 schließlich niedergebrannt wird.

auch das Tapirhaus. All das denkt sich Tellbach nur, sagt Klös aber nichts davon. Dieser gibt sich zum Abschied gönnerhaft und steckt Tellbach zwei Mark zu, damit er seine Verwandten in West-Berlin besuchen kann.

Mehrere Jahre vergehen, ohne dass die Tapire ihren Übergangsstall verlassen. Mittlerweile haben sie hinter den Kulissen sogar Nachwuchs bekommen. Als das Stahlgerüst des Hauses 1967 fertiggestellt ist, werden die Arbeiten plötzlich eingestellt. Dem Berliner Magistrat geht allmählich das Baumaterial aus - und er braucht es dringender am Alexanderplatz, um das Stadtzentrum aufzuhübschen.

Kurz danach besucht Heinz Tellbach einen der beliebten Tierparkbälle und trifft dort auf Erich Schmitt. Als treuer Tierparkbesucher hat der Karikaturist bereits vom Baustopp erfahren. Deshalb zeichnet er auf die Rückseite von Tellbachs Einladung eine Skizze der stählernen Bauruine, vor der ein Vater mit seinem Sohn steht:

»Vata«, fragt der Sohn, »ist det det Gerüst, wo die Tapire uffjehangen werden?«

Tellbach grinst gequält, er weiß nicht, ob Schmitt ihn aufmuntern oder nur necken will - wahrscheinlich beides.

Während das riesige Gerüst vor sich hin rostet, verkündet noch Jahre später das Baustellenschild: »Hier entsteht ein Tapirhaus«. In den Tierparkplänen werden kleine Blümchen eingezeichnet, die das Gerippe umranken, so als wäre es in einen Dornröschenschlaf gefallen und warte nur darauf, »wachgeküsst« zu werden. Mit den Jahren wird das »M« in den Plänen immer kleiner, bis es schließlich ganz aus den Wegweisern verschwindet.

Ende der siebziger Jahre wird die Ruine schließlich abgerissen. Die Fundamente werden noch Jahrzehnte im Boden ruhen, bis auch sie entfernt werden und nichts mehr an das gescheiterte Experiment erinnert.

Ähnliche Fälle gibt es in zahlreichen Zoos des Landes, denn dort ist die Mangelwirtschaft noch stärker zu spüren. Manchmal scheitern die großen Ziele aber auch an ganz kleinen Dingen, wie in Magdeburg.

Mitte der siebziger Jahre will sich der Direktor des dortigen Zoos endlich seinen Wunsch nach Pinguinen erfüllen. Dafür beantragt er beim Bauamt eine Genehmigung, um ein Gehege mit Schwimmbecken anlegen zu dürfen. Er will aber nicht so lange warten, bis die Behörde zugestimmt hat, und lässt deshalb schon mit dem Buddeln beginnen – die Genehmigung wird schon noch kommen.

Bald darauf meldet sich jedoch der Bürgermeister zu einem Besuch an, sodass die illegale Baugrube kurzerhand mit Laub zugeschüttet wird, damit kein Verdacht aufkommt, hier halte sich jemand nicht an das übliche Prozedere.

In den folgenden Jahren wird noch eine ganze Menge Laub hinzukommen, denn die Magdeburger haben noch ein ganz anderes und grundlegendes Problem übersehen. In keinem Bezirk der DDR ist es so schwierig, an frischen Seefisch zu kommen – ohne ihn kann man die Meeresvögel allerdings nicht ernähren. So scheitert der Traum von Pinguinen an der Elbe schließlich am Makrelenmangel.

Ein Traum in Grau

In Leipzig bereitet Jörg Adler vor allem der Zustand des Affenhauses Sorgen. Irgendetwas ist immer kaputt – und wenn es nur eine wackelige Türklinke ist. Das Gebäude stammt aus dem Jahre 1901. Es ist dasselbe Haus, das bereits Lothar Dittrich in den fünfziger Jahren Nerven gekostet hat, weil ständig die Eisenträger durchrosteten. Obwohl das Dach schon mehrmals ausgebessert worden ist, gibt es immer wieder undichte Stellen. Da die Käfigtüren nicht richtig schließen, kommt es ab und zu vor, dass einer der Affen ausbricht.

Daher kann sich Adler kaum von den Bildern losreißen, die er gerade in der Fachzeitschrift *Der Zoologische Garten* entdeckt hat. Gebannt sitzt er in seinem Arbeitszimmer und starrt auf die Schwarz-Weiß-Fotos. Sie zeigen die Gehege des neu eröffneten Zoos im westfälischen Münster. Adler kommt es vor, als stammten sie aus einer anderen Welt.

1974 ist am Stadtrand von Münster ein komplett neuer Zoo erbaut worden. Seinen ursprünglichen Standort in der Innenstadt beanspruchte die Westdeutsche Landesbank für ihre Neubaupläne. Und da der Bankchef bereits mit einem Umzug nach Dortmund gedroht hatte, falls man ihm nicht entgegenkomme, musste der knapp hundert Jahre alte Zoo weichen.

Mit einer Fläche von dreißig Hektar ist der neue »Allwetterzoo« – so heißt er, weil die großen Tierhäuser durch überdachte Wege miteinander verbunden sind – fast fünfmal so groß wie der alte. Zudem ist er am Reißbrett geplant worden – wie einst auch der Tierpark Friedrichsfelde. Doch während dieser in mühevoller Kleinarbeit und nur mithilfe der Bevölkerung errichtet werden konnte, entstanden die Anlagen in Münster aus einem Guss. Auf den Fotos sieht Adler kleine schwarze Bären, die in einer terrassenartigen Betonlandschaft auf dem einzigen kahlen Baum herumklettern. Wie Halbstarke in einer wahr gewordenen Endzeitfantasie.

Diese Bauweise gilt seinerzeit als fortschrittlich – sowohl in den Fußgängerzonen der Innenstädte als auch in den Affen- und Bärenanlagen der Tiergärten. Ein Jahr nach der Eröffnung des Allwetterzoos setzt der Zoo Krefeld neue Maßstäbe in der Haltung von Menschenaffen: Gorillas, Schimpansen und Orang-Utans leben dort in Familienverbänden in einer Tropenhalle mit feuchtwarmem Klima und Dschungelpflanzen. Von den Besuchern sind sie nur durch einen schmalen Graben getrennt.

Das Krefelder »Affentropenhaus« ist zwar ein wegweisendes Bauwerk für moderne Tierhaltung, doch es bleibt vorerst ein Einzelfall. Beton, Fliesen und Panzerglas prägen auch in den kommenden Jahrzehnten das Bild der Zoos, was vor allem hygienische Gründe hat: Spulwurmbefall ist zu der Zeit noch ein großes Gesundheitsproblem, über das sich Tierärzte die Köpfe zerbrechen; in manchen Zoos werden daher die Affenkäfige zweimal am Tag gescheuert. Geflieste Wände haben den Vorteil, dass sie leichter zu reinigen sind. Darüber hinaus wirken Panzerglasscheiben für die Zoobesucher attraktiver als Gitterstäbe, weil sie sie nicht sofort an Gefängniszellen erinnern. Und die Tiergärtner freut es, dass die Besucher dadurch gehindert werden, die Tiere zu füttern.

Der viele Beton und dessen Eintönigkeit stören Jörg Adler damals noch nicht. Stattdessen staunt er über die solide Bausubstanz: »Da muss man sich wenigstens keine Sorgen mehr machen, ob einem bald die Decke herunterkracht.«

Hier in Leipzig, das ist die manchmal aufregende, aber meist marode Realität. Der Allwetterzoo bleibt vorerst nur die Verheißung in Form von Schwarz-Weiß-Fotos in einem Magazin. Dass Adler eines Tages tatsächlich Münster besuchen und aus einem ganz anderen Blickwinkel kennenlernen soll, ist zu diesem Zeitpunkt so wahrscheinlich wie ein dichtes Dach im Leipziger Affenhaus.

7

EINE INSEL MIT ZWEI BÄREN

Wie jeden Morgen um zehn Uhr verlässt Werner Schröder, der Direktor des Berliner Aquariums, das Reich der Fische und Kriechtiere und schlendert die Budapester Straße entlang, vorbei an der mit Graffiti besprühten Außenmauer des Zoos, der Gitterpforte und den grauen Kassenhäuschen hinüber in die Welt der Immobilienhaie und Warteschlangen. Rings um die Ruine der Gedächtniskirche ist in den vergangenen knapp zwanzig Jahren ein neues Stadtzentrum entstanden - die City West. Nach dem Mauerbau brauchte West-Berlin einen kapitalistischen Gegenentwurf zum Alexanderplatz im Osten. Markantes Markenzeichen ist ein klobiger Koloss aus Glas und Aluminium, der zwanzig Büroetagen samt Kino, Schwimmbad, Einkaufspassage und einer Kunsteisbahn im Innenhof umfasst. Mit seinen 86 Metern war es eine Zeit lang das höchste Gebäude West-Berlins. Zoodirektor Klös konnte immerhin erwirken, dass es um 90 Grad gedreht gebaut wurde, sodass es etwas weniger Schatten auf den benachbarten Zoo wirft.

Das 1965 eröffnete Europa-Center sollte einen Hauch von Amerika in die Mauerstadt bringen. Doch nun, im Jahr 1977, wirkt es doch bloß wie ein biederer Büroturm mit angeschlossener Souvenirmeile.

Wenn Aquariendirektor Werner Schröder mal nicht über

den Ku'damm schlendert, verbringt er hier seine Frühstückspause. Er setzt sich ins Café, bestellt einen Tee und schaut den jungen Frauen zu, die nebenan auf der Eisbahn ihre Runden drehen. Aus den Lautsprechern leiert »Moviestar« von Harpo: *»And you think you will look like James Bond«*, singt er, während Schröder sich eine Zigarette ansteckt und den Kragen seines Mantels hochschlägt. Es zieht.

Um sechs Uhr ist er aufgestanden und hat zuerst seine Haustiere – einen Graupapagei, einen Windhund und mehrere Chamäleons – gefüttert. Danach hat er mit seinen Pflegern den allmorgendlichen Kontrollgang durchs Aquarium erledigt, anschließend die Post in seinem Büro durchgesehen und sich dann auf den Weg hierhin begeben.

Seit einem Vierteljahrhundert führt Schröder das Aquarium. Als er mit dem Wiederaufbau des im Krieg zerstörten Gebäudes begann, lag hier, wo jetzt das Europa-Center steht, noch alles brach. In der Lokalpresse war vom »Schandfleck auf Berlins Visitenkarte« die Rede. Nun verkünden Aufkleber und Plakate: »Hier kauft Berlin, hier trifft sich die Welt.«

Dabei liegt das wahre Europa-Center auf der anderen Straßenseite, im Aquarium. Schröder hat es nicht nur wiederaufgebaut und zu einer der beliebtesten Kultureinrichtungen der Stadt gemacht, sondern auch zum artenreichsten des Kontinents. Die großen Schauaquarien Europas kann man noch an zwei Händen abzählen – und das Berliner gehört eindeutig dazu. 700 000 Besucher kommen jedes Jahr, nicht nur aus Berlin. Außerdem ist es anders als der Zoo nicht von den Jahreszeiten abhängig, weil die Besucher dort nicht der Witterung ausgesetzt sind. Gerade wenn es so kalt und düster ist wie in dieser Jahreszeit, vergisst man allzu schnell, wie angenehm Berlin im Sommer sein kann. Der zurückliegende war allerdings etwas zu heiß; bereits im Juni stiegen die Temperaturen regelmäßig auf 35 Grad Celsius. Ganz Europa litt 1976 unter der monatelangen Hitzewelle – auch die Zoos: In Hannover musste Direktor Lothar Dittrich die südafrikanischen Brillenpinguine in einem Kühlhaus unterbringen, in Duisburg ließ Wolfgang Gewalt ein Zeltdach über dem Walarium spannen, damit die schneeweißen Belugas keinen Sonnenbrand bekommen. Auch Werner Schröder war mit seinen Pflegern damit beschäftigt, in einigen Aquarien das Wasser zu kühlen und in den Terrarien der Amphibien feuchtes Moos auszulegen. Bis auf ein paar empfindliche Tiere haben die meisten die Hitze unbeschadet überstanden.

Besonders stolz ist Schröder auf seine Krokodil-Sammlung, die 26 Arten umfasst und als die größte in einem europäischen Zoo gilt. Damit ist er auch seinem Freund Dathe im Osten voraus, der im Tierparkführer damit wirbt, dass Friedrichsfelde den zweitgrößten Bestand besitzt.

Vor kurzem haben zwei Pfleger in der Krokodilhalle in einem Sandhügel ein Gelege der mittelamerikanischen Spitzkrokodile entdeckt. Während der eine mit einer langen Eisenstange die drei- und zweieinhalb Meter langen Elterntiere in Schach hielt, entnahm der andere drei Eier, um sie in den Brutschrank zu legen. Krokodile zu züchten ist nicht einfach. Spitzkrokodile sind erst mit zehn bis zwölf Jahren geschlechtsreif. Und dann muss alles stimmen – die Umgebung, das Klima, vor allem aber die Chemie. Krokodilweibchen sind wählerisch und überstürzen nichts. Wenn es ihnen nicht behagt, können sie auch warten, genügend Zeit dazu haben sie, da sie bis zu 80 Jahre alt werden und auch mit über 50 noch fruchtbar sind.

Aber diesmal hat es geklappt, und wenn alles gut geht, könnte es schon in ein paar Monaten erstmals in Europa Krokodilnachwuchs geben.

Unter Fachkollegen ist Schröder über die Grenzen West-

Berlins hinaus hoch angesehen. Mit Heinrich Dathe ist er genauso befreundet wie mit Katharina Heinroth und dem Verhaltensforscher Konrad Lorenz. Wenn Lorenz zu Besuch ist, sitzen sie bis abends zusammen in Schröders Wohnung, die im dritten Stock neben dem Insektarium liegt. Sie trinken dann Tee, fachsimpeln – und sind sie sich mal uneins, müssen sie nur zwei Etagen nach unten ins Aquarium gehen, um nachzuschauen. In der Zoologie hat alles seine Ordnung. Genau so wie in West-Berlin.

Für Schröder ist die Stadt wie ein einziges großes Wohnzimmer. Überall kennt man ihn. Viele Prominente zählen zu seinen Freunden, wie der Maler Max Pechstein, die Schauspieler Hans Söhnker und Viktor de Kowa. Mit dem Boxer »Bubi« Scholz spielt er gelegentlich Tischtennis. So lässt es sich aushalten auf der Insel West-Berlin – das einzig Schlechte ist die Mauer.

Schröder nennt sich selbst einen Tagesoptimisten und Zukunftspessimisten; er ist sich sicher, so gut wie heute wird's uns nie mehr gehen. Gerade deshalb muss man jeden Tag nutzen. Und weil er ahnt, dass ihm nicht mehr viele bleiben.

Eine Weile schaut er noch den jungen Frauen zu, trinkt den letzten Schluck Tee aus und macht sich wieder auf ins Aquarium. Auf dem Rückweg kommt er bei den »Stachelschweinen« vorbei. Seit der Eröffnung des Europa-Centers tritt die Kabarettgruppe hier allabendlich in einem kleinen Theater im Erdgeschoss auf. Als die Künstler 1949 auf der Suche nach einem Probenraum waren, wollte ihnen niemand helfen, weil junge Leute angeblich nur rauchen und alles dreckig machen. Schröder, der selbst Raucher ist, stellte ihnen einen leer stehenden Raum zur Verfügung – unter der Bedingung, dass sie ihn selbst sauber halten.

Fast dreißig Jahre ist das schon her. Schröder hat den Krieg miterlebt, den Wiederaufbau und die Teilung Berlins. Genau genommen ist West-Berlin auch eine Art Aquarium. Ein Mikrokosmos, der abhängig ist von der Versorgung von außen. Wie die Tiere in seinen Becken nur überleben können, solange Filter und Heizung laufen, hängt auch West-Berlin am Tropf der Bundesrepublik und der Alliierten.

Die West-Berliner haben sich mit ihrem Inselleben abgefunden. Die latente Gefahr aus dem Osten verdrängen sie so gut es geht – die Amerikaner, Franzosen und Engländer machen das schon. Auch die Tierpfleger im Zoo reden sich das ein. Wie es ihren Kollegen im Tierpark geht, wissen sie nicht, denn es gibt keinen Kontakt. Nach Leipzig schon, auch nach Breslau, Sofia oder Prag. Aber nicht nach Ost-Berlin. Die da drüben vermuten hinter allem ja immer gleich Spionage. Das Einzige, was sie über den Tierpark wissen, erfahren sie auf ihrem alljährlichen Besuch in Friedrichsfelde und aus den Geschichten, die über Tierparkdirektor Heinrich Dathe kursieren. Über dessen Konkurrenz zu Klös etwa. Es heißt, wenn der eine eine neue Tierart anschafft, ist der andere sofort neidisch und will sie auch haben. Von Dathe erzählt man sich im Westen, dass er seine gesamte Belegschaft morgens strammstehen lasse wie beim Militär. Bei dem soll es noch strenger zugehen als unter Klös!

Schröders Freundschaft zu Dathe belastet auch seinen Kontakt zu Klös. Sie beschränken ihn auf das Nötigste, wenn Pressekonferenzen oder offizielle Empfänge es nicht anders zulassen. Privat haben sie nichts miteinander zu tun.

Zoodirektor Klös sucht schon seit längerem nach einem Nachfolger für Schröder. Schröder hat den Zoo und das Aquarium wiederaufgebaut und daher eine Menge Befugnisse. Aus Klös' Sicht sind es zu viele, denn er kann im Aquarium kaum Einfluss nehmen. Deshalb will er ihn weghaben. Aber es ist gar nicht so leicht, adäquaten Ersatz zu finden.

Zu dieser Zeit tun sich erstmals Zoodirektoren und Wissenschaftler im Auftrag des Bundesministeriums für Ernährung, Landwirtschaft und Forsten zusammen, um allgemeine Haltungsanforderungen für Tiere im Zoo festzulegen. Daraus entsteht im Jahr 1977 das »Gutachten über tierschutzgerechte Haltung von Säugetieren«, in dem es unter anderem um klimatische Bedingungen, Gehegegröße und -einrichtung, Sozialgefüge, Ernährung sowie Transport geht. Neben Heinz-Georg Klös gehört auch der Zoologe Wolf Herre von der Kieler Universität dem Ausschuss an. Die Gutachter treffen sich reihum in wechselnden Zoos. Auch Klös lädt ein, denn er lässt nichts unversucht, seinen Einfluss auszuweiten und die Rolle seines Zoos zu stärken. Allerdings hat er in der Vergangenheit schon einmal ein Treffen der Deutschen Gesellschaft für Säugetierkunde ausrichten wollen, es jedoch kurzfristig wieder absagen müssen. Herre kann es sich nicht verkneifen, das zu erwähnen: »Der lädt euch eh wieder aus«, soll er im Ministerium gesagt haben. Eine Schmach für Klös. Herre ist einer der angesehensten Zoologen Deutschlands dieser Zeit. Aber er will es sich mit Klös dennoch nicht verscherzen. Klös leitet den bedeutendsten deutschen Zoo. Er hat zwar hierzulande nicht den Einfluss wie sein Rivale Dathe im Osten, aber seit Bernhard Grzimek in Pension gegangen ist, ist er die führende Stimme der westdeutschen Zoodirektoren. Nicht dass Herre auf ihn angewiesen wäre, aber es könnte von Vorteil sein, sich mit ihm gut zu stellen. Als Klös wenig später Herre fragt, ob er nicht einen neuen Leiter fürs Berliner Aquarium wisse, hat Herre sofort jemanden im Sinn – seinen früheren Doktoranden Jürgen Lange, den er auch sogleich anruft.

»In Berlin wird ein Nachfolger für Dr. Schröder gesucht«, sagt Herre. »Treffen Sie sich doch mal mit Professor Klös.«

Lange ist davon nicht begeistert. »Sie müssen die Stelle ja nicht annehmen«, schiebt Herre nach. »Aber tun Sie mir bitte den Gefallen und treffen Sie sich wenigstens mit ihm, sonst redet der nie mehr mit mir«, sagt Herre und erzählt Lange von dem Vorfall beim Ministerium.

Lange ist in Berlin kein Unbekannter. Mitte der sechziger Jahre hat er für seine Promotion monatelang Antilopenschädel an der Humboldt-Universität untersucht. Ein westdeutscher Student an einer ostdeutschen Hochschule war damals eine absolute Ausnahme. Während dieser Zeit wohnte Lange bei Verwandten in West-Berlin und arbeitete nebenbei als Tierpfleger im Zoo. Zum Abschied sagte Klös zu ihm: »Nach dem Studium kommst du dann zu uns zurück.« Daraus wurde jedoch nichts, weil keine Stelle frei wurde.

Dafür wurde bald woanders eine frei: Die Stuttgarter Wilhelma suchte 1970 einen neuen Leiter für ihr Aquarium, da der bisher zuständige Oberassistent neuer Direktor werden sollte. Erst vor drei Jahren war das Aquarium eröffnet worden und galt als das modernste Europas.

Fische waren eigentlich das Letzte, womit Lange sich beschäftigen wollte. Als Kind hatte er zwar mal Guppys gehalten und im Studium Meeresbiologie im Nebenfach belegt. Doch das hatte ihn kaum interessiert. Er wollte sich lieber weiterhin den Säugetieren widmen, am liebsten den Antilopen. »Nimm erst einmal die Stelle im Aquarium an«, dachte er sich jedoch etwas naiv, »wechseln kannst du dann immer noch.«

Mithilfe der Pfleger musste Lange erst einmal lernen, was Aquaristik wirklich bedeutet. Doch er merkte schnell, dass sie im Grunde viel umfangreicher ist als die Haltung von Antilopen oder anderen Säugetieren. Viele der Tiere, die in dieser

Zeit als Wildfänge nach Stuttgart kamen, waren bislang noch nie gehalten worden. Bei manchen musste er erst einmal in Fachbüchern nachschlagen, wie sie überhaupt hießen, alles war Neuland für ihn. Außerdem faszinierte ihn die Gestaltung der Becken. Antilopen-Gehege sehen alle mehr oder weniger gleich aus. Aber um in einem zwei Meter langen Becken ein Bachufer nachzuahmen, reicht es nicht, einfach zwei Meter Ufer aus der Natur zu kopieren, sondern man muss alle Aspekte eines Bachlaufes auf diesen zwei Metern zusammenfassen, damit es natürlich wirkt und die Besucher sagen, »das sieht ja aus wie bei uns daheim am Bach.« Diese gestalterische Herausforderung reizte Lange. Außerdem verwüsten selbst die rabiatesten Aquarienfische ihr Revier nicht so sehr, wie Huftiere oder Elefanten das tun. Deren Anlagen können noch so groß sein – nach einigen Monaten sind sie meist nur noch Staubwüsten. Hinzu kommt die ausgeklügelte Technik, ohne die die Fische nicht überleben können. Schon bald konnte sich Lange nichts Spannenderes mehr vorstellen.

Im Zoo gibt es ungeschriebene Gesetze ähnlich wie in der freien Wirtschaft oder der Industrie: Wenn man wechselt, muss deutlich mehr Geld dabei herausspringen, oder es muss die Karriereleiter nach oben gehen.

Doch Lange will gar nicht wechseln. Fast sieben Jahre ist er schon in Stuttgart. Er fühlt sich wohl hier. Nur seinem Doktorvater Herre zuliebe meldet er sich bei Klös und verabredet sich mit ihm in Berlin.

Zum Gespräch bittet ihn Klös in sein Büro im Verwaltungsgebäude des Zoos. Dort warten schon Klös' Assistent Hans Frädrich und ein Mitglied des Aufsichtsrats. Eine ganze Weile unterhalten sie sich über dies und das, bis sie auf die Stelle zu sprechen kommen, die Klös in den höchsten Tönen anpreist. Doch Lange hat sich vorher überlegt, dass er aus dieser Angelegenheit am schnellsten wieder herauskommt, wenn er übertrieben hohe Forderungen stellt. Dann bliebe Klös gar nichts anderes übrig, als ihm abzusagen – und Lange wäre fein raus.

»Wie viele Mitarbeiter hat denn das Aquarium?«, fragt Lange nun.

»Derzeit zehn«, sagt Klös.

»Das erscheint mir wenig. Dann müssen mindestens fünf, sechs neue her«, sagt Lange entschieden, »wie alt sind die denn im Schnitt?«

Klös überlegt einen Moment, »um die vierzig etwa«.

»Dann müssen mindestens vier Neue her, die Anfang zwanzig sind. Die Alten sind in ihrem Arbeitstrott schon zu festgefahren.«

Das leuchtet Klös ein, denn so hat er das auch gesehen, als er als junger Direktor nach Berlin kam. Aber allein kann er das alles nicht entscheiden. »Ich muss das erst mal mit dem Aufsichtsrat besprechen«, sagt er nun sichtlich ernüchtert.

»Tun Sie das«, sagt Lange zufrieden.

Dieser Ablauf wiederholt sich mehrmals an diesem Tag. Jedes Mal, wenn Lange eine neue Forderung stellt, bittet Klös ihn, draußen zu warten, um es abzuklären. Wenn Klös ihn dann wieder hereinbittet, sitzt jedes Mal ein anderes Aufsichtsratsmitglied am Tisch. Nach unzähligen Verhandlungsrunden, die sich über zwei Tage erstrecken, hat Lange das Gefühl, dass er nun den gesamten Aufsichtsrat kennengelernt hat.

»Wir müssen dann noch über Ihr Gehalt sprechen«, sagt Klös irgendwann.

»Was können Sie mir denn anbieten?«, kontert Lange.

Als Klös ihm die Summe nennt, zieht Lange demonstrativ die Augenbrauen hoch. »Wenn ich hier hinkommen soll, dann müssen Sie mir schon deutlich mehr bieten, als ich jetzt in Stuttgart verdiene«, sagt er, »und jedes Jahr möchte ich sieben Prozent mehr – wegen der Inflation.«

Den Rat haben ihm Freunde aus Stuttgart gegeben, die beim Fernsehen und Theater als Freischaffende arbeiten und sich mit solchen Verhandlungen besser auskennen als er.

Klös, der unter den Politikern und Wirtschaftsgrößen West-Berlins für sein Verhandlungsgeschick bekannt ist, gerät allmählich ins Schwitzen – solch einem harten Verhandlungspartner hat er schon lange nicht mehr gegenübergesessen. Er ahnt nicht, dass Lange nur darauf aus ist, sich unbezahlbar zu machen.

Jürgen Lange war auf alles vorbereitet. Nur nicht darauf, dass ihm Klös alle seine Wünsche erfüllen würde. Ihm war nicht bewusst gewesen, wie händeringend der Zoodirektor nach einem Nachfolger für Schröder sucht. Jürgen Lange hat sich verzockt.

Ihm ist klar, dass er jetzt nicht mehr absagen kann. Denn die Zoobranche ist eine überschaubare Welt, und so etwas spricht sich schnell herum. Wenn er jetzt einen Rückzieher machen würde, wäre er für alle Zeiten verbrannt, und bei jeder Bewerbung würde es heißen: »Der Lange ist nichts für uns, der hat damals nicht einmal das Angebot aus Berlin angenommen.«

Also sagt er Klös zu und verabschiedet sich schweren Herzens von der Stuttgarter Wilhelma.

Einen Kompromiss hat Lange jedoch eingehen müssen. Er leitet nun zwar das Aquarium, doch anders als Schröder ist er kein Direktor mehr, sondern nur noch wissenschaftlicher Assistent. Klös wähnt sich am Ziel. Jetzt, da Schröder entmachtet ist, hat er keinen Konkurrenten mehr neben sich im Betrieb.

Das bekommt auch Schröder zu spüren. Es ist noch nicht lange her, dass man ihm zugesichert hat, er könne so lange im Aquarium bleiben, wie er möchte. Doch schon bald erfährt er auf einer Sitzung des Aufsichtsrats, dass sein Vertrag nicht verlängert wird und es schon einen Nachfolger für ihn gibt.

Am Ende des Jahres wird Schröder 70. Dann wird er das Aquarium verlassen müssen, ob er will oder nicht. Er hatte bereits selbst über seinen Abschied nachgedacht, denn in seinem Alter ist es an der Zeit, ans Aufhören zu denken. Aber auf diese Weise abgesetzt zu werden, das hat er nicht erwartet. Das Schlimmste ist für ihn jedoch, dass er auch aus seiner Wohnung ausziehen muss, in der er seit 30 Jahren wohnt. Nachts bekommt er sogar anonyme Anrufe: »Wenn Sie bis zum Jahresende nicht raus sind, stellen wir Ihre Sachen einfach vor die Tür.«

Schröder fühlt sich an das Schicksal von Katharina Heinroth erinnert. Aber im Gegensatz zu ihr ist er kein Kämpfer. Ihm machen die Streitereien so sehr zu schaffen, dass er krank wird und für mehrere Wochen ins Krankenhaus muss.

Während Schröder seinen Abschied zum Jahresende 1977 vorbereitet, fängt sein Nachfolger Jürgen Lange bereits im Oktober in Berlin an. Nachdem er das Aquarium zum ersten Mal besichtigt hat, hätte Lange seinen Vertrag am liebsten wieder rückgängig gemacht. Unter Aquarianern gibt es einen Leitspruch, der besagt: Nach zehn Jahren musst du die Becken sanieren, nach zwanzig Jahren kannst du sie abreißen. Und im Berliner Aquarium sind vor allem die technischen Anlagen zum Teil noch älter. Als Schröder Anfang der fünfziger Jahre das Haus wieder aufbaute, waren hochwertige Baustoffe Mangelware, er musste sich daher mit dem begnügen, was zu beschaffen war. Mittlerweile lecken die ersten Rohre, die Isolierungen zerbröseln – kurzum, das Haus ist marode.

Dass der Berliner Zoo der älteste Deutschlands ist, merkt Lange schon in der täglichen Arbeit. Vieles wirkt auf ihn antiquiert und verkrustet. Allein der Umgangston und das Betriebsklima sind viel strenger, als er es aus der Wilhelma gewohnt ist. Zu Beginn seiner Amtszeit warnt Schröder ihn: »Was Ihnen der Klös drüben im Zoo erzählt, das dürfen Sie alles nicht glauben, der lügt von morgens bis abends.«

Als Lange am nächsten Tag in der Verwaltung vorbeischaut, läuft er dort Klös über den Weg. »Ah, Sie kommen gerade wieder aus dem Aquarium, nicht wahr?«, fragt Klös, ohne allerdings eine Antwort zu erwarten. Er nimmt Lange zur Seite und sagt nun etwas leiser, aber eindringlich: »Also, dem Schröder dürfen Sie kein Wort glauben, der lügt von morgens bis abends.«

Lange macht so manches anders als Klös. Er stellt zum Beispiel nur Pfleger ein, die bereits im dritten Lehrjahr sind, sodass sie nach der Ausbildung direkt im Aquarium bleiben können und nicht noch weitere Reviere im Zoo durchlaufen müssen. Zudem betraut er sie gleich damit, das Insektarium oder die Amphibienabteilung zu leiten. Im Zoo wäre das undenkbar. Unter Klös wird in der Regel nur Revierleiter, wer bereits seit mindestens zehn Jahren im Zoo arbeitet.

Abends zieht Lange des Öfteren durch die Diskotheken West-Berlins. Statt zu tanzen, schaut er sich dort die Lichtmaschinen und Deckenstrahler an und holt sich Anregungen, wie er die Wasserbecken noch effektvoller beleuchten kann. Zudem bringt er Veranstaltungen wie Modemessen und Theateraufführungen ins Aquarium.

Klös erinnert das alles zu sehr an die Zeiten von Oktoberfest und Rummel, die es noch in den vierziger und fünfziger Jahren im Zoo gab. Wenn Lange im Urlaub oder auf Dienstreisen ist, nutzt Klös daher die Gelegenheit, um im Aquarium andere Saiten aufzuziehen. Doch die Pfleger dort lassen sich nichts von ihm sagen. Meistens kommt es daraufhin zum Streit, ein Wort ergibt das andere. »Morgen können Sie sich Ihre Papiere abholen!«, schimpft Klös. »Ich kündige selbst!«, erhält er als Antwort.

Wenn Lange zurückkommt, liegen auf seinem Schreibtisch meist ein oder zwei Kündigungen. Dann muss er wieder Gespräche führen. Wenn er hört, was vorgefallen ist, schüttelt er nur den Kopf: »Könnt ihr denn nicht einfach mal zwei Wochen die Klappe halten, bis ich wieder da bin?« Am Ende schafft er es stets, seine Pfleger umzustimmen, sodass keine der Kündigungen bestehen bleibt.

Goldene Zeiten im goldenen Käfig

West-Berlin ist ein besonderer Ort. Aufgrund der Isolation vom Rest der Bundesrepublik hinkt die Wirtschaft mehrere Jahre hinter dem westdeutschem Niveau her. An den Häuserfassaden sind noch Einschusslöcher zu sehen, Spuren des Häuserkampfs im Zweiten Weltkrieg. An einigen Straßenecken hat man das Gefühl, dass die Waffen erst seit kurzem schweigen. Die »Insel im roten Meer« muss vom bundesdeutschen Festland am Leben gehalten werden. In der eingeschlossenen Stadt gibt es keinen freien Wettbewerb, alles ist hoch subventioniert – ob Bauwirtschaft, Kultur, Nachtleben oder auch der Zoo. Überall regiert die Vetternwirtschaft.

In dieser Welt ist Klös zu einem mächtigen Mann aufgestiegen. Er ist der unumstrittene Herr über die beliebteste Freizeiteinrichtung. Er weiß, wie er Mäzene, Privatiers und Kaufhausbesitzer so um den Finger wickelt, dass sie sich geradezu darum reißen, den nächsten Elefanten oder Löwen zu finanzieren. Auch Lange staunt immer wieder, woher der Direktor das ganze Geld bekommt. Mögen Klös zu Beginn seiner Amtszeit 1957 so manche noch unterschätzt haben, ist das längst nicht mehr der Fall. Stattdessen raunen sie sich vor Treffen mit ihm nun zu: »Der alte Klös kommt, das wird teuer.«

Auch der Lokalpolitik ist bewusst, welche Bedeutung Klös und der Zoo haben. Es heißt, wer sich mit dem Berliner Zoo anlegt, kann einpacken. Denn der Zoodirektor ist kein Parteigänger, sondern hat die Zoo-Partei hinter sich – und die hat mehr Mitglieder als alle anderen. Er habe »das beste Zoo-Publikum der Welt«, sagt Klös im Oktober 1978 der *Zeit*. Während in West-Berlin knapp zwei Millionen Menschen leben, zählen Zoo und Aquarium jährlich rund drei Millionen Besucher, nur jeder zehnte davon ist Tourist.

Den West-Berlinern imponiert es, mit welchem Fleiß und welcher Gerissenheit Klös alles für ihren Zoo tut, diesem einzigen Ort in der Mauerstadt, an dem man einen Hauch von Wildnis spüren kann.

Klös' Einfluss beschränkt sich jedoch nicht allein auf West-Berlin. Wenn der amtierende Bundespräsident die geteilte Stadt besucht, steht neben der obligatorischen Eröffnung einer Krankenstation auch stets ein Rundgang durch den Zoo auf dem Programm. Klös hat sich vorgenommen, jeden Bundespräsidenten wenigstens einmal in den Zoo zu locken, was nicht immer ganz problemlos ablief.

Theodor Heuss war bereits zu Heinroths Zeiten zu Besuch. Heinrich Lübke, der sich in seiner Freizeit mit Mikrobiologie beschäftigte, kam bereitwillig. Allerdings war er ebenso dafür bekannt, kaum ein Fettnäpfchen auszulassen. Als er sah, wie die Papageien im Zoo an den Ästen in ihren Käfigen knabberten, um ihre nachwachsenden Schnäbel abzunutzen, fragte er Klös: »Wie können Sie die Tiere so hungern lassen, dass sie Holz fressen?« Klös versuchte den Einwand wegzugrinsen, doch Lübke war noch nicht fertig: »Ihre Papageien haben außerdem so zerrupfte Federn. Haben Sie noch nie etwas von Spurenelementen gehört?« Als Klös ihm widersprechen wollte, sagte Lübke nur: »Sie können mir nichts erzählen. Ich war schließlich mal Landwirtschaftsminister.«

Lübkes Nachfolger Gustav Heinemann sträubte sich zunächst, bis der Protokollchef des Regierenden Bürgermeisters Klaus Schütz ihm sagte: »Das ist ein Muss.« Also ließ sich Heinemann breitschlagen und traf etwas missmutig im Zoo ein. Dort gefiel es ihm jedoch besser als erwartet, und als der Protokollchef auf die Uhr schaute und ihn an den nächsten Termin erinnerte, erwiderte Heinemann: »Ach, mir gefällt es hier so gut, da bleibe ich noch ein bisschen länger.« Bürgermeister Schütz, der in Kreuzberg mit Heinemann eigentlich das neue Krankenhaus am Urbanhafen einweihen sollte, musste drei Stunden warten, bis der Bundespräsident seinen Besuch im Zoo beendet hatte.

Klös' Vorfahren stammen ursprünglich von einem Bauernhof in Mittelhessen – und wie ein hemdsärmeliger Patriarch seinen Hof, so führt auch er seinen Zoo. Er kann sehr aufbrausend sein, brüllt schnell mal los – er ist wie die blonde Variante des HB-Männchens aus der Reklame. Andererseits kann er sich ebenso schnell wieder beruhigen, als sei nichts gewesen. Der »Alte«, wie er von den Tierpflegern ehrfürchtig genannt wird, ist immer da. Morgens, mittags, abends und nachts. Er weiß über alles Bescheid – wer gerade in welchem Revier aushilft, wer verheiratet ist, wer Kinder hat und wer nicht.

Seine eigenen sehen ihn hingegen selten. Ähnlich wie Dathes Kinder haben sie früh gelernt, dass das wichtigste Kind ihres Vaters der Zoo ist. Wie er seinen Betrieb leitet, so regiert er auch zu Hause, stets im Glauben, nur das Beste für seine Familie zu tun. Und solange seine Kinder noch ihre Füße unter seinen Tisch stellen, duldet er keinen Widerspruch. Seine Tochter Susanne hat an ihre Zimmertür ein Schild gehängt: »Das hier ist die Hölle«, steht darauf geschrieben.

Wenn es zwischen Vater Klös und seinem Sohn Heiner Streit gibt, entgegnet dieser schon mal: »So wie du will ich nie sein!«

Dabei wäre es Heinz-Georg Klös am liebsten, wenn sein Sohn ihn eines Tages beerben würde. Er träumt von einer Art Krupp-Dynastie im Zoo – so wie die Hecks es schon geschafft haben, die über drei Generationen mehr als acht Jahrzehnte lang die deutsche Zoolandschaft mitprägten.

Klös versucht, die Geschichte des Berliner Zoos als durchgehende Tradition ohne Brüche in der Öffentlichkeit darzustellen – 130 Jahre kann man nicht mal eben aus dem Boden stampfen wie den Tierpark drüben im Osten. So etwas muss man behutsam aufbauen und pflegen. Daher bemüht er sich auch, das zerrüttete Verhältnis zu Katharina Heinroth zu kitten. Doch Heinroth vermutet dahinter ganz andere Absichten. »Der Klös will doch nur an mein Erbe«, erzählt sie Werner Schröder und seiner Frau, der Schauspielerin Inge-Sievers-Schröder.

Heinroth spielt das Spiel bereitwillig mit, gibt sich in der Öffentlichkeit mit Klös und dem Aufsichtsrat versöhnt und lässt sich derweil vom Chauffeur des Zoos im Mercedes herumkutschieren. Ihren Freunden verrät sie: »Die sollen mal schön in dem Glauben bleiben, sie bekämen irgendwann mein Erbe, aber das kriegt sowieso alles mein Bruder Lollo.« Sie nennt das ihre »kleine Rache« und grinst zufrieden, sodass sich die Falten noch tiefer in ihr Gesicht prägen.

Auch Heinroths Vorgänger Lutz Heck will Klös wieder enger an den Zoo binden. 1977 hat er deshalb auf der Tagung des deutschen Zoodirektorenverbands vorgeschlagen, den früheren Berliner Zoodirektor zum Ehrenmitglied zu ernennen – als habe es dessen Freundschaft zu Hermann Göring, die Zwangsarbeiter im Zoo und die enteigneten jüdischen Aktionäre nie gegeben. Daraufhin drohen ihm mehrere Mitglieder damit, aus dem Verband auszutreten und an die Presse zu gehen. Klös verwundern diese Reaktionen. Nicht weil er irgendeine Nähe zum Nationalsozialismus hätte, ganz im Gegenteil. Aber er sieht in Lutz Heck vor allem den großen Zoologen, der dem Zoologischen Garten Berlin zu Weltruhm verholfen hat. Dass Heck den Zoo bei Kriegsende im Stich gelassen hat und sich auch nicht scheute, ihn später auf ausstehende Pensionszahlungen zu verklagen, übersieht Klös ebenfalls geflissentlich.

In politischen Zusammenhängen verhält sich Klös ähnlich pragmatisch – oder naiv – wie Dathe auf der anderen Seite des Eisernen Vorhangs: Alles ist recht, wenn es nur dem Zoo dient.

Zoodirektoren sind in einem streng hierarchischen Gebilde die Alphamännchen – und vertragen kaum Kritik. Wenn Klös das Gefühl hat, jemand wolle seinem Zoo schaden, geht er rigoros dagegen vor. Das kann er nicht auf sich sitzen lassen. Schon gar nicht, wenn es von jemandem wie Werner Philipp kommt, einem Journalisten. Philipp, den Klös einst zu seinem Pressesprecher machen wollte, arbeitet seit Mitte der sechziger Jahre beim *Tagesspiegel*, wo er vor allem über Zoo- und Zirkusthemen berichtet.

Klös hat Philipps Karriere über die Jahre verfolgt. Er liest und sammelt alles, was er von Philipp in die Finger kriegt. Manchmal würde Klös ihm am liebsten verbieten, über den

Zoo zu schreiben, weil es ihm zu kritisch ist. Und was sich Philipp vor kurzem erlaubt hat, geht eindeutig zu weit. Im Aquarium waren ein paar kleinere Scheiben geplatzt, die hätte man leicht erneuern können, schrieb Philipp. Doch nichts ist geschehen. Für ihn ist das wieder mal typisch für West-Berlin, wo vieles einfach verschlafen wird nach dem Motto: Kommste heut' nicht, kommste morgen.

Als Klös auf einer seiner nächsten Runden mit dem Fahrrad den Journalisten erblickt, fährt er direkt auf ihn zu, bremst knapp vor ihm so scharf ab, dass die Kiesel vom Weg wegspringen, und brüllt Philipp entgegen: »Sie haben schon wieder schlecht übers Aquarium geschrieben!«

»Na und«, blafft Philipp zurück, »stimmt doch, oder etwa nicht?«

»Ja, aber«, antwortet Klös wutschnaubend, »das kann man doch nicht so schreiben. Sie haben ab sofort Hausverbot!«

Das will Philipp nicht hinnehmen und kauft sich eine der 4000 Zoo-Aktien für gerade einmal 1900 Mark – denn einen Aktionär kann Klös nicht aus dem Zoo ausschließen. Es dauert nicht lange, bis sie sich wieder im Zoo treffen:

»Was machen Sie denn schon wieder hier?«, fragt Klös überrascht.

»Ick bin jetzt Aktionär«, antwortet Philipp, »und bei der nächsten Hauptversammlung werde ick dafür sorgen, dass wir einen neuen Zoodirektor bekommen.«

Klös sagt darauf gar nichts mehr, aber Philipp kommt es vor, als sagte der Blick des Direktors, ohne es zu wollen: »Mensch, Philipp, Sie haben ja Schneid!«

Obwohl das Alphamännchen Klös in seinem Reich keinen Widerspruch duldet, scheint es ihm zu gefallen, dass Philipp nicht klein beigegeben hat.

Klös hat den Anspruch, dass Berlins Zoo der artenreichste der Welt ist und es auch bleibt. Was ihm in seiner Sammlung allerdings noch fehlt, ist der Große Panda. Der letzte, der hier im Zoo lebte, war das Männchen »Happy«, das vor dem Zweiten Weltkrieg einige Wochen lang im Antilopenhaus Station machte. Rund zwanzig Jahre später sorgte das Weibchen »Chi Chi« drüben im Tierpark für Aufsehen. Klös hatte sich damals nicht getraut, das kostbare und empfindliche Tier aufzunehmen – Dathe hingegen schon, woraufhin die Berliner zu Hunderttausenden nach Friedrichsfelde strömten.

Doch Klös hat seinen Traum von Pandas im Zoo nie aufgegeben. Bereits Mitte der sechziger Jahre fühlte er bei Willy Brandt vor, der mittlerweile Außenminister war – allerdings vergeblich. Außer einem Pärchen, das nach Nordkorea ging, wurden zu dieser Zeit keine Bambusbären mehr aus China exportiert.

Erst Anfang der siebziger Jahre öffnete sich die Volksrepublik allmählich dem Westen, wobei die sogenannte Panda-Diplomatie eine wichtige Rolle spielte. Pandas wurden nun handverlesen als Staatsgeschenke an ausgewählte Länder vergeben. Als Erstes bekam Japan 1971 ein Pärchen, im Jahr darauf erhielt Richard Nixon zwei der seltenen Tiere und vermachte sie dem National-Zoo in Washington. Anschließend gingen jeweils zwei Pandas nach Paris und London. Als 1975 der neue Bundeskanzler Helmut Schmidt zu seinem ersten Besuch nach China reiste, machte sich auch Klös wieder Hoffnungen. Doch er ging erneut leer aus und musste stattdessen mitansehen, wie die Zoos von Mexiko-Stadt und Madrid den Vorzug erhielten.

Als sich der chinesische Regierungschef Hua Guofeng zum einwöchigen Bonn-Besuch im Oktober 1979 ankündigt, schreibt Klös einen Brief an Schmidts Ehefrau. Loki Schmidt ist mit Ursula Klös befreundet, und deshalb rät ihr Klös nun frech, dass ihr Mann »sich keine Vasen oder Seidenteppiche, sondern lieber Pandas schenken« lassen soll.

Anfang November erhält er eine Antwort aus dem Bonner Kanzlerbungalow – vom Bundeskanzler:

> »Für Sie persönlich – aber wirklich nur für Sie! – will ich Ihnen dazu folgendes sagen: falls wir die Panda-Bären bekommen sollten, so werde ich diese nach Berlin geben.«

Schmidt bittet Klös, absolutes Stillschweigen zu bewahren, weil mehrere Landtagswahlen und die Bundestagswahl 1980 anstehen. Einige andere deutsche Zoos hoffen zudem darauf, die Pandas zu bekommen. Unterdessen lässt Klös, ganz Optimist, ein Gehege planen und bringt sich damit in arge Erklärungsnöte, denn der Aufsichtsrat des Zoos wundert sich, wofür der Direktor diesen 750 000 Mark teuren Glasanbau braucht, der da am Raubtierhaus entstehen soll. Niemand, weder der Aufsichtsrat noch der Vorstand und schon gar nicht die Öffentlichkeit, darf den Grund erfahren, sonst könnte das Panda-Geschäft am Ende womöglich platzen. Damit er das benötigte Geld dennoch genehmigt bekommt, erfindet Klös eine Ausrede: »Das wird ein Tierkinder-Spielkäfig«, schwindelt er dem Aufsichtsrat vor. »Den brauchen wir unbedingt, falls unsere Raubkatzen ihren Nachwuchs verstoßen und wir ihn von Hand großziehen müssen.«

Der Aufsichtsrat hält das für plausibel und stimmt zu. Als Bundeskanzler Schmidt im Frühjahr 1980 über seinen Sprecher öffentlich mitteilen lässt, dass die Pandas nach Berlin kommen werden, geht der Wahnsinn erst richtig los.

Mit dieser Entscheidung hat Schmidt ganz bewusst ein politisches Zeichen setzen wollen. Das erkennt auch Wladimir Semjonow. Der sowjetische Botschafter in Bonn sieht darin einen Affront und protestiert gegen diese Entscheidung, da West-Berlin nicht Teil der Bundesrepublik, sondern eine »besondere politische Einheit« sei.

Doch die Stadt ist längst im Panda-Fieber. Klös' Assistent Hans Frädrich begibt sich auf Weltreise und besucht mehrere internationale Zoos, um herauszufinden, was die Bambusbären außer 20 Kilogramm Bambus pro Tag sonst noch fressen. So erfährt er auch von ihrer Vorliebe für Schokolade, Hackfleisch, Honig, Spinat, Reis und Haferschleim. Der Bambus für die Berliner Bären wird extra zweimal im Monat aus Südfrankreich importiert und bei vier Grad Celsius im Kühlhaus auf dem Wirtschaftshof des Zoos gelagert. Berlins Journalisten mutmaßen unterdessen, wie man die Namen der beiden Wildfänge ausspricht, die bereits im Zoo von Chengdu an das Leben in Menschenobhut gewöhnt werden: Das Weibchen wird in der Presse mal »Quan Quan«, »Tschüan Tschüan«, »Tian Tian« oder »Tjen Tjen« genannt, was entweder mit »die Tadellose«, »die Göttliche« oder »Himmelchen« übersetzt wird. Das Männchen heißt »Bao Bao«, was so viel wie »Süßer« oder »Schätzchen« bedeuten soll. Aber so genau weiß es niemand.

Der Sommer 1980 ist bereits dem Herbst gewichen, doch die Ankunft der Pandas verzögert sich weiter, wie der *Stern* am 25. September 1980 berichtet. Erst ist der geplante Flug von Peking nach Frankfurt am Main verschoben worden, nachdem die Lufthansa erfahren hat, dass die Tiere auch während des Flugs rund um die Uhr betreut werden müssen. Das ist der Fluggesellschaft zu riskant. Bald schaltet sich die deutsche Botschaft in Peking ein – Chinas Regierung wundere sich schon, warum das so lange dauere. Bundeskanzler Schmidt beauftragt kurzerhand die Luftwaffe der Bundeswehr, die beiden Tiere nach Deutschland zu fliegen. Dagegen hat jedoch Verteidigungsminister Hans Apel etwas einzuwenden, denn mit 150 000 Mark ist ihm der Transport zweier Bären schlicht zu teuer. Daraufhin wird erneut mit der Lufthansa verhandelt, und erst als feststeht, dass drei chinesische Pflegerinnen die Pandas begleiten, wird man sich einig und der Abflugtermin auf den 1. Oktober festgelegt. Doch auch daraus wird nichts. Diesmal stellen sich die chinesischen Behörden quer – denn der 1. Oktober ist in China Nationalfeiertag.

Mehr als einen Monat später, am 5. November um 14.05 Uhr, ist es schließlich so weit. Mit drei Stunden Verspätung landet die Transportmaschine auf dem Flughafen Tempelhof. Die Staatsgeschenke werden empfangen, als seien sie Staatsgäste. »Welcome to Berlin«, leuchtet auf der Anzeigetafel am Gate. Unzählige Journalisten und Kameras stehen bereit und verfolgen aufmerksam, wie die Metallkisten mit den beiden Pandas in einen grünen VW-Bus verladen und zum Zoo gefahren werden. Dort drängen sich bereits mehrere Hundert Zoobesucher vor den Panzerglasscheiben und singen: »Hoch soll'n se leben!«

Das neue Außengehege wirkt wie eine Mischung aus Wintergarten und Hundespielplatz, drinnen versprühen hellblaue Fliesen Krankenhaus-Charme. Im *Hamburger Abendblatt* ist die neue Behausung hingegen bereits wie ein Luxuskindergarten angepriesen worden: »Sie stapfen über ausgelegte Grassoden, sie können sich in zwei Swimmingpools aalen, sie können auf Kunstbäume klettern und sich auf einer Schaukel vergnügen. Jeder Panda erhält einen Schlafraum von 20 und einen Tages-Salon von 170 Quadratmetern, mit Spielecke und Eßtisch, versteht sich.«

Drei Tage dürfen sich die Pandas in ihrem neuen Domizil eingewöhnen, bis Helmut Schmidt zur offiziellen Übergabe kommt und sich ins Gästebuch des Zoos einträgt. Darunter ergänzt seine Frau: *»Es freut sich ganz besonders die ›Patentante‹ Loki Schmidt.«*

Als der Bundeskanzler beim anschließenden Umtrunk in der Zoo-Gaststätte von den Journalisten gefragt wird, was ihm an den Pandas am besten gefalle, antwortet er: »Die sind so schön schweigsam, die sollten wir in den Parteivorstand wählen.«

Wie so viele Tiere im Zoo vor ihnen werden auch die beiden Bären von den Berlinern schnell zu Stadtpersönlichkeiten überhöht. Schon bald zieren sie Aufkleber mit der Aufschrift: »Berlin tut gut«.

Im Frühjahr 1984 geht es »Tjen Tjen« zunehmend schlechter. Tagelang siecht sie dahin, ein Organ nach dem anderen versagt. Die Tierärzte sind ratlos. Als der Zoo ihren Tod vermeldet, pendeln die Medien zwischen Sarkasmus und Mitleid: Die linksgerichtete *taz* schreibt hämisch vom »tragischsten Ereignis seit dem Tod Ernst Reuters«, das Boulevardblatt *B. Z.* berichtet auf sieben Seiten, ein Kommentator des *Senders Freies Berlin* hingegen fordert mit einem Schuss Ironie »Staatstrauer«. Sogar der scheidende Regierende Bürgermeister Richard von Weizsäcker äußert sich und spricht von der verstorbenen Pandabärin als »einer großen Persönlichkeit der Stadt«. In Berlin – und vielleicht nur hier – ist das nichts Außergewöhnliches, da »in der eingemauerten Stadt Natursehnsucht und die sprichwörtliche Affenliebe Konjunktur haben«, wie *Der Spiegel* im Februar 1984 schreibt. Während Tierärzte und Pathologen noch nach der Todesursache suchen, spekuliert die Öffentlichkeit bereits, ob es die smogbelastete »Berliner Luft« oder der sowjetische Geheimdienst KGB war, der das Symbol der deutsch-chinesischen Freundschaft auslöschen wollte. Kurz danach stellt sich heraus, dass das Panda-

Der Kanzler und sein Mitbringsel. Helmut Schmidt bei der offiziellen Übergabe der Pandabären »Bao Bao« und »Tjen Tjen« im November 1980.

weibchen an einer Virusinfektion gestorben ist. Ein neues Tier ist vorerst nicht in Sicht. Die Zeit der Panda-Diplomatie ist vorbei.

Ost-Steine für West-Berlin

Für Richard von Weizsäcker ist das Kondolieren wegen »Tjen Tjen« quasi eine seiner letzten Amtshandlungen als Regierender Bürgermeister gewesen. Im Mai 1984 wird er von der Bundesversammlung zum Bundespräsidenten gewählt und zieht nach Bonn. Zuvor hat er dafür gesorgt, dass eines der letzten Provisorien der Nachkriegsjahre aus dem Berliner Zoo verschwindet.

Zwei Jahre zuvor, an einem Abend im August 1982, sitzt von Weizsäcker wieder einmal bei Familie Klös im Wohnzimmer. Er besucht öfters den Zoo, und meist bittet der Direktor ihn nach dem Rundgang noch auf ein Glas Rotwein oder eine Käsestulle herein. Als Klös den Bürgermeister später zum Ausgang an der Budapester Straße begleitet, dämmert es bereits. Die beiden Kassenhäuschen mit der grauen Fassade aus Spritzbeton und dem Gittertor dazwischen wirken jetzt noch abweisender als am Tage.

»Hier stand doch mal das schöne Elefantentor«, sagt von Weizsäcker etwas zögernd zu Klös, als könnte er sich das beim Anblick der Betonklötze gar nicht mehr vorstellen.

»Ja«, antwortet Klös nachdenklich, »da stand mal das Elefantentor.«

Von Weizsäcker verbindet damit eine ganz besondere Erinnerung. 1937 ist er am Vortag seiner Abiturprüfung im Zoo gewesen und damals durch das prächtige Tor geschritten. Zwei steinerne, beinah lebensgroße Elefantenstatuen trugen den ausladenden roten Torbogen mit dem grünen Ziegeldach. 1899 im siamesischen Stil errichtet, sollte es schon von weitem verkünden,, »daß sich hier ein Reich des Fremdländischen auftut«, schrieb einst der frühere Zoodirektor Lutz Heck. Da von Weizsäcker am nächsten Tag die Klausur bestand, dachte er später umso lieber an diesen Besuch zurück – das Elefantentor schien ihm Glück gebracht zu haben. Sechs Jahre später, im November 1943, wurde es jedoch bei Bombenangriffen völlig zerstört.

Klös hat sich schon öfters überlegt, wie man diesen Bereich umgestalten könnte – mal sollte es ein Gehege für afrikanische Huftiere sein, das nur durch einen Wassergraben von der City West getrennt wäre. Sogar ein Delfinarium war im Gespräch, aber Klös hat auch das wieder verworfen. Es hätte sich finanziell nicht gelohnt. Gedankenverloren schaut er auf die beiden schnöden Kassenhäuschen.

»Wieso haben Sie das noch nicht wieder aufgebaut?«, reißt ihn von Weizsäcker plötzlich aus seinen Gedanken.

»Nun, die Gelder des Zoos sind zweckgebunden. Ich muss zuerst noch Tierhäuser bauen, bevor ich mich um Eingänge kümmern kann.«

Von Weizsäcker mustert die Pforte und greift mit einer Hand in die Gitterstäbe. »Aber es wäre doch schön, wenn hier wieder ein repräsentativer Eingang stünde, anstelle von so etwas.«

Klös grinst. »Gut, Herr Bürgermeister, dann versuchen Sie doch mal, das Tor zu bekommen. Aber ich weiß nicht, ob die Klassenlotterie nur für einen Eingang Geld bereitstellt.«

Viele der Bauten im Zoo werden mit Mitteln der Deutschen Klassenlotterie bezahlt, aber auch von Weizsäcker weiß, dass das nur für Tierbehausungen gilt. »Nein, so kriegen wir das Tor nicht durch«, sagt er deshalb, »es muss irgendetwas mit Tieren sein. Dann kann es auch ruhig etwas teurer sein.«

An ein passendes Gehege zum Elefantentor hat Klös bislang noch gar nicht gedacht, aber die unscheinbaren Anlagen direkt hinterm Eingang wollte er sowieso schon längst erneuern.

»Ich lass mir etwas einfallen«, verspricht er dem Bürgermeister zum Abschied.

Wenige Wochen später hat von Weizsäcker einen Entwurf für ein »Asien-Gehege mit Elefantentor« auf dem Tisch liegen. 16 Millionen Mark soll es kosten. Dass es sich bei dem Tor nicht um ein Anhängsel, sondern die eigentliche Hauptsache handelt, ist kaum jemandem bewusst, und so geben alle Gremien grünes Licht für die Ausschreibung des Projekts. Sogar die Originalpläne des alten Elefantentors sind wie durch ein Wunder erhalten geblieben, obwohl das Zoo-Archiv im Krieg völlig vernichtet worden ist. Der frühere Zoodirektor Lutz Heck, zu dem Klös wieder Kontakt aufgenommen hat, hatte sie all die Jahre über aufbewahrt.

Zwei westdeutsche Firmen bewerben sich schließlich um den Auftrag. Ein Problem gibt es allerdings: Die Säulen des Elefantentores wurden einst aus Elbsandstein gefertigt. Den gibt es aber nur in einigen wenigen Steinbrüchen im Elbsandsteingebirge bei Pirna – in der DDR.

Kurz bevor sich Klös für eines der beiden Angebote entscheiden kann, taucht ein Mann mit sächsischem Akzent im Zoo auf, der sich als Generaldirektor des »Volkseigenen Betriebs Elbenaturstein« aus Dresden vorstellt.

»Warum bestellen Sie das Tor nicht direkt bei uns?« fragt er Klös unumwunden.

»Ich habe bereits zwei Angebote von Firmen aus der Bundesrepublik vorliegen«, antwortet Klös.

»Die geben solche Aufträge sowieso immer an uns weiter«, sagt der Gast, »selbst machen die keinen einzigen Handschlag. Die kassieren nur ab.«

Der VEB-Direktor macht Klös schließlich ein Angebot, das deutlich unter denen der beiden westdeutschen Firmen liegt. Und wenn Klös etwas sparen kann, schlägt er gern zu. Doch diesmal ist es etwas komplizierter, denn es handelt sich um ein Geschäft mit einem Betrieb aus der DDR.

Kaum ist der Besucher wieder fort, ruft er bei von Weizsäcker an und erzählt ihm von dem Angebot: »Die sind nur halb so teuer.«

»Na, dann nehmen wir doch die«, antwortet von Weizsäcker erfreut.

»Aber das könnte doch ein Mordstheater geben«, sagt Klös, »Sie wissen schon. Wegen der Politik und so.«

Doch von Weizsäcker entgegnet nur: »Ach, machen Sie sich da mal keine Sorgen.«

Die Dresdner erhalten schließlich den Auftrag, wofür der West-Berliner Senat eigens einen Vertrag mit der DDR schließt.

Im Oktober 1986 wird das rekonstruierte Elefantentor eingeweiht. Auch die sächsischen Steinmetze, die das Tor originalgetreu nachgebildet haben, sind eingeladen. Nur Richard von Weizsäcker fehlt. Er hat West-Berlin mittlerweile in Richtung Bonn verlassen. Zunächst hatte Klös Sorgen, dass dessen Nachfolger etwas gegen den Vertrag mit der DDR einzuwenden haben könnte. Doch auch der neue Regierende Bürgermeister Eberhard Diepgen ist einverstanden. In seiner Eröffnungsrede preist er »die gesamtdeutsche Leistung, die nun unsere Innenstadt bereichert«.

Das Geschäft mit der DDR hat den Bau des Elefantentors nicht belastet. Der einzige Schatten, der sich bisweilen über die steinernen Wächter legt, ist jener des benachbarten Europa-Centers, wenn die Nachmittagssonne allmählich hinter den Häusern der City West verschwindet.

Die Insel versinkt

Zwei Jahre später müssen die West-Berliner von einem ihrer Lieblingstiere Abschied nehmen. »Knautschke«, der Flusspferdbulle, ist bei einem Revierkampf von seinem Sohn »Nante« so schwer verletzt worden, dass er schließlich am 20. Juni 1988 eingeschläfert werden muss.

Mit »Knautschke« verliert der Berliner Zoo seinen wohl prominentesten Bewohner der Nachkriegszeit. Generationen von Kindern waren mit »Knautschke« groß geworden, für viele war er irgendwie einer von ihnen. 45 Jahre lebte das Nilpferd dort und zeugte in dieser Zeit 35 Jungtiere. Dass fast alle davon durch Inzucht entstanden, störte die Berliner nicht. Er gehörte zum Zoo wie Harald Juhnke in seine Stammkneipe am Savignyplatz.

Wie der Schauspieler war auch das Nilfperd ein waschechter Berliner, geboren 1943 – ein Kriegskind. Einer, der da geblieben war auf dieser Insel – auch wenn ein Zootier keine andere Wahl hat. Aber in West-Berlin, wo sich übersteigerte Tierliebe und Lokalpatriotismus mitunter zur kitschigen Heldenverehrung vermischen, spielt das nur eine untergeordnete Rolle. Dort kann sogar ein Nilpferd zum Symbol für eine ganze Stadt werden.

Einige Tage nachdem »Knautschkes« Tod bekannt geworden ist, erscheint im Boulevardblatt *B.Z.* folgender Leserbrief in Gedichtform, der zeigt, welche Bedeutung »Knautschke« beigemessen wurde. Darin schreibt der Leser Michael Klein:

»Nu steh' ick heut' an Deinem Becken
und weeß, daß nischt mehr tut dir wecken.
Dein Alter haste zwar erreicht,
den Abschied macht mir det nicht leicht.

Ick weeß noch jut vor 40 Jahren
bin ick mit Vatern zu Dir in' Zoo gefahren.
Der Magen leer und kalt die Beene,
da warste hier noch janz alleene.
Wir ham' uns uffjewärmt in Deinem Haus.
Und keener wollt' so schnell da raus.

Nu biste wech, da jingste hin –
und mit Dir jing 'n Stück Berlin.«

Das beliebteste Tier der Insel ist nun fort. Und es wird nicht mehr lange dauern, bis auch die Insel selbst versinkt.

8

DER STURZ DES GRAUEN RIESEN

Zu Beginn des Jahres 1986 kommt Heinrich Dathe abends noch später nach Hause, als es sonst ohnehin der Fall ist. Wenn seine Frau ihn dann fragt, ob er schon gegessen habe, verneint er das: »Dazu habe ich wirklich keine Zeit gehabt.« Er hat Wichtigeres zu tun, denn er ist gerade an einer großen Sache dran. Er muss sich mit einigen wichtigen Männern aus der Landwirtschaft treffen, um ihnen zwei Gewächshäuser abzuschwatzen. In der DDR sind Gewächshäuser Mangelware, weil sie dringend für die Gemüseversorgung der Bevölkerung benötigt werden. Doch Dathe braucht sie, um ein lang geplantes Gebäude errichten zu können – eine Tropenhalle für die Krokodile. Die Panzerechsen hausen derzeit noch in Terrarien in der Schlangenfarm und in einem besseren Schuppen hinter dem Alfred-Brehm-Haus. Manche sind bereits so groß geworden, dass sie ihre Glasbecken komplett ausfüllen und sich zum Teil schon deren Form angepasst haben. Bei einigen der Tiere stehen daher die Schnauzen vertikal ab, sodass sie nicht mehr von allein fressen können und gefüttert werden müssen.

Dathe muss großen Aufwand betreiben, um überhaupt neue Anlagen zu schaffen, denn in der Hauptstadt der DDR haben zuletzt andere Baustellen Vorrang gehabt. Anfang der achtziger Jahre wurde das neue Bettenhochhaus der Charité-

Kliniken errichtet, ein protziges Prestigeobjekt unweit der Mauer, damit es auch noch im Westteil weithin sichtbar ist. Am Bahnhof Lichtenberg wurde eine neue Empfangshalle eröffnet, und am Gendarmenmarkt wird gerade der Französische Dom renoviert.

Wie in den Jahren zuvor schon ist Improvisieren angesagt: 1984 hat Dathe ein vergittertes kuppelartiges Gerüst von einer LPG erhalten, das eigentlich als Traglufthalle für Traktoren vorgesehen war. Er hat es gern genommen, denn er kann fast alles gebrauchen. Eine Brigade Handwerker hat daraus in monatelanger Feierabendarbeit einen Flugkäfig für Möwen gebaut.

Es ärgert ihn, dass der Ausbau des Tierparks so schleppend verläuft. Seit Jahren geht das nun schon so: Das Tapirhaus ist zur Bauruine verkommen und längst abgerissen worden. Ein neues Dickhäuterhaus sollte eigentlich schon zu Beginn des Jahrzehnts fertig geworden sein. Bislang gibt es dazu nur hochtrabende Pläne, die in irgendwelchen Schubladen verstauben. Stattdessen leben die Elefanten immer noch in ihrem provisorischen Stall. Als die ersten beiden Elefantenkühe »Dombo« und »Bambi« 1955 dort einzogen, sollte es nur vorübergehend sein. Doch »vorübergehend« dauert nun schon drei Jahrzehnte. Im kommenden Jahr steht die 750-Jahr-Feier Berlins an. Dathe findet, dass es ganz schön peinlich wäre, wenn bis dahin kein neues Gebäude entstanden ist. Manchmal denkt er, es wäre vielleicht sogar besser, wenn es gar keine Feier gäbe. Auch die Belegschaft ist über die schleppende Entwicklung unzufrieden, wie es im Bericht eines Informellen Mitarbeiters der Stasi heißt:

> »Es wird erwartet, daß bis zur 750. Jahrfeier von Berlin wenigstens die Rekonstruktion des Alfred-Brehm-Hauses und die Fertigstellung des neuen Krokodil-Hauses

abgeschlossen werden und dem Tierpark mit Maler- und Schlossergewerken bei der Instandsetzung der bestehenden Gehege geholfen wird.«

Die meisten seiner Visionen scheiterten an der Mangelwirtschaft – bis auf eine: Seit langem plant er, den Trümmerberg im Nordosten des Tierparks zu bebauen. Er hat schon genaue Vorstellungen, was dort entstehen soll. Als 1984 sein West-Berliner Widerpart Klös mit einer Delegation im Tierpark zu Besuch war, zeigte Dathe ihnen nicht die bestehenden Anlagen, sondern führte sie über schlammige Trampelpfade hinauf auf die Kippe. Wind fegte ihnen dort oben um die Ohren, es schüttete, während Dathe von der Zukunft sprach. Mit einer ausschweifenden Handbewegung deutete er den Hang hinunter: »Dort sollen schon bald weitläufige Gehege für Gebirgstiere entstehen.« Klös' Augen wurden immer größer, denn er konnte sich beim besten Willen nicht vorstellen, wie aus einem öden Geröllhang mit Birkenanflug und Gestrüpp ein attraktives Tiergehege werden sollte. Noch bevor er etwas sagen konnte, war Dathe schon den Hang weiter hinauf auf die buckelige Anhöhe gestapft. Am Rande einer graubraunen Pfütze blieb er stehen: »Und hier wird es ein Café geben, wo wir auf der Terrasse sitzen werden und über die ganze Stadt sehen können!«

Dass bislang nichts daraus geworden ist, liegt allerdings an den Nachbarn. Am Fuße des Hügels befindet sich hinter einer grauen Mauer aus Waschbeton die Bezirksverwaltung der Stasi. Und wenn es etwas gibt, was die Beamten verhindern wollen, dann sind es kaffeetrinkende Tierparkbesucher, die auf sie herabschauen – und sie womöglich beobachten.

Die Stasi weiß inzwischen aber auch, dass Dathe sich nicht so schnell von seinen Plänen abbringen lässt. Mehrere Informelle Mitarbeiter halten sie in dieser Sache auf dem Laufenden. Und die Zeit ist auf ihrer Seite, wie es im Frühjahr 1986 sinngemäß in einem IM-Protokoll heißt. Denn selbst wenn Dathe sein Café irgendwann bauen dürfte, würden noch mindestens fünf Jahre bis zum Baubeginn vergehen und weitere fünf, bis es schließlich eröffnet würde.

Selbst Schild und Schwert der Partei scheinen sich mit der Schwerfälligkeit des Staates abgefunden zu haben.

Wenn es um das internationale Ansehen des Tierparks geht, wird die Stasi allerdings hellhörig. Immerhin ist der Tierpark ein Pfund, mit dem man nach außen wuchern kann. Nach ihren Informationen soll der West-Berliner Zoodirektor versucht haben, das von Ost-Berlin aus initiierte alljährliche »Internationale Symposium über die Erkrankungen der Zoo- und Wildtiere« in Ost und West aufzuteilen. Ein Informant aus der Führungsebene des Tierparks berichtet jedoch, dass andere Zoodirektoren aus der Bundesrepublik dies verhindern konnten, schließlich hat »der Tierpark Berlin viele Freunde in den verschiedenen Ländern einschließlich den USA und von diesen Freunden werden sie über die Handlungen des Prof. Dr. Klös informiert«.

Gierige Geschenke

Während Dathe sich vor allem darum sorgen muss, Material für den Ausbau des weitläufigen Geländes zu bekommen, weiß Heinz-Georg Klös auf der anderen Seite der Mauer bald nicht mehr, wohin mit den ganzen Tieren. Ihm fehlt es vor allem an Platz. Immerhin ist es ihm gelungen, den Zoo um ein drei Hektar großes Grundstück zu erweitern und so die räumliche Enge im Artensammelsurium ein wenig aufzulockern. Doch in einigen Revieren hat die Sammelleidenschaft des Direktors zu Doppelbelegungen geführt; in manchen Gehegen herrscht Schichtbetrieb. Die Hyänen können deshalb nur nachts auf die große Freianlage am Raubtierhaus gelassen werden, wenn die Löwen bereits in ihren Käfigen sind und schlafen.

Dennoch versucht Klös, das bevorstehende Stadtjubiläum vor allem dazu zu nutzen, weitere Tiere zu bekommen. Seit einiger Zeit liegt er dem Regierenden Bürgermeister Eberhard Diepgen deswegen schon in den Ohren: »Lassen Sie sich doch von den eingeladenen Ehrengästen Tiere für unseren Zoo mitbringen«, sagt er zu Diepgen und schickt ihm eine Wunschliste: Kraniche und Pelikane aus Australien, Dam- und Rothirsche aus Dänemark, Brillenbären aus Ecuador, Okapis aus Zaire, Elefanten aus Thailand, Sumatra-Nashörner aus Indonesien sowie Panzernashörner aus Nepal – und den USA.

Denn Klös weiß, dass der Zoo in Berlins Partnerstadt Los Angeles eine Herde Panzernashörner besitzt. Aus dieser hätte er nur zu gern eine Kuh, um seine Gruppe aufzufrischen.

Die wenigsten seiner Wünsche gehen letztendlich in Erfüllung. Manche sagen einfach ab oder berufen sich auf Ausfuhrbeschränkungen, andere antworten gar nicht erst. Der Bürgermeister von Los Angeles wiederum bringt zu seinem Besuch im Mai 1987 gleich zwei Tiere mit. Allerdings sind es keine Nashörner, sondern typische Bewohner der nordamerikanischen Westküste – ein Pärchen Fischermarder.

Klös ist wenig begeistert von diesen ungewollten Geschenken, aber es bleibt ihm nichts anderes übrig, als sie mit gespielter Freude anzunehmen. Im Grunde kann er verstehen, dass sein amerikanischer Kollege keines seiner wertvollsten Tiere abgeben will und stattdessen lieber welche schickt, die er leicht entbehren kann. Denn Klös hat es früher ganz ähnlich gemacht, als Willy Brandt noch Bürgermeister war.

Brandt hatte die Marotte, auf Dienstreisen stets einen jungen Braunbären als Gastgeschenk für den dortigen Zoo oder Tierpark mitzubringen, ganz egal, ob die Beschenkten einen Bären gebrauchen konnten oder nicht. Er war der Meinung, dass es kein passenderes Geschenk gäbe als einen lebenden Vertreter des Berliner Wappentiers. Vor der Abreise rief er Klös stets an und sagte mit seiner typischen, etwas heiser klingende Stimme: »Ich brauch mal wieder einen Bären.«

Dem Zoodirektor war das nur recht. Die Berliner Braunbären vermehrten sich bereits so stark, dass sie gelegentlich die Pille bekamen. Denn Bären zu züchten ist nicht allzu schwer. Allerdings wachsen die Jungen schnell heran, sehen schon bald nicht mehr niedlich aus und beanspruchen dafür umso mehr Platz. Dank Brandts fehlendem Einfallsreichtum musste sich Klös nun nicht mehr darum sorgen, was aus den Halbwüchsigen wird, und konnte die Berliner bald wieder mit neuen Bärenkindern in den Zoo locken.

Im Gegensatz zu Braunbären werden Fischermarder äußerst selten in europäischen Zoos gehalten. Das Problem ist nur, dass sie kaum zu sehen sind. Den Tag verschlafen die nachtaktiven Raubtiere meist in ihrem Unterschlupf. Auch Klös bekommt nur selten einen von ihnen zu Gesicht. Und wenn er dann die Tierpfleger fragt, antworten sie lapidar: »Die sind immer im Bau drin, wenn Sie kommen, Chef.«

Einige Wochen vergehen, in denen sich höchstens mal einer der Marder zeigt. Gleichzeitig häufen sich die Todesfälle im Vogelrevier: mehrere Gänse, ein Kakadu und zwei seltene Kraniche sind bereits gerissen worden. Die Pfleger können es sich nicht erklären – ein Fuchs war es jedenfalls nicht, es muss etwas Größeres gewesen sein. Klös lässt sofort den Unterschlupf der Marder begutachten. Als die Pfleger den Deckel der Holzkiste öffnen, liegt darin nur noch einer, der nun etwas verschlafen aufschaut.

Klös ist außer sich vor Wut: »Es ist mir egal, wie ihr es anstellt«, schreit er seine Mitarbeiter an, »aber bringt mir den verdammten Marder wieder!«

Nach einiger Zeit finden sie das ausgebrochene Tier zum Glück wieder. Es hat sich zum Schlafen in einen Schuppen in der Nähe des Streichelzoos verkrochen.

Im Tierpark geht es unterdessen mit den Bauvorhaben etwas voran. Dathe ist es endlich gelungen, zwei Gewächshäuser zu bekommen, aus denen nun die Tropenhalle für die Krokodile entsteht. Außerdem hat er endlich die Zusage für ein neues Elefantenhaus erhalten. Die Planung übernimmt erneut der Architekt Heinz Graffunder, der einst das Alfred-Brehm-Haus plante. Anschließend machte Graffunder Karriere in der DDR; in den siebziger Jahren bekam er den Auftrag, den Palast der Republik zu planen. Mit Häusern für große Tiere kennt er sich aus.

1986 beginnen die Bauarbeiten am sogenannten »Dickhäuterhaus«. Mit 6000 Quadratmetern Fläche soll es noch größer als das Raubkatzenhaus werden, groß genug, um später einmal Zuchtgruppen von Afrikanischen und Asiatischen Elefanten sowie Nashörnern und Zwergflusspferden Platz zu bieten.

All das rückt für Dathe jedoch plötzlich in den Hintergrund, als am 16. April 1987 seine Frau Elisabeth mit 68 Jahren an einem Herzleiden stirbt. Es ging ihr schon seit einiger Zeit schlecht, doch sie hätte nie daran gedacht, deswegen ins Krankenhaus zu gehen. Ohne sie lief im Hause Dathe nichts. Sie hielt ihrem Mann den Rücken frei, erledigte den Haushalt und tippte nebenbei seine Manuskripte ab, sodass er sich voll und ganz auf seine wissenschaftlichen Arbeiten und den Tierpark konzentrieren konnte. Mit einem Mal ist er auf sich allein gestellt. Die Kinder sind längst erwachsen und ausgezogen, und er ist niemand, der es lange gut allein aushält. Um den Schmerz nicht zu spüren, macht er das, was er am besten kann – er stürzt sich in die Arbeit.

Zum Glück gibt es für ihn genug zu tun. Im August wird das Krokodilhaus eröffnet, im September ist er Gastgeber für Zoodirektoren aus aller Welt. Fünf Tage lang leitet er die internationale Konferenz »Tiergärten und Umwelt«. Als wäre nichts gewesen, führt er die Besucher durch seinen Tierpark und hält eine Rede nach der anderen. Seinen schweren Schicksalsschlag versucht er sich nicht anmerken zu lassen. Obwohl er bald 77 Jahre alt wird, kann und will er noch nicht aufhören. Der Magistrat hat ihm auch noch keinerlei Zeichen gegeben, dass es langsam an der Zeit wäre, kürzer zu treten. Was er dann machen würde, hat er sich noch nicht überlegt. Auf seinen Schreibtischen stapeln sich noch genügend Manuskripte, die er irgendwann veröffentlichen will. Ans Ende verschwendet er kaum einen Gedanken. Dafür gibt es noch zu viel zu tun.

Der Rohbau des Elefantenhauses wächst zusehends. Aus Simbabwe sind gerade vier junge Afrikanische Elefanten eingetroffen, zwei Asiatische Elefanten aus dem Zoo Moskau sind auf dem Weg nach Friedrichsfelde. Im alten Elefantenstall wird es immer enger, und auch die Pfleger kommen bald nicht mehr mit der Arbeit hinterher. Sie können jeden Helfer gebrauchen, selbst wenn er noch ein Lehrling ist und mitten in der Ausbildung steckt wie Patric Müller.

1986 hat der 16-Jährige seine Lehre zum Tierpfleger begonnen und dabei fast alle Reviere im Tierpark kennengelernt. Bei den Elefanten gefiel es ihm von Anfang an am besten. Auch die älteren Pfleger merkten schnell, dass er ein Händchen für die anspruchsvollen Riesen hat. Nicht jeder Tierpfleger kann mit ihnen umgehen. Den meisten fehlt die nötige Besonnenheit, aber auch die natürliche Autorität, um einem Elefanten – der locker drei Tonnen schwer wird und die Intelligenz eines fünfjährigen Kindes besitzt – klarzumachen, wer das Sagen hat. Manchmal kommt es zu Scheinangriffen. Ob es letztlich ein Scheinangriff war, weiß der Pfleger erst hinterher, falls er einen solchen überlebt hat. Müller lernt, dass man einfach stehen bleiben muss. Wenn man Angst hat, kann man den Beruf gleich drangeben. Weiche Knie hat er dennoch manchmal, denn was für Elefanten ein leichter Schubser ist, ist für Menschen oft tödlich. Wie im August 1963, als der elfjährige Bulle »Salim« im Berliner Zoo seinen Pfleger vor den Augen des Publikums mit einem seiner Stoßzähne aufspießte. Deshalb sehen sich viele Elefantenpfleger als eine Art Elite unter den Tierpflegern. Weil sie den gefährlichsten Posten von allen haben – ein Raubtierwärter muss nur einen Schieber öffnen, um Löwen, Tiger oder Leoparden wegzusperren. Bei Elefanten lässt sich der direkte Kontakt nicht vermeiden.

Die Pfleger üben täglich mit ihnen. Wenn die Besucher den Tierpark abends verlassen haben, führen sie sie durch den Park und reiten auf ihnen zur Baustelle des neuen Hauses, damit sich die Elefanten später ohne Probleme dorthin führen lassen und schon mal daran gewöhnen.

Müller packt beim Bau des Elefantenhauses mit an, da er dadurch zwei Fliegen mit einer Klappe schlagen kann. Er wohnt in einer Genossenschaftswohnung, für die er sogenannte Aufbaustunden ableisten muss. Dabei fallen ihm und seinen Kollegen erste Mängel am Elefantenhaus auf: Die Türöffnungen sind so angebracht, dass die Wärter nicht mit der Schubkarre durchkämen. Das stört in der täglichen Arbeit, viel mehr Sorge machen ihnen jedoch die Absperrungen im Haus.

Die Elefanten sind von den Besuchern nur durch einen steil

abfallenden Graben getrennt. Ihr Gehege ist zudem leicht erhöht, damit sie auf die Besucher eindrucksvoller wirken, wodurch die Fallhöhe noch größer wird. Da kein Zaun oder Absperrseil den Blick der Besucher stören soll, müssen die Elefanten nachts angekettet werden.

Dathe hat die Gräben nach dem Leipziger Prinzip konzipieren lassen. Es ist das alte Modell einer Bühne, das er schon in seiner Leipziger Zeit kennengelernt hat und seit der Eröffnung des Tierparks anwendet. Doch diese Bauweise ist längst überholt, da sie zu viele Gefahren birgt. Die Gräben sind wie Trichter geformt, es gibt keine Rampe, über die man einen hineingestürzten Elefanten bergen könnte. Aber die Pfleger könnten nicht einfach so zu Dathe gehen und sich beschweren. Wie eine Elefantenherde hat auch der Tierpark seine festen Hierarchien. Die Pfleger weisen daher die Inspektoren und den zuständigen wissenschaftlichen Assistenten auf die Probleme hin. Kleinere Mängel werden zwar noch korrigiert, aber es bleibt dabei - die Gräben werden wie geplant gebaut. Was passiert, wenn sich eines der Tiere doch einmal nachts losreißt, wollen sich die Pfleger lieber nicht vorstellen. Aber sie werden es schon bald erfahren.

Bereits im Spätsommer 1989 ziehen die Elefanten ein. Meterhohe Palmen, Kletterfeigen, Gummi- und Eukalyptusbäume wachsen im Zentrum des Gebäudes und sollen ihm eine Dschungelatmosphäre verleihen. Das Einzige, was noch fehlt, sind Türen. Bis sie geliefert und eingebaut sind, müssen die Pfleger zur Sicherheit Nachtwachen schieben. Patric Müller nutzt die Gelegenheit, um seine neue Freundin zu beeindrucken. »Komm, wir übernachten heute im Dschungel«, sagt er ihr. Als Elefantenpfleger kann man ohnehin schon punkten, aber das imponiert ihr noch mehr - denn wo kann man im Osten schon unter Palmen übernachten? Höchstens mal

Die letzte Platte: Im September 1989 wird endlich das neue Dickhäuterhaus eröffnet. Patric Müller (2. v. r.) und seine Kollegen präsentieren dem Publikum die Elefanten auf der Außenanlage.

im Bulgarien-Urlaub, aber in der DDR ist das ein einmaliges Privileg. Die Nacht ist allerdings weniger romantisch, als sich Müller das erhofft hat; ständig rascheln die Elefanten mit Heubüscheln und furzen.

Mit seinem 16 Meter hohen Dach, den grauen Wänden in Plattenbauweise und dem großen ungenutzten Innenraum erinnert das Dickhäuterhaus an eine Mischung aus Platte, Gewächshaus und Fabrikhalle. Anders als noch das Alfred-Brehm-Haus in den sechziger Jahren ist es bei der Eröffnung längst nicht mehr auf der Höhe der Zeit. Die langen Planungs- und Bauphasen sind gerade in der Tiergärtnerei ein Dilemma, das gilt nicht nur in der DDR. Bis die Tierhäuser endlich fertiggestellt sind, haben sich die Haltungsstandards oft schon weiterentwickelt. Was gerade erst eröffnet ist, kann daher schon überholt sein. Im Westen können von der Planung bis zur Fertigstellung sechs, sieben Jahre vergehen. Im Osten dauert es aufgrund fehlender Materialien und Facharbeiter noch länger. Doch im Vergleich zum alten Stall ist es zumindest eine Verbesserung. Fast 15 Jahre musste Dathe auf dieses neue Haus warten. Verglichen damit ist es fast in Rekordzeit entstanden. Drei Jahre, nachdem die Bauarbeiten begonnen haben, wird es Ende September 1989 eröffnet. Im Beisein von Ost-Berlins Oberbürgermeister Erhard Krack, Politbüromitglied Günter Schabowski – einem eingefleischten Tierparkfreund – sowie zahlreichen Kollegen verkündet Dathe stolz: »Es ist wohl das größte Gebäude, das jemals im Tierpark stehen wird.«

Es wird auch das letzte gemeinsame Bauwerk von ihm und Architekt Graffunder sein und das letzte überhaupt, das unter Dathe im Tierpark entsteht. Die neue Attraktion spricht sich schnell herum, die Menschen strömen in diesem Jahr zahlreicher denn je in den Tierpark. Am Ende des Jahres 1989 sind es 3,2 Millionen. Mehr werden nie mehr kommen. Denn im Land beginnt es allmählich zu rumoren, und schon bald gibt es Wichtigeres als Häuser für große Tiere.

Auf dem Sprung

Wie jedes Jahr sind auch im Sommer 1989 wieder unzählige DDR-Bürger nach Ungarn gereist. Aber diesmal ist alles anders. In diesem Sommer geht es nicht mehr ums Urlaub-, sondern ums Rübermachen.

Bereits im Mai hat die ungarische Regierung den Befehl erteilt, den Grenzzaun zu Österreich abzubauen. Der Eiserne Vorhang hat seine ersten Löcher bekommen. Als die DDR-Führung Reisen nach Ungarn verbietet, weichen die Menschen auf

Polen und die Tschechoslowakei aus und besetzen die bundesdeutschen Botschaften in Warschau und Prag.

Im Tierpark Berlin müssen die Pfleger weiterhin tagein, tagaus ihre Tiere füttern und Ställe ausmisten. Viele sind mit ihren Gedanken jedoch ganz woanders:

»Thema Nr. 1 unter den Tierpflegern ist das Verlassen der DDR über die bundesdeutschen Botschaften in Prag und Warschau«, erfährt die Stasi von einem IM am 2. Oktober 1989.

Drei Tage zuvor ist Hans-Dietrich Genscher, Bundesaußenminister und gebürtiger Hallenser, auf dem Balkon der deutschen Botschaft in Prag erschienen und wirkte im Gegenlicht der Scheinwerfer wie ein Scherenschnitt. Genscher hat viele Reden gehalten und oft viel geredet, ohne wirklich etwas Neues zu sagen. Diesmal redete er nicht lang, sondern teilte den Hunderten, die unten im Garten der Botschaft ausharrten, mit, »dass heute Ihre Ausreise …« – weiter kam Genscher nicht. Der Rest ging im grenzenlosen Jubel unter.

Auch die, die daheim geblieben sind, wollen nicht mehr länger warten. Widerstand macht sich breit. Eines der Zentren ist die Ost-Berliner Gethsemanekirche. Dort halten Oppositionelle Mahnwachen für politische Gefangene ab, über ein Kontakttelefon tragen sie die Informationen zu den Protesten im gesamten Land zusammen. Einer der Elefantenpfleger des Tierparks ist auch dabei. Damit er keinen Ärger bekommt, halten Müller und seine Kollegen ihm den Rücken frei und arbeiten für ihn mit.

In Leipzig versammeln sich die Menschen schon seit Monaten jeden Montagabend, um gemeinsam für Reformen und Reisefreiheit zu demonstrieren. Im Laufe des Jahres sind aus einigen Hundert mehrere Tausend geworden. Auch Jörg Adler ist unter ihnen. Er hat sich im Leipziger Zoo vom einfachen Tierpfleger zum Kurator für Primaten hochgearbeitet, er hat es geschafft, doch noch Tiermedizin und Agrarwissenschaften zu studieren. Er durfte bis nach Vietnam reisen, um Leipziger Löwen dorthin zu bringen und mit Elefanten zurückzukommen. Obwohl noch drei wissenschaftliche Assistenten vor ihm in der Rangordnung stehen, ist er die rechte Hand von Direktor Siegfried Seifert.

Außerhalb der Zoomauern ist es jedoch zunehmend anstrengender und gefährlicher geworden. Adler ist in der Kirche aktiv, seit Beginn der achtziger Jahre ist er bei den Montagsgebeten in der Leipziger Nikolaikirche dabei und hat miterlebt, wie Stasi und Vopos die Menschen vom Fleck weg verhafteten. Auch er macht sich angreifbar. Im Heckfenster seines Trabants hängt ein Schild. Die Aufschrift ist so groß, dass jeder, der hinter ihm fährt, sie lesen kann: »Leipzig-Grünau – erster Kirchenneubau in der DDR.« Seit er damit herumfährt, wird Adler ständig von der Polizei angehalten und wegen irgendwelcher Lappalien kontrolliert. Auf einer seiner Fahrten nach Berlin hat man sogar versucht, ihn von der Straße abzudrängen. Als seine Tochter dann auch aus politischen Gründen nicht zum Musikstudium zugelassen wird, stellt er für seine Familie und sich einen Ausreiseantrag.

Drei Jahre sind seitdem vergangen. Mitte September 1989 wird Adler endlich zur Abteilung Inneres bestellt, dem Tarnnamen für die Stasi im Leipziger Rathaus. Dort geben sich zu der Zeit unzählige Leipziger, die ausreisen wollen, die Klinke in die Hand. Adler muss eine Weile warten, bis er in eines der Amtszimmer gerufen wird, wo ihm ein grauer Beamter hinter einem grauen Schreibtisch mitteilt: »Wenn Sie am 7. Oktober nicht politisch aktiv werden und auch nirgendwo öffentlich erscheinen, können Sie davon ausgehen, dass Sie und Ihre Familie die DDR noch in diesem Jahr verlassen dürfen.«

Am 7. Oktober feiert die DDR ihren 40. Jahrestag. Noch ahnt

niemand, dass es ihr letzter sein wird. Auch Adler nicht, der sich auf den Weg nach Hause macht und seiner Frau nur diesen einen Satz sagt: »Jetzt geht's los.« Sie weiß, was es bedeutet. Jeden Tag könnte es so weit sein. Daher beginnen sie, ihre Ausreise vorzubereiten, packen alles in Koffer und Kisten. Was sie nicht mitnehmen können, verteilen sie an Freunde. Die wohl schwerste Aufgabe steht Jörg Adler aber noch bevor: Er muss es dem Mann erklären, der wie kein anderer seine Laufbahn geprägt hat: Siegfried Seifert.

Mit einem mulmigen Gefühl besucht er am nächsten Morgen den Leipziger Zoodirektor in dessen Büro. »Herr Professor«, sagt Adler mit belegter Stimme, »ich muss mal mit Ihnen sprechen.«

»Nicht hier«, unterbricht ihn Seifert sofort und deutet auf die Wände. Sie gehen nach draußen und spazieren ein Stück durch den Zoo, bis sie zu einer etwas abseits stehenden Parkbank kommen, wo sie ungestört reden können.

Adler fühlt sich wie ein Verräter. Denn niemand hat seinen Werdegang so sehr beeinflusst wie Seifert. Ohne ihn wäre er nie so hoch aufgestiegen. Seifert hat ihn stets angetrieben, sich weiterzubilden, als ob der Direktor immer schon ahnte, dass in Adler mehr steckte als ein einfacher Tierpfleger.

Anfang der achtziger Jahre hat Seifert sogar dafür gesorgt, dass Adler nicht in die Partei eintreten musste. Als eines Tages zwei SED-Vertreter zu Seifert kamen und nachfragten, warum denn der Adler immer noch nicht Mitglied sei, machte Seifert ein betroffenes Gesicht: »Sie kommen leider etwas zu spät, meine Herren. Der Herr Adler ist nämlich erst vor kurzem in die CDU eingetreten.«

Missmutig zogen sie wieder von dannen. Kaum waren sie weg, führte Seifert ein paar Telefonate, rief zum Schluss Adler an und erklärte ihm seinen Plan: »Ich habe alles geregelt. Sie müssen nur noch herkommen und unterschreiben, dann sind Sie rückwirkend zum Jahresanfang CDU-Mitglied.«

Ein Jahr lang saß Adler als Hinterbänkler in der Leipziger Stadtverordnetenversammlung. Doch nur herumsitzen und nichts tun kam für ihn nicht infrage. Deshalb setzte er sich für eine Frauenrechtsgruppe ein und – was noch viel skandalöser war – prangerte die hohe Luftverschmutzung in der Stadt an. Daraufhin legten ihm seine Parteikollegen nahe, dass es wohl besser sei, wenn er sich wieder aus der aktiven Politik zurückziehe. Ein Gutes hatte die Sache dennoch, denn immerhin ließ ihn fortan auch die SED in Ruhe.

An all das muss Adler nun denken, als er Seifert gesteht, dass sein Ausreiseantrag wohl bald bewilligt wird. »Ich werde gehen«, sagt er leise.

Siegfried Seifert hat seine Regimetreue stets auf das Nötigste beschränkt. Aber er kann kaum verbergen, wie sehr ihn diese Entscheidung enttäuscht. Nach einem Moment des Schweigens sagt er: »Ich wollte Sie doch zu meinem Nachfolger machen.«

Adler schmeichelt es, doch er glaubt nicht, dass er der Richtige für den Leipziger Zoo wäre. Außerdem hat er sich längst entschieden. Er will endlich raus.

Allerdings lässt er sich auch jetzt nicht einschüchtern und macht weiter wie bisher. An die Vorgaben der Stasi, sich ruhig zu verhalten, hält er sich nicht. Zusammen mit seiner Frau und rund 4000 weiteren Demonstranten steht er am 7. Oktober 1989 auf dem Leipziger Karl-Marx-Platz an der Ecke Grimmaische Straße den Wasserwerfern gegenüber. Überall im Land gehen die Menschen an diesem Tag auf die Straße. Allein in Leipzig kommt es zu mehr als 200 Verhaftungen. Jörg Adler ist nicht darunter.

Dann kommt der Abend des 9. Oktober 1989, ein Montag.

Keiner weiß, was passieren wird. In Leipzig kursieren Gerüchte, dass in der Innenstadt der Schießbefehl verhängt worden sei. Die Krankenhäuser sollen zudem vermehrt Blutkonserven angefordert haben. Alle haben noch die Bilder aus Peking vor Augen, wo im Sommer das chinesische Militär die Proteste der Bevölkerung auf dem Platz des Himmlischen Friedens blutig niedergeschlagen hat. Auch in der DDR macht das Gerücht einer »chinesischen Lösung« die Runde.

Trotzdem sind an diesem Abend 70 000 Menschen unterwegs, die mit Kerzen in der Hand und der Internationalen auf den Lippen durch die Straßen ziehen. Auf diese Masse ist die Staatsmacht nicht vorbereitet und muss tatenlos zusehen. Statt Schüssen hallen nur die Rufe der Demonstranten durch Leipzigs Straßen. Nicht nur Jörg Adler spürt, dass an diesem Abend etwas in Bewegung gekommen ist, was sich nicht mehr aufhalten lässt. Doch mit dem, was einen Monat später in Berlin geschieht, hat niemand gerechnet – nach 28 Jahren fällt die Mauer.

Jetzt weiß Adler, dass es nur noch eine Frage der Zeit ist, bis sein Antrag bewilligt wird. Für den Staat gibt es keinen Grund mehr, es noch weiter hinauszuzögern. Denn jetzt könnten die Adlers auch nach Berlin fahren und einfach über die Mauer klettern.

In den kommenden Tagen strömen die Ostdeutschen in Massen in die Bundesrepublik und nach West-Berlin. Allein 800 000 der so lange eingesperrten Menschen nutzen ihre neu gewonnene Freiheit, um sich die eingesperrten Tiere im Berliner Zoo anzusehen, der ihnen zwei Wochen lang freien Eintritt gewährt. Die meisten kennen ihn nur aus den Erzählungen der Eltern und Großeltern. Vom Haupteingang am Hardenbergplatz ziehen sich die Schlangen über 300 Meter bis zur Budapester Straße. Großes Staunen herrscht vor den Gehegen, aber auch die ein oder andere kritische Kinderstimme ist zu hören: »Unser Elefantenhaus ist ja viel größer.«

15 Kilometer weiter östlich im Tierpark gibt es in den einzelnen Revieren in diesen Tagen nur eine Notbesetzung. Jeder will sich selbst davon überzeugen, ob es auch wirklich stimmt, dass die Mauer endlich weg ist.

Unterdessen sorgt sich Dathe darum, was aus seinem Tierpark wird. Im Jahresbericht 1989 – in dem aufgeführt ist, welche Mitarbeiter für besondere Leistungen ausgezeichnet wurden, welche Tiere Nachwuchs hatten, wie viele Besucher kamen und wie viele Bratwürste und Broiler sie verdrückten – schreibt er auf der letzten Seite im letzten Absatz:

> »Gesellschaftliche Veränderungen in unserem Lande erfordern auch vom gesamten Tierpark-Kollektiv nicht nur ein Umdenken, sondern auch ein verstärktes persönliches Engagement, um erfolgreich die Bemühungen unter neuen Aspekten zu aktivieren. Dies soll zugleich ein Versprechen des Tierpark-Kollektivs für 1990 und die Folgejahre sein.«

Es klingt wie eine Kampfansage und zugleich wie ein letztes Beschwören des Zusammenhalts. Dathe kennt die Gefahr, die zwei Zoos in einer Stadt mit sich bringen. Als der Tierpark eröffnet wurde, schien dieser »Zoo der Zukunft« dem engen und alten Zoo im Westen den Rang abzulaufen. Anschließend sorgte die Mauer jahrzehntelang für klare Verhältnisse und zuverlässige Besucherströme.

Aber nun sind Heinrich Dathe und Heinz-Georg Klös wieder Konkurrenten in einer Stadt. Und womöglich könnte einer von beiden auf der Strecke bleiben. Eigentlich wollte sich Dathe demnächst zurückziehen, aber wann es so weit sein sollte, hatte er sich noch nicht überlegt. Nun will er bleiben, das ist schließlich seine Pflicht – denn wer außer ihm sollte es auch sonst machen?

Lothar Dittrich, sein alter Bekannter aus gemeinsamen Leipziger Tagen, rät ihm jedoch aufzuhören. »Du hast doch alles erreicht«, sagt er dem mehr als zwanzig Jahre älteren Dathe, der ihm mittlerweile das Du angeboten hat. »Jetzt wäre doch der richtige Zeitpunkt, die Zukunft des Tierparks anderen zu überlassen.«

Dathe sieht das vollkommen anders: »Nein, nein, du irrst dich«, antwortet er, »ich bin hier nämlich der Einzige, der noch erlebt hat, wie man einen Zoo unter nicht-sozialistischen Bedingungen führt.«

Dittrich ist erstaunt und beinahe ein wenig belustigt von dieser Annahme und entgegnet kopfschüttelnd: »Das ist heute ein ganz anderer Kapitalismus, als du ihn noch in den dreißiger Jahren kennengelernt hast.«

Dathe hört nicht auf ihn. Er kann nicht vom Tierpark lassen, seinem Lebenswerk.

Auch Inge Sievers-Schröder, die Witwe des 1985 verstorbenen früheren Aquariendirektors Werner Schröder, warnt ihn: »Der Klös wird Sie rausschmeißen, so wie er das schon mit meinem Mann gemacht hat.« Dathe glaubt auch ihr nicht und winkt ab: »Ach, mir wird schon nichts passieren.«

Mit Klös ist er bislang immer fertig geworden. Einige Tage nach dem Mauerfall trifft er sich mit ihm, um über die Zukunft der beiden Zoos zu sprechen. Denn während für den Zoo die West-Berliner Senatsverwaltung für Finanzen verantwortlich ist, untersteht der Tierpark noch dem Kulturressort des Ost-Berliner Magistrats.

»Glauben Sie mir, lieber Herr Kollege«, sagt Klös, der Dathe davon überzeugen will, fortan beide Einrichtungen dem

Finanzsenator zu unterstellen. »Der Zoo ist immer gut damit gefahren. Es wäre bestimmt das Beste für alle, auch für Sie.«

»Das mag ja Ihre Erfahrung sein«, antwortet ihm Dathe. »Aber ein Zoo ist eine Kultureinrichtung. Und ich sehe keinen Grund, dies zu ändern.«

Nicht nur für die beiden Berliner Einrichtungen ändert sich einiges, sondern auch für die übrigen Tiergärten. Im deutschen Zoodirektoren-Verband (VDZ) überlegen die Mitglieder, wie man nun mit den Kollegen aus der untergehenden DDR umgehen soll. 1968 waren sie auf staatlichen Druck der DDR aus dem VDZ ausgetreten. Nun sollen sie wieder aufgenommen werden. Doch manche haben Vorbehalte gegen die ostdeutschen Direktoren, vor allem gegen Dathe – ein Mann in seiner Position, als Direktor des bedeutendsten Zoos der DDR, kann in ihrer Vorstellung nur überaus regimetreu gewesen sein, sonst wäre er doch nie so weit gekommen.

Heinz-Georg Klös schlägt daher vor, bei allen Neuen einzeln zu überprüfen, ob sie sich mit dem SED-Regime gemein gemacht haben. Lothar Dittrich, der Dathe länger kennt als die meisten, Wolfgang Gewalt, der von Klös' Vorschlägen grundsätzlich nicht viel hält, und einige andere sind jedoch dagegen. »Wir wollen nicht über einen Mann mit solch einer komplizierten Lebensgeschichte wie Dathe Gericht sitzen«, sagt Dittrich und schlägt vor: »Wir nehmen sie alle ohne Ausnahme auf und gucken sie uns dann einzeln an.«

So geschieht es dann auch, 1991 werden die Zoodirektoren aus der ehemaligen DDR wieder aufgenommen. Mit dem Magdeburger Wolfgang Puschmann wird ein Ostdeutscher in den Vorstand gewählt, wohingegen der Rostocker Dieter Schwarz als IM enttarnt und aus dem Verband ausgeschlossen wird.

Im Tierpark Friedrichsfelde brechen sich derweil die neuen Umstände Bahn. Die Tierpfleger haben das Gefühl, dass sich die Vertreter des Freien Deutschen Gewerkschaftsbundes (FDGB) nicht mehr genügend für sie einsetzen. Gemeinsam mit anderen Pflegern gründet Elefantenpfleger Patric Müller deshalb im Januar 1990 einen Sprecherrat, einen der ersten überhaupt in der DDR. Die alten Ost-Gewerkschafter überlassen ihnen widerstandslos das Feld. Vermutlich haben sie keine große Lust, sich mit den Problemen von Tierpflegern herumzuschlagen. Und wenn die das selbst machen wollen – bitteschön. Vielleicht ahnen sie aber auch, was nun kommen wird. Dass nun neue Zeiten anbrechen und es besser sein könnte, wenn man als Vertreter des alten Systems dann nicht mehr in der ersten Reihe steht.

Den Tierpflegern geht es nicht um eine Revolution im Tierpark, sondern um Mitbestimmung und um simple Änderungsvorschläge. Dazu fragen sie ihre Kollegen in den einzelnen Revieren, was sie in der alltäglichen Arbeit verbessern würden, und erstellen daraus Wunschlisten. Außerdem wollen sie mehr Mitspracherecht beim Tierbestand haben. Wenn früher Tiere verkauft wurden, erfuhren die Pfleger oft erst davon, wenn die Tiere weg waren. Das soll sich von nun an ändern.

Dathe ist für seine cholerischen Wutausbrüche bekannt, die sich in der Regel in erster Linie gegen seine wissenschaftlichen Mitarbeiter richten. Meist geht es um alltägliche Abläufe und Bauarbeiten, die nicht so vorangehen, wie er sich das vorstellt. Müller erlebt aber auch eine andere Seite des Direktors. Dathe setzt sich konstruktiv mit ihm auseinander und hört ihm zu. Er scheint die Belange seiner Belegschaft wirklich ernst zu nehmen. Müller hat erstmals im Tierpark das Gefühl, auf Augenhöhe zu sein und mitreden zu dürfen.

Es hält jedoch nicht lange an. Nur ein halbes Jahr wird es dauern, bis die westdeutschen Gewerkschaften ihre Strukturen auch im Osten durchgesetzt haben.

Adlers Abflug

In Leipzig ist Jörg Adlers Ausbürgerung endlich offiziell bewilligt worden. Kurz vor Weihnachten 1989 reist er mit seiner Frau, seiner Tochter und seinen beiden Söhnen ins Aufnahmelager Gießen und von dort in die Außenstelle Schöppingen im Münsterland, wo sie eine Zugfahrkarte mit freier Zielwahl erhalten. Mit dem Bus fahren sie zunächst zum Hauptbahnhof in Münster. Da es noch eine Weile dauert, bis ihr Zug geht, machen sie sich zu einem kurzen Spaziergang Richtung Altstadt auf.

Alles, was Jörg Adler bislang von Münster kannte, waren ein paar Schwarz-Weiß-Fotos vom neu eröffneten Zoo aus den siebziger Jahren. Die haben ihn damals schwer beeindruckt, aber das ist kein Vergleich zu dem Anblick, der sich ihm nun bietet, als er mit seiner Familie den Prinzipalmarkt erreicht: Es ist der letzte Tag des Weihnachtsmarktes. Die spätmittelalterlichen Giebelhäuser erstrahlen im Licht der Festbeleuchtung. Alles eilt an ihnen vorbei – letzte Einkäufe erledigen. Mittendrin stehen die Adlers in einer fremden, scheinbar heilen Welt, die so anders ist als das graue Leipzig, aus dem sie kommen, wo es auch an Weihnachten nach Zweitaktmotoren und Braunkohle roch.

Von Münster reisen sie weiter nach Kempten im Allgäu, um dort mit Freunden Weihnachten zu feiern. Über Silvester kommen sie in der Stuttgarter Wilhelma unter, wo sie in einer Dienstwohnung im Affenhaus übernachten, Wand an Wand mit den Gorillas. Währenddessen sucht Adler schon nach einer neuen Arbeitsstelle. Zum Glück kennt er einige Kollegen aus dem Westen. Und wenn ihm einer jetzt helfen kann, dann ist es Wolfgang Gewalt in Duisburg.

Seit Ende der achtziger Jahre ist der Duisburger Zoo ein regelrechtes Auffanglager für Zoodirektoren und Tierpfleger aus dem gesamten Ostblock. Direktor Gewalt ist alles andere als ein Freund der DDR, umso lieber hilft er aber all jenen, die dem Kommunismus den Rücken kehren – für Adler ist er »der Solidarpakt in Person«: Im Affenhaus des Zoos wohnt bereits der frühere Direktor des Erfurter Zoos, Fritz Dietrich Altmann, der über Ungarn nach Österreich geflohen ist. Zudem sind noch zwei osteuropäische Tierpfleger auf dem Zoogelände untergekommen. Für die Familie Adler hat Gewalt – nicht ganz ohne Hintergedanken – eine Pflegerwohnung im Vogelhaus bereitgestellt, was er auch alsbald der örtlichen Presse mitteilt. Einige Tage später liest Adler in einer Zeitung die Schlagzeile: »Adler-Familie aus dem Osten findet Zuflucht im Vogelhaus«.

Gewalt nimmt Adler zu öffentlichen Terminen außerhalb des Zoos mit. Auf einer Veranstaltung der CDU stellt er ihn sogar Bundeskanzler Helmut Kohl vor. Der ist zwar beeindrückt von Adlers Schicksal und ruft sofort einen seiner Referenten herbei. Viel mehr springt dabei allerdings auch nicht heraus.

Auf die Dauer gibt es auch in Duisburg für Adler keinen Platz, sodass er mit seiner Frau und den Kindern seine Odyssee fortsetzt. Im Laufe des Januars 1990 kommen sie nach Berlin. Heinz-Georg Klös hat er schon zu seiner Leipziger Zeit kennengelernt. Adler würde gern hier bleiben und im Zoo arbeiten. Klös hat zwar keine Verwendung für ihn, zumindest aber eine Idee und ruft deshalb einige Kollegen an. Von Lothar

Dittrich in Hannover erhält er schließlich den entscheidenden Hinweis, dass der Allwetterzoo in Münster noch einen Kurator sucht.

Es sind schon zwei seltsame Zufälle, dass es ausgerechnet die Stadt sein soll, in der Adlers Reise vor gut einem Monat begonnen hat. Und eben jener Zoo, dessen massive Betonbauten er einst so bewundert hat, weil sie ihm so viel fortschrittlicher vorkamen als das marode Affenhaus in Leipzig.

Während für Adler ein Neuanfang im Westen beginnt, versucht Dathe den Tierpark durch diese letzten Monate der DDR zu führen. In weniger als einem Jahr wird das Land Geschichte sein. Niemand ahnt zu diesem Zeitpunkt, dass es auch für den Direktor das letzte Jahr in seinem Tierpark sein wird. Doch zunächst gibt es andere Opfer zu beklagen.

Am frühen Morgen des 7. April wird Dathe in das Dickhäuterhaus gerufen. Als er eintrifft, stehen mehrere Tierpfleger vor der Innenanlage der Asiatischen Elefanten. Einige Pfleger versuchen, die Elefantenkühe zu beruhigen, die aufgeregt an ihren Fußketten ziehen. Als Dathe näher kommt, sieht er, dass »Dombo«, die Leitkuh der Herde, im Graben auf dem Rücken liegt.

»Sie muss sich nachts von der Kette gerissen haben und hinabgestürzt sein«, sagt einer der Pfleger. Was sie schon während der Bauarbeiten angeprangert haben, ist nun passiert. Alle Versuche, sie mit Seilen herauszuziehen, sind bislang misslungen – der Graben ist zu schmal. In der Enge konnte sie sich nicht umdrehen, sodass sie an ihrem eigenen Gewicht erstickt ist.

Zwei Tage später können sich die Leser des *Neuen Deutschland* auf der dritten Seite unten links ein Bild davon machen, wie der leblose Elefantenkörper an Seilen aus dem Graben des

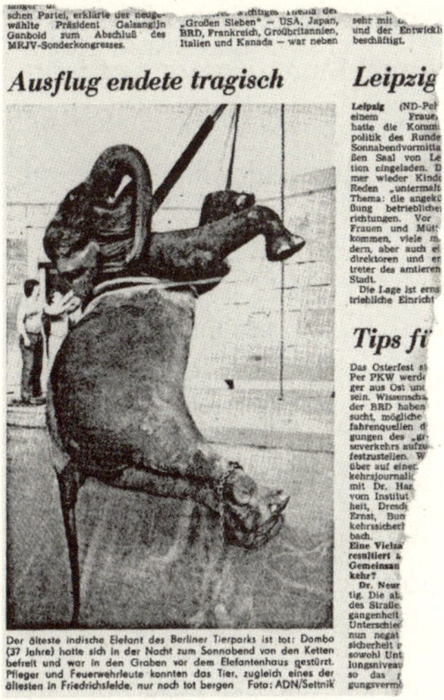
schen Partei, erklärte der neugewählte Präsident Gaisangijn Ganbold zum Abschluß des MRJV-Sonderkongresses.

„Großen Sieben" – USA, Japan, BRD, Frankreich, Großbritannien, Italien und Kanada – war neben

Ausflug endete tragisch

Der älteste indische Elefant des Berliner Tierparks ist tot: Dombo (37 Jahre) hatte sich in der Nacht zum Sonnabend von den Ketten befreit und war in den Graben vor dem Elefantenhaus gestürzt. Pfleger und Feuerwehrleute konnten das Tier, zugleich eines der ältesten in Friedrichsfelde, nur noch tot bergen Foto: ADN/Settnik

Was die Elefantenpfleger bereits während der Bauarbeiten befürchtet hatten, ist im April 1990 eingetreten: Die Leitkuh »Dombo« verendet im Graben.

Elefantenhauses geborgen wird. Zwei Pfleger stehen daneben, versuchen den riesigen Kadaver in die richtige Richtung zu dirigieren und wirken dabei völlig hilflos.

Dathe selbst ist schwer getroffen. Sein Sohn Falk hat ihn selten so niedergeschlagen erlebt wie nach diesem Verlust. Es passt in diese Zeit, da der Direktor ohnehin um den Fortbestand des Tierparks mit seinen mehr als 400 Arbeitsplätzen und damit um sein eigenes Lebenswerk fürchtet. Im Nachhinein wirkt der Sturz des grauen Riesen wie ein Menetekel für das, was noch kommen wird.

Trotz aller Sorgen um die Zukunft gibt sich Dathe in der Öffentlichkeit zuversichtlich. Im Interview mit dem *Neuen Deutschland* sagt er am 8. September 1990: »Ich bin mir mit meinem West-Berliner Kollegen Prof. Dr. Heinz-Georg Klös einig, daß eine solche Stadt zwei kulturelle Einrichtungen dieser Art braucht, zumal sie unterschiedlichen Charakter haben.« Auf die Frage, ob er schon darüber nachgedacht habe, in

Ruhestand zu gehen, antwortet er nur: »Das auch. Aber hier ist noch so viel zu tun für mich.« Einen Monat später beschwört er auch in der *Berliner Zeitung* die Bedeutung zweier Berliner Zoos »unterschiedlicher Struktur, unterschiedlichen Charakters«.

In Berlin müssen nun zwei Stadthälften zusammenwachsen. Durch die jahrzehntelange Teilung gibt es in der Stadt alles doppelt, auch zwei Regierungen. Seit den Kommunalwahlen im vergangenen Mai regieren West-Berliner Senat und Ost-Berliner Magistrat gemeinsam; die Politiker pendeln dafür zwischen dem Rathaus Schöneberg und dem Roten Rathaus am Alexanderplatz hin und her.

Im Volksmund wird das Doppel-Konstrukt bald nur noch »Magisenat« genannt. Doch es stehen Einsparungen an. Und in der Öffentlichkeit wird diskutiert, ob man in Berlin tatsächlich zwei Zoos braucht und es diese überhaupt finanzieren kann.

Heinrich Dathe sieht es als seine Pflicht an, den Tierpark auch weiterhin zu führen. Er ist in den bald vier Jahrzehnten in Friedrichsfelde mit dem Tierpark gewachsen, gealtert und regelrecht verwachsen. In seiner Villa hat sich in dieser Zeit allerhand angesammelt – von Fachartikeln und Büchern bis zu unvollendeten Manuskripten. In hohen Stapeln bedecken sie auch jetzt noch seinen Schreibtisch. »Ich lebe, um zu arbeiten«, war immer sein Motto und ist es auch jetzt noch.

Am 7. November wird im Tierpark noch einmal gefeiert. Es ist Heinrich Dathes 80. Geburtstag. In einer Pferdekutsche wird er zu dem schmucklosen, weißen Flachdachgebäude der Verwaltung gefahren. Neben ihm sitzt seine neue Frau Elisabeth, die er vor einem Jahr auf einem Ornithologen-Treffen in

Neubrandenburg kennengelernt hat. Die Tierparkmitarbeiter erwarten ihn schon und singen ihm ein Ständchen, dazu spielt eine Kapelle. Einige haben Tiere aus ihren Käfigen und Gehegen geholt. Ein Pfleger hat einen jungen Riesenesel mitgebracht, den Dathe für die anwesenden Kameraleute und Fotografen streicheln soll. Sein Gesicht ist schmal geworden. Die letzten Monate haben ihm zu schaffen gemacht. Was in der Öffentlichkeit kaum einer weiß, ist, dass Dathe an Magenkrebs erkrankt ist. Reihenweise wird er um Interviews gebeten. Wie geht es weiter mit dem Tierpark? Wie geht es weiter mit ihm?

»Ich habe gern gearbeitet und tue es noch«, spricht Dathe mit matter Stimme in eine Fernsehkamera. »Gerade in dieser nicht ganz leichten Zeit halte ich es für notwendig, dass ich noch ein paar Tage durchhalte, um meine Einrichtung in ruhiges Gewässer zu führen.«

Zahlreiche Gratulanten sind gekommen. Auch sein West-Berliner Widersacher Klös ist darunter und lässt es sich nicht nehmen, eine Rede auf seinen »werten Kollegen« zu halten:

> »Wer mich kennt, der weiß, dass ich ein ehrgeiziger Mann bin, der für seinen Zoo immer nur das Beste will, 24 Stunden am Tag, 365 Tage im Jahr. Und wenn ich Ihnen, Herr Kollege, an diesem Ehrentag bekenne, dass vieles im Tierpark Friedrichsfelde mich so begeistert, dass ich es mir auch zwischen Ku'damm und Landwehrkanal vorstellen könnte, dann werten Sie es bitte als Ausdruck höchsten Respekts.«

Es klingt wie eine Drohung. Denn wer Klös kennt, weiß auch, dass er seine Finger überall im Spiel haben will. Am liebsten hält er gleich alle Fäden in der Hand. Erst recht hier in Berlin.

Der Tierpark soll nach einem Senatsbeschluss zwar bleiben, dafür erhält Dathe auf den Tag genau einen Monat nach den Feierlichkeiten Post. Der Brief stammt von Richard Dahlheim, dem Stellvertreter der Kulturstadträtin des Magistrats, Irana Rusta, die für den Tierpark Friedrichsfelde zuständig ist – zumindest noch. Dathe hat schon viele Briefe erhalten, aber noch keinen wie diesen. Er kann es zunächst kaum glauben, was er dort liest:

> »... wie Ihnen bekannt ist, schreibt der Einigungsvertrag verbindlich vor, daß alle Beschäftigten der öffentlichen Dienste der ehemaligen DDR, die am 3. Oktober das Rentenalter erreicht hatten, sich ab diesem Zeitpunkt automatisch im Ruhestand befinden. In Ihrem Falle haben wir wegen Ihrer unstrittig großen Verdienste um den Tierpark und Ihres damals anstehenden 80. Geburtstages eine Übergangslösung praktiziert, wobei allerdings Frau Dr. Rusta Ihnen in meiner Gegenwart dargelegt hatte, daß diese nur bis Dezember 1990 andauern kann.
> Angesichts der nun rasch zu vollziehenden Überführung des Tierparks in eine Rechtsträgerschaft scheint uns unumgänglich, mit der Bewältigung der damit zusammenhängenden Probleme eine jüngere Persönlichkeit zu betreuen, um Ihnen zusätzliche Belastungen zu ersparen. Sie werden daher am Montag, dem 10. Dezember 1990, Ihre Amtsgeschäfte an Ihren Stellvertreter, Herrn Grummt, übergeben, der zum kommissarischen Direktor des Tierparks berufen ist. Sie haben dann noch Zeit bis zum Freitag, dem 14. Dezember, um Ihr Büro zu übergeben.

Leider müssen wir Sie auch anweisen, bis Ende des Monats Ihre Dienstwohnung zu räumen, was hoffentlich kein Problem für Sie sein wird, da Sie mit Ihrer Gattin ein Haus besitzen.
Wir danken Ihnen herzlich für Ihre jahrzehntelange Arbeit, die von Kompetenz und Engagement geprägt war, und wünschen Ihnen für Ihr weiteres Leben alles Gute.«

Sieben Tage Zeit bleiben Dathe, um sein Büro leer zu räumen, in dem sich neben den Bücherbergen und Papierstapeln auch noch zahllose Geschenke türmen, die er zum 80. Geburtstag bekommen hat. Dahlheim, der Stellvertreter der Kulturstadträtin, hat es eilig, denn ab dem 15. Dezember wird die Senatsverwaltung für Finanzen neben dem Zoo auch für den Tierpark zuständig sein. Dathes Kollege Klös hat sich also durchgesetzt. Drei Wochen bleiben Dathe noch, um das Haus zu verlassen, in dem er seit mehr als drei Jahrzehnten lebt – zwar nur zur Miete, aber wer hätte damals in den fünfziger Jahren an so etwas gedacht.

Dathe war bewusst, dass er sich bald würde zurückziehen müssen. Aber er tut sich schwer mit diesem abrupten Abschied. Dass er den Tierpark auf einmal so schnell verlassen soll, war ihm nicht klar. Und eine andere Form hätte er wenigstens erwartet.

Zudem sorgt der Wechsel vom Kulturressort des Magistrats in die Finanzverwaltung des Senats für Verwirrung. Anfang Dezember erreicht ein Rundschreiben aus der Kulturverwaltung den Tierpark. Demnach sollen die 439 Angestellten »in die Warteschleife und nur unbedingte Arbeitsgebiete befristet besetzt bleiben«, schreibt die *Neue Zeit* am 14. Dezember 1990. Für die Mitarbeiter bedeutet das, dass ihre Arbeitsverhältnisse enden und erst noch entschieden werden muss, wer von ihnen weiterbeschäftigt, umgeschult, in Rente geschickt oder entlassen wird. Die Finanzverwaltung ist zunächst selbst verwirrt, da sie erst eine Woche vor der Übergabe davon erfahren haben will, dass sie nun für den Tierpark zuständig sei, erklärt ein Vertreter auf einer Versammlung der aufgebrachten Belegschaft. In Friedrichsfelde geht die Angst um, nun sogar ganz abgewickelt zu werden, so wie es bereits mit anderen Betrieben der DDR geschieht.

Mehrere Tausend Menschen treffen sich Mitte Dezember zu einem Massenspaziergang in Friedrichsfelde. Rund 7500 Unterstützer unterzeichnen eine Unterschriftenliste für den Erhalt des Tierparks und solidarisieren sich mit Dathe. In Leserbriefen empören sich die Ost-Berliner über seine Entlassung. Eine Leserin der *Berliner Zeitung* fragt provokant, ob Dathe »etwa den Elefanten den Marxismus-Leninismus beigebracht« hätte und deswegen gehen müsse?

Obwohl Politiker aller Parteien versichern, dass die Schließung des Tierparks »nie zur Debatte« gestanden habe, sind die Fronten verhärtet. Viele im Tierpark sind sauer auf die »Wessis«, auf Klös und den Zoo. Doch vor allem haben sie Angst, ebenfalls aussortiert zu werden. Jeder fürchtet um seinen Arbeitsplatz, kaum einer traut sich noch, einen Mucks von sich zu geben. Die Zeit der Basisdemokratie ist längst vorbei. Patric Müller kommt es vor, als sei das Schweigen noch undurchdringlicher, als es vor der Wende jemals war.

Auch Dathe scheint keine Hoffnung mehr zu haben: »Der Tierpark wird wohl weiterbestehen, aber vielleicht als eine Art Hirschgarten, der keine Konkurrenz für einen Zoo darstellt«, sagt er dem *Neuen Deutschland* am 29. Dezember und zieht ein pessimistisches Fazit: »Wir waren immer ein Wissenschaftszoo, der West-Berliner mehr ein Schauzoo. Und die Wissenschaft muss weg.«

Dem scheidenden Direktor gelingt es zwar, seinen Auszug

um ein halbes Jahr zu verschieben, doch dazu kommt es nicht mehr.

Am 6. Januar 1991 stirbt Heinrich Dathe im Alter von 80 Jahren inmitten seines Tierparks. Der Rausschmiss habe ihm den Rest gegeben, erzählt man sich bald - nicht nur im Osten. Es ist der 65. Geburtstag von Heinz-Georg Klös.

Abschied von Dathe

Am Morgen des 17. Januar 1991 strömen die Massen zum Krematorium Baumschulenweg. »Berlin nimmt Abschied von einem gebürtigen Sachsen. Dem nach Zille vielleicht berühmtesten in Berlin«, berichtet elf99, die Jugendsendung des DDR-Fernsehens am nächsten Tag. Mehrere Tausend sind gekommen. Es sind so viele, dass die Trauerhalle, in der Dathes Sarg aufgebahrt ist, schnell überfüllt ist.

Lothar Dittrich ist erst kurz vor Beginn der Trauerfeier aus Hannover angekommen, sodass er keinen freien Platz mehr findet und wie Hunderte andere die Trauerrede nur von draußen über Lautsprecher mitverfolgen kann. Andere haben gesehen, wie Heinz-Georg Klös sich noch gerade so in die Halle gedrängt hat, um einen Kranz an Dathes Sarg niederzulegen.

Seit einiger Zeit kursieren Gerüchte, dass Klös im Hintergrund an Dathes Absetzung mitgewirkt haben soll. Einen Tag vor der Beerdigung hat die *Berliner Zeitung* dies noch bestärkt, indem sie einen Artikel der *Neuen Berliner Illustrierten* in Auszügen vorab veröffentlichte:

> »Wie die ›Neue Berliner Illustrierte‹ in ihrer morgen erscheinenden Ausgabe berichtet, wurde ein NBI-Reporter Zeuge eines Telefonats zwischen Dahlheim und dem Chef

des Westberliner Zoos, Heinz-Georg Klös (der Dathe zu dessen 80. im November noch in den höchsten Tönen gelobt hatte). Dahlheim habe dabei unter anderem gesagt: ›Jetzt bin ich der Totengräber. Dabei war es doch ein Akt der Barmherzigkeit, den endlich in den Ruhestand zu schicken.‹ Und an Klös gewandt: ›Na ja, wir teilen uns die Last an seiner Leiche.‹ Gegenüber dem Journalisten hätte Dahlheim festgestellt, Dathe sei ›total senil‹ und sowieso ›alles andere als ein Märtyrer‹ gewesen, habe als ›Ceausescu des Tierparkwesens‹ gegolten. Dahlheim habe nur bedauert, daß Dathe eben ›zum absolut unpassenden Zeitpunkt verstorben‹ sei.«

Zwei Monate später erscheint in der *Berliner Zeitung* eine Gegendarstellung von Dahlheim, in der er die Zitate abstreitet. Was jedoch bleibt, ist das Gefühl, dass der Tierparkdirektor mit Klös' Hilfe »wie eine lästige Wanze« beiseitegeschoben worden ist, wie es in einem Leserbrief in der *Neuen Zeit* heißt.

Es hat viele Abwicklungsfälle im Zuge der deutschen Wiedervereinigung gegeben, aber kaum einen, der die Gemüter dermaßen erzürnt hat wie die Entlassung von Heinrich Dathe. Der Aufschrei der Menschen mag auch deswegen so laut gewesen sein, weil mit ihm ein Teil ihrer eigenen Geschichte, ihrer eigenen Identität missachtet wurde. Lothar Dittrich schreibt später in einem Nachruf auf seinen einstigen Vorgesetzten und Freund:

»Vielleicht kann man in Berlin nicht akzeptieren, dass auch hinter der Mauer ein besonders begnadeter Mann eine Leistung vollbringen konnte, die weltweit Beachtung fand.«

Im Fall Dathes zeigt sich einmal mehr, dass schlechte Verlierer zwar unangenehm, schlechte Sieger aber das größere Übel sind. »So, wie es jetzt geschieht«, schreibt ein Leser der *Neuen Zeit* im Januar 1991, »werden wir nicht richtig zusammenwachsen.«

Dieser Eindruck wird noch lange Zeit Bestand haben. In der Debatte um den Berliner Zoo und seinen einstigen Gegenentwurf im Osten, den Tierpark Friedrichsfelde, hält er sich bis heute.

Epilog:

ALTE MÄNNER, NEUE ZEITEN

Man ist Mann seines Faches um den Preis,
auch das Opfer seines Faches zu sein.
Friedrich Nietzsche, *Die fröhliche Wissenschaft*

Kaum drei Jahre waren seit Dathes Tod vergangen, als sich der Betriebsrat des Zoologischen Gartens Berlin im Herbst 1993 mit folgenden Worten an den Regierenden Bürgermeister Eberhard Diepgen wandte: »Die Zusammenarbeit zwischen Zoo und Tierpark hat ihren Tiefpunkt erreicht.«

Dabei hatte sich eigentlich doch alles so gut entwickelt. Nach einem halben Jahr der Ungewissheit war der Tierpark im März 1991 in eine landeseigene GmbH umgewandelt worden. Statt der 439 Mitarbeiter zu Wendezeiten waren nur noch 285 beschäftigt, doch die Angst vor der kompletten Abwicklung des Tierparks war verflogen. Zwischen Zoo und Tierpark schien ein friedliches Nebeneinander zu entstehen, es wurden sogar Tiere getauscht: Während die Menschenaffen vom Tierpark ins Affenhaus des Zoos zogen, kamen Rothirsche, Wildschweine und Uhus nach Friedrichsfelde. Im September 1993 nun sollte der Zoo die Anteile an der Tierpark-GmbH vom Land übernehmen. »Der Senat kommt dann nur noch für Betriebsverluste, Mindereinnahmen durch ermäßigte Eintrittspreise und Investitionszuschüsse auf«, meldete die *Neue Zeit* Mitte des Monats.

Doch was anfangs nur eine kleine Randnotiz war, ließ die Ost-Berliner aufhorchen: Die 2000 Reptilien aus der Schlangenfarm und die Aquarien in der Cafeteria sollten hinter die Kulissen des Zoo-Aquariums verfrachtet werden. Ihre alten Anlagen waren sanierungsbedürftig, aber der Tierpark hatte kein Geld. Nun war die Aufregung groß. Die Angst vor dem Ausverkauf war wieder da. Im Fernsehen sah man den weinenden Leiter der Schlangenfarm, der um sein Lebenswerk bangte. Eine Welle der Entrüstung in Form von Protestschreiben erreichte Berlin, ob von der Universität Potsdam oder aus dem Zoo von San Diego. Tierparkmitarbeiter sammelten 30 000 Unterschriften für den Erhalt. Denn die Schlangenfarm war seit 1956 eine Institution. Die Artenfülle suchte ihresgleichen, zu DDR-Zeiten konnten die Tierparkbesucher miterleben, wie den Schlangen Gift entnommen wurde, um daraus Seren zu entwickeln.

Auch Heinz-Georg Klös, der seit seiner Pensionierung 1991 dem Aufsichtsrat des Tierparks vorsaß, traf die Wut der Tierparkanhänger. Als er mit Vertretern des Abgeordnetenhauses Friedrichsfelde besuchte, wollten ihn aufgebrachte Besucher zur Rede stellen. »Dathe ist schuld an dem Dilemma«, platzte es aus ihm heraus. Das machte die Tierparkfreunde nur noch wütender: »Schließen Sie doch den Zoo, wenn das Geld nicht reicht«, riefen sie ihm nach.

Nach wochenlangem Hin und Her fiel Anfang November die Entscheidung: Die Schlangenfarm blieb in Friedrichsfelde, der Zoo erwarb kurz darauf die Anteile des Landes Berlin, sodass der Tierpark ein Tochterunternehmen der Zoo AG wurde.

Klös war so weitsichtig gewesen, dass er sich vertraglich ein Rückgaberecht zusichern ließ, falls der Tierpark nicht wieder auf die Beine käme. Denn für ihn war Friedrichsfelde »ein Fass ohne Boden«. Stopfen sollte es ein Neuer aus dem Westen. Mehrere Absagen hatte Klös bereits bekommen, bis seine Wahl schließlich auf den 37-jährigen Bernhard Blaszkiewitz fiel. Blaszkiewitz, knapp zwei Meter groß, und annähernd auch so breit, hatte 1974 als Tierpfleger im Zoo begonnen, anschließend Biologie studiert und promoviert und war als Wissenschaftlicher Mitarbeiter nach Berlin zurückgekehrt. »Der Dicke macht das schon«, sagte Klös und schickte ihn in den Osten.

Blaszkiewitz musste sich zunächst mit dem weniger schönen Teil von Dathes Erbe befassen und das Stückwerk aus Zäunen und Gittern austauschen. In Zeiten der Mangelwirtschaft hatte Dathe improvisieren müssen. Die Zäune der Huftiergehege waren zum Teil aus Eisenbahnschwellen zusammengesetzt. Auch der Weite des Geländes war Dathe nie wirklich Herr geworden. Erst 1997 konnte der Park komplett eingezäunt werden.

Für den Geschmack seiner Kritiker übertrieb es Blaszkiewitz mit dem Einzäunen jedoch ein wenig. Er ließ funktionale und großzügige Gehege bauen, die eintönig wirkten mit ihren grünen brusthohen Zäunen und den hölzernen Stallungen dahinter, die an Gartenhäuschen erinnern, wie sie tausendfach vor deutschen Baumärkten herumstehen.

Ab 2007 übernahm Blaszkiewitz auch die Leitung des Zoos. Erstmals hatten beide Unternehmen einen gemeinsamen Direktor, trotzdem blieben sie Konkurrenten. Vielleicht lag das weniger an den Mitarbeitern als vielmehr an den Besuchern. Denn nirgendwo sonst in Berlin ist die Mauer in den Köpfen noch so präsent wie in der Identifikation mit Zoo oder Tierpark. Auch heute noch, ein Vierteljahrhundert nach der Wiedervereinigung, gehen die West-Berliner vor allem in den Zoo, die Ost-Berliner in den Tierpark, wie eine Umfrage unter den Besuchern im Jahr 2014 ergab. Die Konkurrenz beschränkt sich nicht mehr allein auf Berlin. Wer am Berliner Hauptbahnhof umsteigt, kommt an den neuen Verhältnissen in der deutschen Zoolandschaft nicht vorbei; sie springen einen geradezu an: Auf großen Tafeln werben dort die Zoos von Hannover und Leipzig, die in den vergangenen zwei Jahrzehnten jeweils für mehr als 100 Millionen Euro runderneuert wurden, um Besucher. Zwei Einrichtungen, die noch Anfang der neunziger Jahre vor der Schließung standen und mittlerweile im Revier der beiden Berliner Zoos um Besucher buhlen. Dank der direkten Zugverbindungen dauert es auch jeweils nur rund anderthalb Stunden, um dorthin zu gelangen.

Für den Tierpark wurde nach der Wende lange Zeit kaum im Stadtbild geworben. Fehlende Spielplätze und die langen Wege haben auch dazu geführt, dass viele Familien mit Kindern aus dem Einzugsgebiet des Tierparks am Wochenende lieber ins knapp vierzig Kilometer entfernte Eberswalde fahren, wo sich der einstige Heimattiergarten zu einem kleinen, familienfreundlichen Zoo gemausert hat. Mitunter kommt es noch manchmal vor, dass Menschen in Berlin, meist Zugezogene, den Tierpark überhaupt nicht kennen oder ihn mit dem öffentlichen Park namens Tiergarten verwechseln, der an den Zoo angrenzt.

Der Berliner Zoo erzielt dank seiner drei Millionen Besucher jedes Jahr Überschüsse und kommt daher ohne öffentliche Förderung aus. Der Tierpark ist hingegen weiter auf Zuschüsse angewiesen. Seit April 2014 gibt es mit Andreas Knieriem einen neuen Direktor, der in den kommenden 15 Jahren beide Zoos modernisieren will. Auch er musste sich anfangs fragen lassen, ob Berlin wirklich zwei Zoos brauche.

Der Zoo ist zwar der artenreichste der Welt, aber in seiner Enge auch immer noch ein Relikt des alten West-Berlins und wirkt an Feiertagen überlaufen. Allmählich stößt er an seine Grenzen. »Hätte Berlin nur *einen* Zoo«, stellte Knieriem daher nach seinem Antritt fest, »dann müssten wir jetzt einen zweiten bauen.«

Mit dem Mauerfall und dem Ende des Kalten Kriegs verließ auch die große Politik die Zoologischen Gärten. Tierische Staatsgeschenke sind selten geworden. Bundeskanzler Helmut Kohl brachte dem Berliner Aquarium 1984 und 1991 noch Komodowarane aus Indonesien mit, 2007 übergab Bundespräsident Horst Köhler dem Zoo ein Fingertier, eine seltene nachtaktive Lemurenart aus Madagaskar. Pandas werden schon lange nicht mehr verschenkt. Alle Exemplare, die aus China an ausgewählte Zoos vergeben werden, sind Leihgaben, so auch Meng Meng und Jiao Qing, die seit dem Sommer 2017 im Berliner Zoo leben. Deren Aufenthalt in der deutschen Hauptstadt lässt sich die Volksrepublik jährlich mit rund einer Million US-Dollar bezahlen. Für den Zoo hat sich das Geschäft bereits gelohnt: 2019, passend zum 175. Zoo-Jubiläum, brachte Meng Meng zwei männliche Jungtiere zur Welt, die schnell zu Publikumslieblingen avancierten und prompt auch Berliner Spitznamen verliehen bekamen – Pit und Paule.

Für China sind die Pandas die beste Imagekampagne. Auch wenn hierbei wirtschaftliche Interessen eine wichtige Rolle spielen, geht es für die Zoos in erster Linie nicht mehr um politische, sondern vor allem um Ökosysteme. Sie haben es sich zur Aufgabe gemacht, Tiere als Stellvertreter ihrer Artgenossen in der freien Wildbahn zu präsentieren. Sie sind Schaufenster in bedrohte Lebensräume. Daher reicht es nicht mehr aus, solche Seltenheiten wie Pandas im einfachen Gitterrondell oder Glaspavillon zu zeigen, wie es 1958 im Tierpark oder zwanzig Jahre später im Zoo noch der Fall war. Wie ein Panda aussieht, weiß heute jeder, aber nicht, wie es um seinen bedrohten Lebensraum bestellt ist.

Die Zoos unserer Zeit sind dabei nicht mehr auf sich selbst beschränkt, sondern arbeiten weitgehend mit anderen Tiergärten zusammen. Ein Großteil der Tiere wird nicht mehr verkauft, sondern mithilfe von Zuchtbüchern zwischen den Zoos delegiert. Wildfänge sind so gut wie abgeschafft. Tierhändler tauchen in der Regel nur noch als Logistiker beim Transport der Tiere auf. Moderne Zoos züchten nicht nur bedrohte Arten nach, sondern versuchen diese - wenn möglich - wieder in geeigneten Schutzgebieten auszuwildern. Seien es nun Urwildpferde in der Mongolei oder Bartgeier in den Alpen. Dennoch sind Zoos auch heute noch in gewisser Weise Konkurrenten, wenn es darum geht, neue Geldquellen zu finden und attraktive Tierhaltung zu zeigen. Die Konkurrenz ist heute keine politische mehr, sondern eine wirtschaftliche, in der sich mehr denn je alles um die Gunst der Besucher dreht.

Kein Mensch, kein Bär

Heinrich Dathe war davon überzeugt, dass Zoos »in erster Linie für den Menschen« da sind - und darin dürfte er sich mit Heinz-Georg Klös einig gewesen sein. Heute sollen sich die Besucher im Zoo wohlfühlen und gleichzeitig etwas über Umweltzerstörung und Naturschutz erfahren. Laut dem Verband der Zoologischen Gärten (VdZ) besuchten 2018 fast 35 Millionen Menschen die deutschen Zoos. Damit zählen sie zu den beliebtesten Freizeiteinrichtungen. Und dennoch standen sie noch nie so sehr in der Kritik von Zoogegnern und Tierschützern - Erscheinungen, mit denen sich Dathe und Klös kaum beschäftigen mussten. Die einzigen Zookritiker zu ihrer Zeit waren hier und da verärgerte Besucher, die sich über Fütterungsverbote oder Preiserhöhungen beschwerten.

All die Probleme und Aufgaben, die die Zoos heute betreffen, haben sich wohl nirgends so konzentriert gezeigt wie im Falle von »Knut«: Seit mehr als dreißig Jahren hatte es keinen Eisbärennachwuchs im Berliner Zoo gegeben. Und auch das Leben von Knut hing schon früh am seidenen Faden, da seine Mutter ihn kurz nach der Geburt im Dezember 2006 verstoßen hatte. Stattdessen nahm sich der Pfleger Thomas Dörflein seiner an und zog ihn von Hand auf.

Von 1986 bis 1994 wurden im Tierpark Berlin sieben Eisbären geboren. Doch keiner von ihnen erregte solche Aufmerksamkeit wie »Knut«, der zur ersten tierischen Internetberühmtheit wurde. So wie sich einst die Berliner in Friedrichsfelde zu Tausenden ans Gitter drückten, nur um einen Blick auf die Pandabärin »Chi Chi« zu werfen, so drängten sich nun Eisbärenfans und Journalisten aus aller Welt um den Bärenfelsen im Zoo. »Knut« sorgte für einen monatelangen Besucheransturm und verschaffte dem Berliner Zoo Mehreinnahmen von rund fünf Millionen Euro. Der sicherte sich die Namensrechte, versuchte aber auch den Bärenrummel anderweitig zu nutzen: »Knut« wurde zum Botschafter der wild lebenden Eisbären und ihrer bedrohten arktischen Heimat ernannt. Der damalige Umweltminister Sigmar Gabriel höchstpersönlich erschien im ockerfarbenen Anorak zum offiziellen Streicheln. Die Menschen sollten beim Anblick des kleinen weißen Bären an die tauenden Polkappen erinnert werden und nicht nur selbst dahinschmelzen.

Die Zeit verging, »Knut« wuchs heran und sah bald aus, wie Jugendliche nun mal leider aussehen; sein weißes Fell hatte bald die gleiche Farbe wie Gabriels Jacke. Der Kult ging dennoch weiter, vor allem nachdem sein Pfleger Dörflein plötzlich an einem Herzinfarkt gestorben war. Manche Besucher wollten so etwas wie Trauer in »Knuts« Blick entdeckt haben. Als der junge Eisbär auf eine größere Anlage zu den Weibchen kam und diese ihm die Zähne zeigten, schrien die Damen jenseits der Gehegegrenzen empört auf und forderten Schutz für das »Mobbingopfer«. Im März 2011 verstarb Knut plötzlich und unerwartet vor den Augen der Besucher. Vier Jahre lang untersuchte eine Gruppe von Wissenschaftlern die Todesursache. »Der Druck war riesig«, sagte Alex Greenwood vom Leibniz-Institut für Zoo- und Wildtierforschung auf der abschließenden Pressekonferenz und meinte damit nicht das angebliche Mobbing.

Das Tragische an »Knuts« kurzem Leben war vor allem sein Ende. Denn der Eisbär, den viele wie einen menschlichen Star verehrt hatten, war an einer Hirnerkrankung gestorben, die man zuvor nur bei Menschen festgestellt hatte.

Klös' Schwinden

Mit solcher Art der öffentlichen Kritik hätten wohl sowohl Heinrich Dathe als auch Heinz-Georg Klös ihre Schwierigkeiten gehabt. Alleinherrscher und Patriarchen, wie sie es waren, sind aus den Zoos heute verschwunden.

Das Wetteifern zwischen beiden – wenn man das überhaupt sagen kann – hat auf den ersten Blick Klös für sich entschieden. Bis ins neue Jahrtausend blieb er die graue Eminenz im Aufsichtsrat des Zoos sowie des Tierparks. »Vater hat kein anderes Leben gehabt«, sagt Heiner Klös, sein Sohn, »er hatte nur den Zoo.« Es klingt entschuldigend und vorwurfsvoll zugleich.

Dass sein Sohn ihm als Direktor folgen würde, konnte Klös allerdings nicht mehr durchsetzen, obwohl es ihm Jahre zuvor vom Aufsichtsrat noch versprochen worden war. Aus der erhofften Dynastie nach dem Vorbild der Familie Heck - die in Person von Geheimrat Ludwig Heck und seinem Sohn Lutz den Berliner Zoo über sechs Jahrzehnte führte - wurde nichts. Die Zeiten hatten sich geändert.

Klös' Einfluss schwand - und in den letzten Jahren auch seine Kraft. Es wurde still um ihn. Als ein alter Bekannter, ein Veterinär-Professor der Humboldt-Universität, ihn im Frühjahr 2014 besuchte, erinnerte nicht mehr viel an jenen Mann, von dem es einst hieß, er könne einem im Laufen die Socken ausziehen und das Geld aus der Tasche quatschen. Klös, den auch im fortgeschrittenen Alter noch etwas Jungenhaftes umgeben hatte, wirkte nun so alt, wie er tatsächlich war. Er hatte Mühe, seinen Gast zu erkennen, versuchte es aber zu überspielen, nachdem es ihm wieder eingefallen war: »Ich hatte erst an einen alten Schulfreund gedacht.«

Sie unterhielten sich über Nashörner, seine Lieblingstiere. Darauf sprang er noch immer an, und so plauderten sie eine ganze Weile, bis Klös schließlich sagte: »Aber jetzt werde ich müde.«

Ein halbes Jahr später, am 28. Juli 2014, starb Heinz-Georg Klös im Alter von 88 Jahren.

Klös, der seine Karriere lang stets um die Anerkennung gebuhlt hatte, die Dathe scheinbar zugeflogen war, überlebte seinen alten Rivalen um mehr als 13 Jahre. Sein Tod war jedoch nur eine Randnotiz, kaum größer als sein Einstieg. Es gab ein paar kurze Stellungnahmen des Zoos und des Regierenden Bürgermeisters, einige nüchterne Nachrufe in Agentursprache - mehr nicht.

Obwohl Klös den Berliner Zoo über drei Jahrzehnte lang geführt und wieder zum artenreichsten der Welt gemacht hatte, konnte er doch nur einer in der langen Ahnenreihe seiner Direktoren sein. Heinz-Georg Klös hat den Berliner Zoo nach

Der Professor und das liebe Vieh. Tiermensch Heinz-Georg Klös in seinem Element.

dem Zweiten Weltkrieg wieder groß gemacht. So groß wie der Zoo selbst, geschweige denn größer, wurde er jedoch nie.

Ganz anders Heinrich Dathe. Er konnte damals von Neuem beginnen. So wird er immer der erste Tierparkdirektor und mehr als eine Episode von Friedrichsfelde bleiben. Er war sein Anfang und baute ihn fast vier Jahrzehnte lang auf.

Sein Tod war von öffentlichem Empören begleitet, und sein tragisches Ende veranlasste manche dazu, ihn zu einem Märtyrer der untergehenden DDR zu verklären. Wie der berühmte Tierparkdirektor rausgedrängt wurde, war achtlos und beschämend. Dass es so weit kam, war jedoch auch die Folge dessen, dass Dathe den rechten Zeitpunkt verpasst hatte, Abschied zu nehmen.

Der Manager Klös hat sich zwar im Wettstreit der Berliner Zoos machtpolitisch durchgesetzt, doch im kollektiven Gedächtnis ist bis heute Dathe geblieben, der Erzieher. Nach ihm sind eine Oberschule und ein Platz in Berlin benannt, nach Klös nur eine Stiftung, die er selbst mit ins Leben gerufen hat.

Dathe galt als »Grzimek des Ostens«, als »Nestor der Tiergärtnerei«. Klös blieb stets der Zoodirektor von West-Berlin.

Man wird beiden nur gerecht, wenn man sie in der Zeit sieht, in der sie gelebt haben. Da waren sie zwei große Tiergärtner, die in Zeiten politischer Konfrontation ihre Zoos über die Stadtgrenzen Berlins hinaus berühmt machten. Doch so groß diese beiden kleinen Männer auch einmal waren - irgendwann ist die Zeit über sie hinweggegangen. Was bleibt, ist die Erinnerung an eine Ära, als die Berliner Zoos noch politische Orte waren und der auf der jeweils gegenüberliegenden Seite nur der Zoo der Anderen war.

WAS WURDE AUS …?

(in der Reihenfolge ihres Auftretens)

Katharina Heinroth:

… verpasste den Mauerfall nur knapp. Die frühere Direktorin des Berliner Zoos starb wenige Wochen vorher am 20. Oktober 1989 in Berlin. Ihrem letzten Willen entsprechend wurde sie auf dem Zoogelände neben der Urne ihres Mannes Oskar beigesetzt.

»Chi Chi«:

… beschäftigte nach ihrem Umzug nach London Mitte der sechziger Jahre noch einmal die internationale Presse. Das Pandaweibchen, das mittlerweile geschlechtsreif war, sollte Mutter werden. Doch abgesehen von einigen Tieren in China und Nordkorea gab es nur einen Artgenossen in Europa – das Männchen »An An«, das im Zoo von Moskau lebte. Der Wunsch nach seltenem Panda-Nachwuchs war jedoch stärker als alle politischen Vorbehalte, sodass sich die beiden Zoos darauf einigten, »Chi Chi« im März 1966 nach Moskau zu schicken. Sieben Monate blieb sie und verpasste »An An« so manchen Kratzer, mehr geschah nicht. Im Oktober kehrte »Chi Chi« nach London zurück, wo sie schließlich 1972 im Alter von 16 Jahren starb.

Lothar Dittrich:

... bat 1993 um seinen vorzeitigen Abschied aus dem Zoo Hannover. Er hatte das Gefühl, dass er den kriselnden Zoo nicht mehr retten konnte, und dachte an den Rat, den ihm sein Vater einst gegeben hatte: »Wenn du nichts mehr bewegen kannst, musst du dich selbst bewegen.« Dabei hatte für Dittrich auch das Schicksal Heinrich Dathes eine Rolle gespielt, der den rechten Zeitpunkt verpasst hatte. Das wollte Dittrich sich und seiner Familie ersparen. Zudem hatte er seiner Frau, die ihm so lange den Rücken freigehalten hatte, versprochen, nun das zu machen, worauf sie Lust habe. Gemeinsam schrieben sie ein Lexikon über *Tiere als Sinnbilder in der Malerei des 14. bis 17. Jahrhunderts*.

»Tuffi«:

... kam, nachdem sich der Zirkus Althoff 1968 aufgelöst hatte, in den französischen Cirque Alexis Gruß. Dort lebte die Elefantenkuh, bis sie 1989 im Alter von 43 Jahren im Winterquartier des Zirkus starb.

»Kosko«:

... wurde 1994 von dem heranwachsenden Elefantenbullen »Angkor« in den Schwanz gebissen. Die Wunde entzündete sich und musste operiert werden. Die älteste Elefantenkuh im Tierpark wachte nicht mehr aus der Narkose auf und starb mit 38 Jahren.

Ralf Wielandt:

... leitete von 1966 bis 2005 das Nashornrevier in Berliner Zoo. 16 Jungtiere sind in dieser Zeit dort geboren worden. Die Kollegen sagten ihm deshalb nach, er habe ein besonderes Gespür für Nashörner, denn er merke eher als die Bullen, wann die Weibchen in Brunft kommen. Wielandt lächelte das stets weg und schüttelte nur den Kopf. Nicht ein einziges Mal habe er es vorhergesehen. 2005 ging der dienstälteste Tierpfleger des Berliner Zoos nach 48 Jahren in Rente. In seinem ehemaligen Revier lässt er sich heute nur noch so oft blicken, dass die Kollegen von früher jedes Mal zum Abschied sagen: »Schön, dass du mal wieder da warst«, und nicht: »Was willst denn du schon wieder hier?«

Falk Dathe:

... schlug ein Angebot, als Zoodirektor nach Dresden zu gehen, aus und blieb lieber Kurator für Reptilien im Tierpark. Bis zum Jahresende 2016 war er Zoologischer Leiter im Tierpark und ging dann in Ruhestand.

»Mao«:

... der China-Alligator, der 1957 aus dem Zoo Peking in den Tierpark kam, galt lange Jahre als das älteste Tier in Friedrichsfelde. Mit der Zeit ließen seine Kräfte zusehends nach; er wurde dünner und die Zähne fielen ihm aus, sodass er nur noch seniorengerechte Fleischhappen zu fressen bekam. Seine letzten Jahre verbrachte der Alligator in einem flachen Wasserbecken hinter den Kulissen des Krokodilhauses. Im Februar 2019 starb »Mao« mit geschätzten 70 Jahren als einer der Ältesten seiner Art.

Bernd Matern:

... studierte nach seiner Ausreise in den Westen Tiermedizin. Mitte der siebziger Jahre fing er im Frankfurter Zoo als Volontärassistent an und wurde später Kurator und Tierarzt. 1991 meldete sich Heinz-Georg Klös bei ihm und bot ihm den Posten des Tierparkdirektors an. Doch Matern lehnte ab, da er noch zu viele Pfleger dort aus seiner Zeit in Friedrichsfelde kannte.

Wolfgang Gewalt:

... ging 1993 in Pension, elf Jahre später verließ der letzte Weißwal den Duisburger Zoo in Richtung San Diego. Gewalt starb am 26. April 2007 mit 78 Jahren auf seinem Alterssitz im Schwarzwald bei einem häuslichen Unfall, wie es offiziell hieß. 2010 wurde die Büste, die zu seinen Ehren im Duisburger Zoo aufgestellt worden war, gestohlen. Zwei Jahre später fand eine Putzfrau sie zufällig in der Besenkammer eines Männerwohnheims in Mülheim an der Ruhr. Ob es versuchter Rohstoffdiebstahl war oder ein später Protest gegen Gewalt, bleibt eines der vielen Geheimnisse, die sich um den in Fachkreisen angesehenen, aber in der Öffentlichkeit oft angefeindeten Zoologen ranken. Die Büste seines Vorgängers Hans-Georg Thienemann, die direkt daneben stand, blieb unbehelligt.

Heiner Klös:

... sollte seinem Vater als Zoodirektor nachfolgen, was vom Aufsichtsrat bereits zugesagt worden war, aber dann nicht mehr gelten sollte. Klös blieb dennoch in Berlin, weil er seinen Kindern keinen Umzug zumuten wollte. Heute ist er dort als Kurator für Beutegreifer zuständig.

Jörg Adler:

... saß an einem seiner ersten Tage als Kurator im Allwetterzoo Münster in seinem Arbeitszimmer, als er plötzlich hochschreckte, denn er hatte gar nicht mitbekommen, wie alles um ihn herum allmählich still geworden war. Er schaute auf die Uhr – es war viertel nach fünf am Nachmittag. Wo waren die anderen alle hin? Wahrscheinlich stand eine wichtige Sitzung an, die er verpasst hatte. Und das gleich zu Beginn. Unruhe kam in ihm auf; er lief durch die anderen Büros, um nachzuschauen, doch nirgendwo war jemand zu finden.

Anders als früher in Leipzig, wo der Arbeitstag vor lauter Schlangestehen und Improvisieren bis in den Abend dauerte, waren hier bereits alle nach Hause gegangen. Anfangs fehlte Adler die kumpelhafte Vertrautheit des Ostens, doch er wusste es zu schätzen, dass nicht jede dritte Türklinke kaputt oder die Dächer undicht waren. 1994 wurde Adler Direktor und blieb es bis zu seiner Pensionierung 2015.

»Bao Bao«:

... wurde 1991 auf Hochzeitsreise in den Londoner Zoo geschickt, wo er sich jedoch nicht mit dem dortigen Weibchen vertrug und zwei Jahre später mit Übergewicht nach Berlin zurückkehrte. 1995 bekam er mit »Yan Yan« eine neue Partnerin. Doch auch aus dem Berliner Pandabären-Nachwuchs wurde nichts. Nach »Yan Yans« Tod im Jahre 2007 blieb »Bao Bao« allein. Als er 2012 selbst im Alter von 34 Jahren starb, war er der älteste in einem Zoo gehaltene Panda weltweit.

Patric Müller:

... blieb bis 1992 bei den Elefanten im Tierpark, geriet aber mehrfach mit dem neuen Direktor Bernhard Blaszkiewitz aneinander, der ihn daraufhin ins Huftierrevier versetzte und ihm verbot, das Elefantenhaus zu betreten. Müller wechselte schließlich zu Hagenbecks Tierpark nach Hamburg, wo er noch zwei Jahre lang als Elefantenpfleger tätig war. Heute bildet er als Berufschullehrer Tierpflegerlehrlinge an der Peter-Lenné-Schule in Berlin aus.

DANKSAGUNG

Zuallererst bedanke ich mich bei Falk Dathe und Heiner Klös, dass sie beide bereit waren, mir so ausführlich von ihren Vätern Heinrich Dathe und Heinz-Georg Klös zu erzählen, wie sie es getan haben. Zudem bin ich Andreas Knieriem, dem Berliner Zoo- und Tierparkdirektor, dankbar, dass er dieses Buchprojekt von Beginn an wohlwollend unterstützt hat.

Es gibt niemals nur eine Wahrheit, schon gar nicht in der brisanten und bis heute emotional aufgeladenen Beziehung der beiden Berliner Zoos. Daher war es von Anfang an mein Ziel, sowohl ihr Verhältnis als auch das der beiden Hauptcharaktere als ein möglichst facettenreiches Mosaik darzustellen. Dabei haben mir zahlreiche Menschen mit ihren unterschiedlichen Erinnerungen, Einschätzungen sowie Hinweisen geholfen, und dafür danke ich:

Jörg Adler, Lars Brandt, Reinhard Coppenrath, Lothar Dittrich, Walter Encke, Theodor Hiepe, Helmut Höge, Jürgen Jahr, Manfred Kofferschläger, Jürgen Lange, Bernd Matern, Resi Mohnhaupt, Gerd Morgen, Patric Müller, Werner Philipp, Mieke Roscher, Carsten Schöne, Ulrich Schürer, Inge Sievers-Schröder, Martin Stummer, Heinz Tellbach, Frans van den Brink, Ralf Wielandt und Reiner Zieger.

Des Weiteren bedanke ich mich bei Martina Borchert und Klaus Rudloff für die Bereitstellung von Fotomaterial aus den Archiven von Zoo und Tierpark, Katrin Passens von der Gedenkstätte Berliner Mauer für hilfreiche Einordnungen zur Stasi sowie Clemens Maier-Wolthausen für Informationen zur Rolle des Zoologischen Gartens Berlin im Nationalsozialismus. Für Hinweise zum Alltagsleben und zur Tierhaltung in der DDR sowie Korrekturlesen und Verbesserungsvorschläge danke ich Bruno Treu. Für die Kontaktvermittlung und Anbahnung von Interviews bedanke ich mich besonders bei Christiane Reiss sowie Bruno Hensel und Dirk Petzold.

Dass ich am Ende langer Recherchetage in Berliner Büchereien und Archiven nicht in Hotelzimmern versauern musste, habe ich Grit Thönnissen und Claus Vetter zu verdanken, die mich bei sich aufnahmen und mir darüber hinaus bei der Beschaffung von Archivmaterial halfen.

Meinen Lektoren Nicola Bodman-Hensler und Christian Koth vom Hanser Verlag danke ich für ihr Vertrauen und die Unterstützung bei meiner Arbeit. Ich danke meinem Agenten Thomas Hölzl für seine Weitsicht sowie sein kritisches Urteil über Exposés und Texte, das diese um ein Vielfaches verbessert hat. Außerdem möchte ich mich bei Annette Kögel bedanken, deren Kollegialität und Uneigennützigkeit es mir erst ermöglichten, im *Tagesspiegel* über Zoos zu berichten, und besonders bei Jens Mühling, der mich schließlich auf die Idee gebracht hat, ein Buch zu diesem Thema zu schreiben.

Seit ich 14 Jahre alt bin, zieht es mich in Zoos und Tierparks. Und diese Besuche waren nicht nur häufig, sondern dauerten auch so lange, bis ich jedes Gehege gesehen hatte. Dass meine Familie dies nicht nur ertragen, sondern auch mitgemacht hat, kann ich gar nicht hoch genug schätzen.

Zu guter Letzt möchte ich mich bei Juliane Kuhns bedanken für ihren Rückhalt und Rat, ihr Gespür sowie ihre Kritik und vor allem dafür, dass sie nach allem immer noch nicht die Nase voll hat (von Zoos).

BILDNACHWEISE

Seite 17: © Klaus Rudloff
Seite 24: Archiv Zoo Berlin/Heinroth
Seite 37: Archiv Zoo Berlin/Lassberg
Seite 39: bpk/Friedrich Seidenstücker
Seite 70: Archiv Tierpark Berlin/Gerhard Budich
Seite 73: Archiv Tierpark Berlin/Mielast-Bade
Seite 75: Archiv Tierpark Berlin/Hans Meissner
Seite 82: Bildarchiv Familie Klös/Hänscheid
Seite 96: Landesarchiv Berlin/Gert Schütz
Seite 109: Archiv Tierpark Berlin/Gerhard Budich
Seite 116: Archiv Tierpark Berlin/Zimmer
Seite 139: Landesarchiv Berlin/Johann Willa
Seite 139: *Berliner Zeitung*, 12. Mai 1962
Seite 144: Archiv Tierpark Berlin/Günter Henning
Seite 162: Stadtarchiv Duisburg
Seite 190: akg-images
Seite 192: Landesarchiv Berlin/Herbert Kraft
Seite 194 oben: Archiv Tierpark Berlin/Werner Engel
Seite 194 unten: Archiv Tierpark Berlin/Martin Mosig
Seite 222: picture alliance/AP Images; Fotograf: Edwin Reichert
Seite 239: Archiv Tierpark Berlin/W. Scherf
Seite 253: Ausschnitt aus *Neues Deutschland* vom 9. April 1990
Seite 272: Landesarchiv Berlin/Thomas Platow

QUELLENVERZEICHNIS

Neben den persönlichen Schilderungen der Interviewten basiert dieses Buch auf den unten angegebenen Quellen. Die im Text verwendeten Dialoge sind zum Teil direkte oder indirekte Zitate aus diesen Quellen sowie Erinnerungen oder Beschreibungen der interviewten Personen, die in wörtliche Rede umgewandelt wurden. Um die erzählerische Form des Buches zu wahren und den Lesefluss nicht zu stören, habe ich bewusst auf Fußnoten und übermäßiges Zitieren im Text verzichtet.

Literatur

Anhalt, Utz: Tiere und Menschen als Exoten. Die Exotisierung des »Anderen« in der Gründungs- und Entwicklungsphase der Zoos. Saarbrücken 2008.

Artinger, Kai: Lutz Heck: Der »Vater der Rominter Ure«. In: Der Bär von Berlin – Jahrbuch des Vereins für die Geschichte Berlins, 1994, S. 125–139.

Bell, Catherine E. (Hg.): Encyclopedia of the World's Zoos. Chicago 2001.

Blaszkiewitz, Bernhard: Elefanten in Berlin. Berlin 2007.

Blaszkiewitz, Bernhard (Hg.): Picassofisch und Kompassqualle – 100 Jahre Zoo-Aquarium Berlin. Berlin 2013.

Blaszkiewitz, Bernhard: Tierpark Berlin 1955–2013. Eine Chronik in Bildern. Berlin 2013.

Böhme, Kathrin/Höxtermann, E./Viebahn, W. (Hg.): Heinrich Dathe – Zoologe und Tiergärtner aus Leidenschaft. Rangsdorf 2015.

Bresselau von Bressensdorf, Agnes: Frieden durch Kommunikation – Das System Genscher und die Entspannungspolitik im Zweiten Kalten Krieg 1979–1982/83. In: Studien zur Zeitgeschichte 88 (2015), S. 70.

Dathe, Falk/Dathe, H. H./Fuchs, A. (Hg.): Heinrich Dathe – Lebenserinnerungen eines leidenschaftlichen Tiergärtners. München, Berlin 2001.

Dathe, Heinrich (Hg.): Wegweiser durch den Tierpark. Berlin, diverse Ausgaben (1968–1989).
Dathe, Heinrich: Im Tierpark belauscht. Lutherstadt Wittenberg 1971.
Dathe, Heinrich: Erlebnisse mit Zootieren. Lutherstadt Wittenberg 1974.
Dathe, Heinrich (Hg.): Tierpark Berlin. Jahresbericht 1989.
Dolder, Willi & Ursula: Wunderland Zoo. Stuttgart 1978.
Frank, Mario: Walter Ulbricht. Eine deutsche Biografie. Berlin 2001.
Goldner, Colin: Nazi-Zoos. Die deutschen Tiergärten zwischen 1933 und 1945. In: Tierstudien 07 (2015), S. 54–66.
Gräfe, Manfred: Katahrina Heinroth. In: Stiftung Stadtmuseum Berlin/Paul Spies/Monika Weinland (Hg.): Berlin – Stadt der Frauen. Couragiert & feminin – 20 außergewöhnliche Biografien (Kat. Ausst., Ephraim-Palais, Berlin 2016), Berlin 2016, S. 170–178.
Grzimek, Bernhard: Mein Leben – Erinnerungen des Tierforschers. Berlin, München 2009.
Haikal, Mustafa & Junhold, J.: Auf der Spur des Löwen – 125 Jahre Zoo Leipzig. Leipzig 2003.
Halbrock, Christian: Die Westarbeit der HVA im Norden – das Königreich Schweden im Visier ostdeutscher Spitzel und Agenten. In: Horch und Guck – Zeitschrift der Gedenkstätte Museum in der »Runden Ecke« Leipzig, Bd. 55 (2006), S. 22–36.
Heck, Lutz: Tiere – mein Abenteuer. Erlebnisse in Wildnis und Zoo. Wien 1952.
Heinroth, Katharina: Mit Faltern begann's. Mein Leben mit Tieren in Breslau, München und Berlin. München 1979.
Herter, Konrad: Begegnungen mit Menschen und Tieren. Erinnerungen eines Zoologen 1891–1978. Berlin 1979.
Höge, Helmut: Elefanten. In: Reihe Kleiner Brehm, Bd. 7. Herausgegeben von Helmut Höge. Ostheim/Röhn 2013.
Hürtgen, Renate: »Die Erfahrung laß ick mir nicht nehmen!« Demokratieversuche der Belegschaften in den DDR-Betrieben zwischen Oktober 1989 und Januar 1990. In: … das war doch nicht unsere Alternative. DDR-Oppositionelle zehn Jahre nach der Wende. Herausgegeben von Bernd Gehrke & Wolfgang Rüddenklau. Münster 1999, S. 200–221.
Kempe, Frederick: Berlin 1961. Kennedy, Chruschtschow und der gefährlichste Ort der Welt. München 2011.
Klös, Heinz-Georg: Von der Menagerie zum Tierparadies. 125 Jahre Zoo Berlin. Berlin 1969.
Klös, Heinz-Georg: Berlin und sein Zoo. Berlinische Reminiszenzen, Bd. 50. Berlin 1978.

Klös, Heinz-Georg & Klös, U.: Der Berliner Zoo im Spiegel seiner Bauten. 1841–1989. Berlin 1990.
Klös, Heinz-Georg/Frädrich H./Klös, U.: Die Arche Noah an der Spree. 150 Jahre Zoologischer Garten Berlin. Eine tiergärtnerische Kulturgeschichte von 1844 bis 1994. Berlin 1994.
Klös, Heinz-Georg: Freundschaft mit Tieren. Der Altdirektor des Zoologischen Gartens Berlin erzählt. Berlin 1997.
Klothmann, Nastasja: Gefühlswelten im Zoo. Eine Emotionsgeschichte 1900–1945. Bielefeld 2015.
Kofferschläger, Manfred: Unbedingt mausgrau. Frühe Episoden aus dem Tierpark Berlin. Kückenshagen 2007.
Körner, Torsten: Die Familie Willy Brandt. Frankfurt am Main 2013.
Lai, Funny & Olesen, B.: A Visual Celebration of Giant Pandas. Singapore 2013.
Lemke, Karl: Tiergärten. Zoos, Aquarien, Wildgehege. Berlin, Leipzig 1987.
Lubrich, Oliver (Hg.): Reisen ins Reich 1933 bis 1945. Ausländische Autoren berichten aus Deutschland. München 2009.
Mladek, Jürgen: Professor Dathe und seine Tiere. Berlin 2010.
Philipp, Werner & Seidenstücker, F.: Das Berliner Zoo-Album. Berlin 1984.
Pies-Schulz-Hofen, Robert: Die Tierpflegerausbildung. Stuttgart 2004.
Raethel, Heinz-Sigurd: Erfahrung mit der Cervidenhaltung im Zoologischen Garten Berlin in der Zeit von 1945–1997. In: Bongo 29 (1999), S. 89–105.
Rieken, Bernd: »Nordsee ist Mordsee« – Sturmfluten und ihre Bedeutung für die Mentalitätsgeschichte der Friesen. Münster 2005.
Roscher, Mieke & Wöbse, A.-K.: Zoos im Wiederaufbau und Kalten Krieg, Berlin 1955–1961. In: Tierstudien 07 (2015), S. 67–77.
Sailer-Jackson, Otto: Löwen – meine besten Freunde. Die Lebensdarstellung eines Tierfängers und Tierlehrers. Leipzig 1962.
Schmidt, Monika: Die »Arisierung« des Berliner Zoologischen Gartens. In: Jahrbuch für Antisemitismusforschung 12 (2003), S. 211–229.
Schneider, Karl Max: Erlebnisse im Zoo. Leipzig, Jena, Berlin 1962.
Schröder, Werner: Zum Abschied ein Krokodil. Heiter-Besinnliches über Mensch und Tier. Berlin, Bonn 1999.
Sewig, Claudia: Der Mann, der die Tiere liebte: Bernhard Grzimek. Bergisch Gladbach 2009.
Smeets, Marte: Arche Noah – Zwischendeck. Geschichten und Skizzen einer Tierzeichnerin. Hattingen (Ruhr) undatiert, vermutlich um 1960.

Spitzer, Gabriele: Heinrich Dathe, ein Leben für die Tierwelt (Kat. Ausst., Staatsbibliothek zu Berlin - Preußischer Kulturbesitz, Berlin 1995/96), Berlin 1995.

Staadt, Jochen: Deutsch-Deutsche Beziehungen von 1949 bis 1989. In: Die Bundesrepublik. Eine Bilanz nach 60 Jahren. Herausgegeben von Hans-Peter Schwarz. Köln, Weimar, Wien 2008, S. 162.

Stummer, Martin: Das Vermächtnis des Inselkönigs. Dokumentation eines ungewöhnlichen Lebens. Norderstedt 2015.

Synakiewicz, Werner: Berliner Zoo - Die schönsten Geschichten. Berlin 2004.

Wöbse, Anna-Katharina & Roscher, M.: Zootiere während des Zweiten Weltkriegs, London und Berlin 1939–1945. In: Tiere. Werkstatt-geschichte 56. Herausgegeben von André Krebber & Mieke Roscher. Essen 2011, S. 46–62.

Wölbern, Jan Philipp: Die Entstehung des »Häftlingsfreikaufs« aus der DDR, 1962–64. In: Deutschland Archiv 41 (2008), 5, S. 856–867.

Zeitungsartikel

B., R.: Ein neuer Zungenschlag - Nach dem Besuch Robert Kennedys. In: Die Zeit (1962), Nr. 9.

Baier, Tina: Woran Eisbär Knut starb. In: Süddeutsche Zeitung, 27. August 2015; <http://www.sueddeutsche.de/wissen/tiermedizin-woran-eisbaer-knut-starb-12623515> (abgerufen am: 30. September 2016).

Baumann, Peter: Wilde Tiere unter Dach und Fach. In: Der Tagesspiegel, 22. November 1970.

Berlau, Oliver: Abwicklung im Reich der Tiere. In: Die Zeit (1991), Nr. 5; <http://www.zeit.de/1991/05/abwicklung-im-reicht-der-tiere/komplettansicht> (abgerufen am: 25. August 2016).

Blaszkiewitz, Bernhard: Heinz-Georg Klös in memoriam. In: Der Zoologische Garten (2014), Bd. 83.

Boller, Andreas: Vor 60 Jahren setzte Tuffi zum Wuppersprung an. In: Westdeutsche Zeitung, 17. Juli 2010; <http://www.wz.de/lokales/wuppertal/vor-60-jahren-setzte-tuffi-zum-wupper-sprung-an-1172475> (abgerufen am: 17. August 2016).

Borgeest, Bernhard: Sind Delphine die besseren Menschen? In: Zeit-Magazin (1996), Nr. 10.

Burger, Reiner: Als Elefantenkuh Tuffi aus der Schwebebahn sprang. In: Frankfurter Allgemeine Zeitung, 21. Juli 2015; <http://www.faz.net/